西南石油大学"十三五""十四五"石油与天然气工程科技成果

气井井筒液滴动力学特征及携液理论

王志彬 著

石油工业出版社

内 容 提 要

本书系统阐述了气井携液所涉及的相关研究成果，主要介绍了气液两相流基本参数及流型预测理论、环状流流动参数计算方法、环状流液滴形成机理、液滴椭球度预测理论、单液滴动力学特征、液滴相互作用下的动力学特征、多液滴跟踪模拟、垂直气井携液理论、水平气井携液理论、基于节点系统的气井携液能力分析方法。

本书可供石油与天然气领域的科研工作者、工程技术人员使用，也可供高校相关专业的师生学习参考。

图书在版编目（CIP）数据

气井井筒液滴动力学特征及携液理论 / 王志彬著 .
北京：石油工业出版社，2025.7. -- ISBN 978-7-5183-7460-1

Ⅰ . TE37

中国国家版本馆 CIP 数据核字第 2025RA9389 号

出版发行：石油工业出版社
　　　　　（北京安定门外安华里 2 区 1 号楼　100011）
　　　　　网　　址：www.petropub.com
　　　　　编辑部：（010）64523760
　　　　　图书营销中心：（010）64523633
经　　销：全国新华书店
印　　刷：北京九州迅驰传媒文化有限公司

2025 年 7 月第 1 版　2025 年 7 月第 1 次印刷
787×1092 毫米　开本：1/16　印张：16
字数：350 千字

定价：100.00 元
（如出现印装质量问题，我社图书营销中心负责调换）
版权所有，翻印必究

前 言
PREFACE

我国现已发现的气田绝大多数为有水气藏。地层产出液进入井筒后，井筒内呈气液两相流动。在气井生产早期，气井能依靠气流能量将地层产出液连续携带出井口，即连续携液生产。当地层流入井底的液体不能被气流连续地携带出井口时，井底开始积液。气井井底积液将增加井底回压，在地层压力不足的情况下气井将被积液压死。

气井连续携液理论是预测气井积液条件、优化气井产量、优选采气管柱尺寸、确定排水采气工艺时机的重要基础。1969年Turner首次提出了预测垂直气井连续携液临界气流量的液滴模型和液膜模型，为气井携液理论研究奠定了基础。由于气井携液理论在工程应用中的重要性，国内外众多研究学者对气井携液理论开展了深入研究。

笔者在博士生导师李颖川教授、博士后导师郭烈锦院士的指导下，对气井携液机理及相关理论进行了探索，之后在指导研究生的过程中对前期工作进行扩展和深化。本书是对前期研究工作的梳理和总结，包括气液两相流基本参数及流型预测理论、环状流流动参数计算方法、环状流液滴形成机理、液滴椭球度预测理论、单液滴动力学特征、液滴相互作用下的动力学特征、多液滴跟踪模拟、垂直气井携液理论、水平气井携液理论、基于节点系统的气井携液能力分析方法。

感谢国家自然科学青年基金（51504205）、国家自然科学基金面上项目（51974263）、四川省应用基础研究面上项目（18YYJC1125）、中国博后科学基金（2015M582668）的资助。感谢李颖川教授、郭烈锦院士对研究工作的指导。感谢白博峰教授、挪威科技大学Ole Jørgen Nydal教授对研究工作的帮助。感谢西南石油大学杜志敏教授对本书的编写提出了许多宝贵意见。从课题组毕业的研究生张宇豪、姚鑫、杨中位、王艺衡对研究工作作出了贡献，在此一并表示感谢。

本书在写作过程中，书中参阅了许多专家的学术论文和研究成果，有些未能在书末列出，敬请海涵。

由于作者水平有限，书中难免出现瑕疵或疏漏，恳请诸位读者朋友不吝指正。

目 录
CONTENTS

▶ 第一章 绪论
第一节 工程背景及意义 ·· 1
第二节 气井携液模型研究现状及分析 ································· 2

▶ 第二章 气井气液两相流基本参数及流型预测理论
第一节 气井井筒气液两相流基本参数 ································· 11
第二节 气液两相流型的定义及分类 ···································· 16
第三节 气液两相流型预测理论 ·· 27

▶ 第三章 环状流流动参数计算方法
第一节 液滴夹带率计算方法 ·· 45
第二节 液膜厚度计算方法 ··· 59
第三节 界面摩擦系数计算方法 ·· 70

▶ 第四章 环状流液滴形成机理
第一节 环状流界面波分类与液滴夹带产生方式 ··················· 84
第二节 液滴尺寸分布规律 ··· 90
第三节 环状流液滴最大尺寸测试 ······································· 100
第四节 最大液滴尺寸及临界韦伯数影响因素分析 ················ 106

▶ 第五章 液滴椭球度预测理论
第一节 现有模型 ·· 112

第二节　液滴椭球度预测新模型 …………………………………… 113
第三节　模型准确性评价及分析 …………………………………… 118

第六章　气井井筒单液滴动力学特征

第一节　数值模型及求解方法 ……………………………………… 121
第二节　几何模型及参数设置 ……………………………………… 126
第三节　模拟计算及分析 …………………………………………… 128

第七章　气井井筒液滴相互作用下的动力学特征

第一节　数值模型及求解方法 ……………………………………… 136
第二节　模拟计算及分析 …………………………………………… 138

第八章　气井井筒多液滴跟踪模拟

第一节　多液滴跟踪数值模型及求解 ……………………………… 146
第二节　几何模型及参数设置 ……………………………………… 149
第三节　模拟计算及分析 …………………………………………… 151

第九章　垂直气井携液理论

第一节　液滴模型 …………………………………………………… 156
第二节　液膜模型 …………………………………………………… 174

第十章　水平气井携液理论

第一节　倾斜管携液实验 …………………………………………… 181
第二节　现有水平井携液模型 ……………………………………… 189
第三节　水平气井携液机理模型 …………………………………… 196
第四节　水平井携液新经验模型 …………………………………… 210

第十一章　基于节点系统分析原理的气井排液能力分析

第一节　节点系统方法判断气井积液的原理 …………………… 215

第二节　产水气井流入动态曲线计算 …………………… 217

第三节　产水气井流出曲线计算 …………………… 224

第四节　气井积液动态分析 …………………… 231

第十二章　展望

参考文献

第一章 绪 论

气井连续携液理论是预测气井积液条件、优化气井产量、优选采气管柱尺寸、确定排水采气工艺时机的重要基础,在有水气藏排水采气工艺设计中发挥重要作用。本章介绍了气井携液理论研究的工程背景及意义、国内外研究现状。

第一节 工程背景及意义

有水气藏在我国四川盆地、鄂尔多斯盆地、塔里木盆地有着广泛分布,现已发现的气田绝大多数为有水气藏。地层产出液进入井筒后,井筒内呈气液两相流动。在气井生产早期,地层压力充足且产气量较高,气井能依靠自身能量将地层产出液连续携带出井口,即连续携液生产。随时间推移,气井产气量因地层压力下降而逐渐下降。当地层流入井底的液体不能被气流连续地携带出井口时,地层产出液将在井底聚集,形成积液。气井井底积液将增加井底回压,气井在地层压力不足的情况下将被积液压死停产。气井全生命生产周期携液过程及井筒流型转变如图 1-1-1 所示。

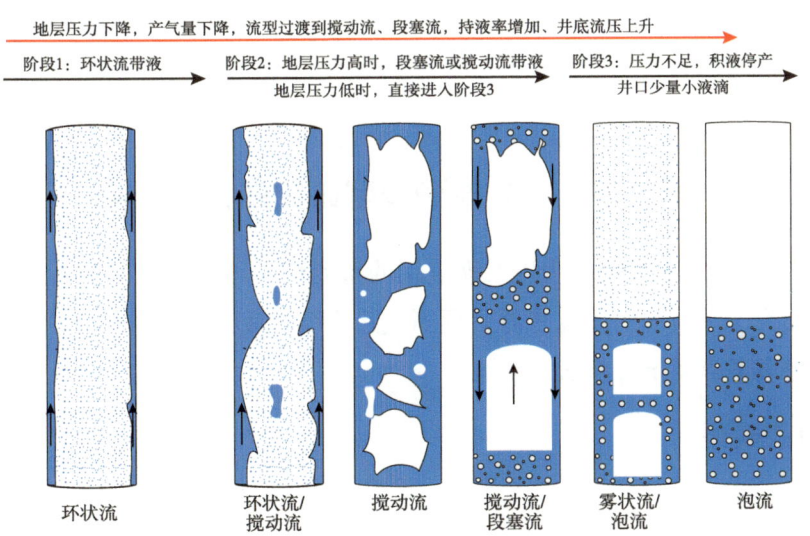

图 1-1-1 气井积液时井筒流型变化过程

气井生产初期，产气量较高，井筒流型为环状流。液体以液滴和液膜形式携带至井口，井底无积液，如图1-1-1中生产阶段1所示。随时间的推移，气井逐步进入生产中后期，气井产气量因地层压力下降而下降。当气井产量不足以维持液滴及液膜向上携带时，部分液体将滞留在井筒，导致液膜厚度增加、持液率上升，井筒流型逐渐过渡到搅动流，并随后过渡到段塞流。持液率上升将导致井筒压力梯度上升，井底回压增加，产气量进一步降低。当地层压力比较充足时，地层产出液将以段塞流或搅动流的形式带出井口，如图1-1-1中生产阶段2所示。随地层压力进一步下降，当地层压力不能满足井筒气液混合物流至井口所需压力时，液体将不能排出井口，气井将快速水淹停产，如图1-1-1中生产阶段3所示。

对于地层渗透率较高的气藏，气井因产气量较高，可保持环状流携液生产数年；当地层压力系数逐渐下降至较低的值（如0.2~0.3）且井口压力下降到最低外输压力时，若此时气井产量下降到气井连续携液临界气流量时，气井将不再经历阶段2，直接进入阶段3。因为环状流携液生产时，井筒压力梯度和井底流压最低，井底流压不能满足段塞流或搅动流带液生产所需的压力条件。对于致密砂岩气藏、页岩气藏的压裂投产井，在生产初始阶段，返排液量大，产气量低，井筒流型为段塞流。对于边底水能量大或含水饱和度高的气藏，气井刚投产井筒流型便为段塞流，井筒液体以段塞流的形式带出井口。气井生产历程不经历阶段1，只经历阶段2和阶段3。

气井连续携液生产，通过气流的能量将井底积液携带出井口，是清除井底液体最经济的生产方式。当气井因产气量较低或地层压力不足，导致气井不能稳定携液生产时，需要通过排水采气工艺排除井底积液。在采气工程中，通常根据连续携液临界气流量来判断气井携液状态、预测气井积液时机、优化气井产量和优选油管尺寸。准确预测气井连续携液临界气流速或气流量，对采气工程设计有着非常重要的意义。

第二节　气井携液模型研究现状及分析

由于气井携液机理的复杂性和工程应用的重要性，国内外众多学者对气井携液机理开展了深入研究。从目前的研究来看，预测气井连续携液临界气量的方法主要包括液滴模型、液膜模型和节点系统分析法三大类。

一、液滴模型

1. 液滴模型研究现状

液滴模型研究认为，若气流能连续地将环状流场中的液滴向上携带，气井将不会积液。1969 年，Turner 等[1] 率先根据含水气井井筒中的液滴携带规律，建立了单液滴携液模型。该模型假设液滴为圆球状，液滴曳力系数和破碎韦伯数取为常数，分别为 0.44 和 30，并将计算结果上调 20%，作为最终计算值；Turner 等认为若气流能将环状流场中的最大液滴带出井口，则气井不会积液。Turner 单液滴模型因简单、便于计算，近 60 年来，被石油工程师广泛应用。

1991 年，Coleman 等[2] 发现 Turner 提出的液滴模型在不上调 20% 的情况下，能较好地预测多组低压气井（井口压力低于 3.45 MPa）的临界携液气流量。

2000 年，Nosseir 等[3] 采用雷诺数对流型进行划分，并给出了层流、过渡流、紊流条件下的液滴携带临界气流速关系式。

2001 年，Li 等[4] 基于被气流携带向上运动的液滴趋于扁平形状的观点，推导出了椭球状液滴携带临界气流速关系式，将曳力系数取为 1.0，所计算的液滴携带临界气流速仅为 Turner 模型的 38%。

2007 年，王毅忠等[5] 基于气井中运动的液滴为球帽状的观点，将曳力系数取为 1.13，建立了球帽状液滴携带临界气流速关系式，所计算的液滴携带临界气流速仅为 Turner 模型的 34%。

2008 年，Belfroid 等[6] 引入井斜角修正系数，对 Turner 模型进行修正，建立了适合于斜井的携液液滴模型。

2009 年，Zhou 等[7] 认为除了气体流速之外，持液率也是影响临界携液气流量的重要因素，提出了预测气井积液的新模型。认为气液混合物中存在一个临界持液率值（0.1），若高于临界持液率值，流型转化为搅动流或段塞流，即使气速大于 Turner 液滴模型计算的携液临界流速也有可能产生积液。临界携液气流量随持液率的增大而增大。

2010 年，Robert 等[8] 研究认为，气井携液临界气流速和气流量受压力和温度影响较大，而井筒各深度位置的压力和温度沿井筒是不断变化。在计算气井的携液临界气流量时，应先计算井筒中每一点的携液临界流量值，再取最大值作为气井的携液临界气流量值。

2010 年，Veeken 等[9] 认为传统的液滴模型并没有准确抓住气井积液的本质，而液膜模型才能合理解释气井积液现象。

2011 年，于继飞等[10] 针对大斜度井，以 Turner 模型为基础进行修正，使之能应用于大斜度井，并制作了关于井斜角的修正系数表。

2013 年，谭晓华等[11] 基于液滴总表面能与气体紊流动能相等的原理导出了平均液滴尺寸计算方法，提出了气井携液临界气流速新模型。

2014 年，李治平等[12] 认为，气液表面张力对液滴携带临界气流速有重要影响，应该采用实际界面张力计算连续携液临界气流速和气流量。

2016年，Shi 等[13]通过实验观察液滴形状在不同倾角下随尺寸变化情况，提出了基于"半汉堡"状的垂直段、倾斜段和水平段的液滴携带临界气流速预测模型。

2016年，Fadili[14]考虑了弹性碰撞对液滴运动的影响。当液滴在井筒中发生弹性碰撞后，其运动方向发生改变，根据其碰撞能量损失可计算其碰撞前所需速度，即携液临界气流速。

2021年，王志彬等[15]认为，气井携液临界气流量计算不准的关键原因是气井井筒条件环状流场中液滴的动力学特征认识不清，尤其是液滴形状特征、曳力系数及其破碎条件认识不清，导致液滴的尺寸大小或临界韦伯数、曳力系数取值不准。因此，利用数值模拟方法计算了不同流动条件及韦伯数下液滴形状特征、曳力系数及液滴破碎的临界韦伯数；基于力平衡原理建立了液滴携带临界气流速计算式。

垂直气井携液液滴模型对比见表1-2-1，各模型差异体现在综合系数 C，模型通用表达形式如下：

$$v_{\text{crit}} = C\left[\frac{\sigma(\rho_{\text{L}} - \rho_{\text{G}})}{\rho_{\text{G}}^2}\right]^{\frac{1}{4}} \qquad (1\text{-}2\text{-}1)$$

式中　v_{crit}——临界气流速度，m/s；

　　　C——模型的综合系数；

　　　ρ_{L}，ρ_{G}——液体和气体的密度，kg/m³；

　　　σ——气液表面张力，N/m。

表1-2-1　气井临界携液模型对比

井型	参考文献	模型假设	模型表达式	备注
垂直井	Turner 等（1969）	液滴模型	$v_{\text{crit}} = 6.6\left[\dfrac{\sigma(\rho_{\text{L}} - \rho_{\text{G}})}{\rho_{\text{G}}^2}\right]^{\frac{1}{4}}$	球形液滴，$We_c=30$，$C_D=0.44$，并增大20%修正
	Coleman 等（1991）	液滴模型	$v_{\text{crit}} = 5.5\left[\dfrac{\sigma(\rho_{\text{L}} - \rho_{\text{G}})}{\rho_{\text{G}}^2}\right]^{\frac{1}{4}}$	球形液滴，$We_c=30$，$C_D=0.44$，不做修正
	Li 等（2001）	液滴模型	$v_{\text{crit}} = 2.5\left[\dfrac{\sigma(\rho_{\text{L}} - \rho_{\text{G}})}{\rho_{\text{G}}^2}\right]^{\frac{1}{4}}$	椭球形液滴，$C_D=1$
	王毅忠等（2007）	液滴模型	$v_{\text{crit}} = 2.25\left[\dfrac{\sigma(\rho_{\text{L}} - \rho_{\text{G}})}{\rho_{\text{G}}^2}\right]^{\frac{1}{4}}$	球帽状液滴
	Zhou 等（2010）	液滴模型	$v_{\text{crit}} = (6.5\sim7.8)\left[\dfrac{\sigma(\rho_{\text{L}} - \rho_{\text{G}})}{\rho_{\text{G}}^2}\right]^{\frac{1}{4}}$	圆球状液滴，根据持液率调整系数

续表

井型	参考文献	模型假设	模型表达式	备注
	王志彬，李颖川等[16]（2012）	液滴模型	$v_{crit} = \left(\dfrac{4gWe_c}{3C_D K^2}\right)\left[\dfrac{\sigma(\rho_L - \rho_G)}{\rho_G^2}\right]^{\frac{1}{4}}$	椭球形液滴，综合系数随压力、液流量逐渐增加
	谭晓华等（2013）	液滴模型	$v_{crit} = 3\left[\dfrac{\sigma(\rho_L - \rho_G)v_{SL}}{\rho_G^2 f_{SG}}\right]^{\frac{1}{5}}$	球形液滴
	潘杰等[17]（2019）	液滴模型	$v_{crit} = \dfrac{2.3}{kC_D}\left[\dfrac{\sigma(\rho_L - \rho_G)}{\rho_G^2}\right]^{\frac{1}{4}}$	椭球形液滴
	王志彬（2021）	液滴模型	$v_{crit} = 3.1\left[\dfrac{\sigma(\rho_L - \rho_G)}{\rho_G^2}\right]^{\frac{1}{4}}$	基于数值模拟；椭球模型，单液滴模型，适合低液量、稀疏液滴流场
	Pushkina等[18]（1969）	液膜模型	$v_{crit} = Ku\left[\dfrac{g\sigma(\rho_L - \rho_G)}{\rho_G^2}\right]^{\frac{1}{4}}$	Ku=3.2
	Richter等[19]（1977）			Ku=1.75~3.2，Ku随管径增加（25.4~254 mm）
	Wallis[20]（1969）	液膜模型	$v_{crit} = N_{GV}\left[\dfrac{g\sigma(\rho_L - \rho_G)}{\rho_G^2}\right]^{\frac{1}{4}}$	N_{GV}=0.7~1，N_{GV}随管径增加
	Owen[21]（1986）			N_{GV}=0.52
	吴丹（2015）	液膜模型	$v_{crit} = 2.88\left[\dfrac{g\sigma(\rho_L - \rho_G)}{\rho_G^2}\right]^{\frac{1}{4}}$	
倾斜井	杨文明等[22]（2009）	液滴模型	$v_{crit} = \left[\dfrac{4g\sigma(\rho_L - \rho_G)N_{We}}{3\rho_G^2 C_D \sin\beta}\right]^{\frac{1}{4}}$	定向井
	于继飞（2011）	液滴模型	$v_{crit} = 5.214\left(\dfrac{Re\cos\alpha}{C_D Re - 16}\right)^{\frac{1}{4}}\left[\dfrac{\sigma(\rho_L - \rho_G)}{\rho_G^2}\right]^{\frac{1}{4}}$	半球形液滴
	李元生等[23]（2014）	液滴模型	$v_{crit} = \left[\dfrac{16\sigma(\rho_L - \rho_G)g}{3 C_D \rho_G^2 \sin^2\theta}\right]^{\frac{1}{4}}$	椭球模型，We_c=30
	Shi等（2015）	液滴模型	$v_{crit} = 76.4\dfrac{\sigma\mu\sin^2\beta\tan^2\theta}{\rho_G^3(\rho_L - \rho_G)gd^2 md\cos^3\theta}$	球帽形液滴
	肖高棉等[24]（2012）	液膜模型	$v_{crit} = 4\left[\dfrac{\rho_L^3 g Q_F \mu_L \sin^2\theta}{3 f_i \rho_G^3}\right]^{\frac{1}{6}}$	液膜厚度周向均匀分布
	陈德春[25]（2016）	液膜模型	$v_{crit} = (0.308\sim 0.828)\left\{6.6\left[\dfrac{\sigma(\rho_L - \rho_G)}{\rho_G^2}\right]^{\frac{1}{4}}\right\}$	对Turner模型的修正，适用于所有模型

续表

井型	参考文献	模型假设	模型表达式	备注
水平井	雷登生等[26]（2009）	液滴模型	$v_{\text{crit}} = 4.45\left[\dfrac{\sigma(\rho_L - \rho_G)}{\rho_G^2 C_L}\right]^{\frac{1}{4}}$	球形液滴
	李元生等（2012）	液滴模型	$v_{\text{crit}} = 7.42\left[\dfrac{\sigma(\rho_L - \rho_G)}{\rho_G^2 C_L}\right]^{\frac{1}{4}}$	椭球形液滴，$We_c = 30$
	Belfroid等（2008）	液膜模型	$v_{\text{crit}} = 6.6\left[\dfrac{\sigma(\rho_L - \rho_G)}{\rho_G^2}\right]^{\frac{1}{4}}\dfrac{[\sin(1.7\theta)]^{0.38}}{0.74}$	对Turner模型引入角度修正项
	王志彬，郭烈锦[27]（2016）	液膜模型	$v_{\text{crit}} = [5.13\ln(ID) - 14.1]\dfrac{1}{\ln(45.6v_{SL}^2 - 9.5v_{SL} + 3.1)}$ $\dfrac{[\sin(1.7\theta)]^{0.38}}{0.74}\left[\dfrac{\sigma(\rho_L - \rho_G)}{\rho_G^2}\right]^{\frac{1}{4}}$	考虑液流速、管径及倾角影响
	王志彬，郭烈锦[28]（2017）	液膜模型	$v_{\text{crit}} = C_{d,p,v_{SL},T}\dfrac{(\sin 1.7\theta)^{0.38}}{0.74}\left[\dfrac{\sigma(\rho_L - \rho_G)}{\rho_G^2}\right]^{\frac{1}{4}}$	综合考虑了压力、温度、管径、液流速的影响

2. 液滴模型分析

我国大牛地、苏里格、靖边、川西、涩北等气田，气井产气量远低于Turner模型预测的连续携液临界气流量也能正常带液生产。对携液流量低现象的解释有三种观点。

（1）液滴变形。

液滴变形后，迎风面和曳力系数增加，气流对液滴的作用力增加，故携带液滴的临界气流量降低。例如李闽等、王毅忠等分别提出的椭球状模型和球帽模型，计算的临界气流量不到Turner模型计算值的40%。

（2）液滴尺寸取值偏大。

Turner模型中液滴尺寸根据韦伯数为30计算，所计算的携液临界气流量偏大，应该根据流场中的液滴的中值直径计算。

（3）液体含量低。

对于特低液量气井，液体以水蒸气形式夹带[29]。

同时，在我国川南地区气田和国外很多气田，气井产量为Turner模型计算值的1~2倍，但仍积液。对携液流量高现象的解释有两种观点。

（1）液滴群聚效应。

对于产液量较高的气井，液滴浓度大，液滴间碰撞和凝聚频繁，气流量不仅要维持为悬浮状态，而且还应避免液滴间碰撞和凝聚。

（2）气井积液本质认识偏差。

气井积液的本质应该是液膜逆流或泛流，而不是液滴回落。液膜携带的临界气流量大于液滴携带的临界气流量。

气井环状流场中的液滴不计其数，携液液滴模型通过对气流中的最大液滴进行受力分析得到，是建立在单液滴基础之上的。模型中液滴尺寸、曳力系数是依据低压实验取值，没有深入考虑液滴群聚效应及液滴间相互作用的影响。

携液气井井筒中液滴数量多、浓度大，为多液滴流动。气井井筒流动条件为高压、高雷诺数、高强度湍流。为深入揭示液滴携带规律，需研究湍流场中液滴尺寸、形状特征等主要参数；需研究液滴间的相互作用机制，多液滴流动条件下的曳力系数。

二、液膜模型

1. 液膜模型研究现状及分析

液膜模型认为，若气流能连续地将环状流管壁上的液膜向上携带，气井将不会积液。环状流气井中，液膜在管壁的摩擦力、气流的剪切力，以及液膜自重的综合作用下沿管壁向上或向下流动，或停止流动；液膜流动方向从下向上发生转折的气流量为液膜携带的临界气流量。在逆向流动的转折点，管壁对液膜的摩擦力基本为0，液膜流动示意如图1-2-1所示。

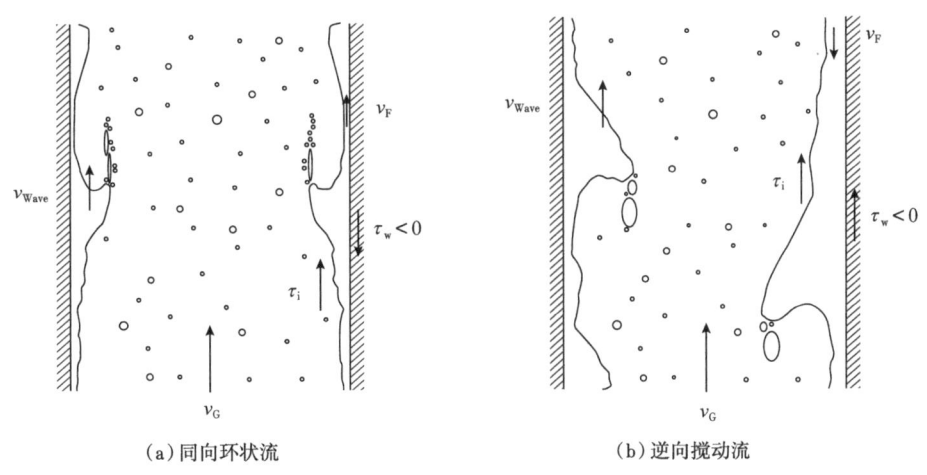

(a) 同向环状流　　　　(b) 逆向搅动流

图 1-2-1　液膜流动

管壁摩擦力在阻止液膜向上和向下流动之间波动。在逆向流动的转折点，压力降梯度最小，如图1-2-2所示。

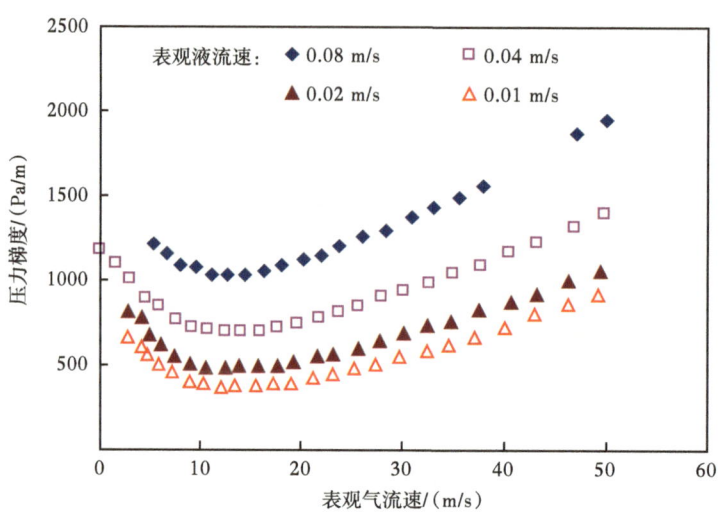

图 1-2-2　环状流下压力梯度与气流速、液流速的关系（据 Van't Westende et al.，2007）

液膜携带临界气流量可根据无量纲气流速、Kutateladze 数或 Richter 提出的方法计算，其中无量纲气流速应用更常见。Wallis 给出的搅动流向环状流转化的无量纲气相速度在 0.7~1.0 之间变化。Owen 实验得出的无量纲气相速度为 0.52。Richter 分析得出，在管径 $D \leqslant 0.05$ m 的情况下具有较高的精度，而管径较大时误差较大，并指出这种差异主要是管径的差异引起的。Richter 对无量纲气相速度进行了重新推导，得到了新的表达式，适用于管径 D 为 25.4~254 mm，拓宽了适用的管径条件。

1969 年，Pushkina 等得出不同管径搅动流向环状流转化的 Kutateladze 数为 3.2。1977 年，Richter 等得出管径分别为 25.4 mm、50.8 mm、152 mm 和 254 mm 下的 Kutateladze 数分别为 1.75、2.5、3.1 和 3.2。Kutateladze 数随管径的增大而增大。

对于给定液流速，压力降梯度随气流速增加先逐渐降低再逐渐增加，如图 1-2-2 所示。压力降梯度最小的气流速对应于搅动流向环状流转化的气流速。在国内外也通常根据该气流速确定连续携液临界气流速[24]。1995 年，Fore 和 Dukler[30] 考虑液滴的夹带与管壁之间的碰撞与沉降，由力平衡原理导出了压力梯度与气流速等的关系。

$$-\frac{\mathrm{d}p}{\mathrm{d}z}\delta(D-\delta)+\tau_\mathrm{I}(D-2\delta)-\tau_\mathrm{W}D-\rho_\mathrm{L}g\delta(D-\delta)+R_\mathrm{A}(v_\mathrm{D}-C_\mathrm{W})(D-2\delta)=0 \quad (1-2-2)$$

式中　δ ——液膜厚度，m；

D ——管子内径，m；

τ_I ——气流对液膜的剪切应力，N/m；

R_A ——雾化分数（即液滴夹带分数）；

v_D——气芯中轴线速度，m/s；

C_W——液膜表面波的运移速率，m/s；

dp/dz——压力降梯度，Pa/m。

Belfroid 等根据 Van't Westende[31] 携液实验测试结果，在经典 Turner 模型基础上引入角度修正项（$\sin 1.7\theta$）$^{0.38}$/0.74，建立了适用于倾斜管携液临界气流速的预测方法，该方法称为 Belfroid 模型。

Veeken 等[32] 采用 OLGA 软件和稳态多相流模型对气井积液进行了研究。通过与现场实际积液气井对比，发现气井积液起始与液膜反转相一致，从而验证了气井积液由液膜反转控制。

Luo[33] 根据 Paz 等[34] 倾斜管液膜厚度分布的实验数据，拟合了计算倾斜管底部液膜厚度的经验关系式，并建立了倾斜管液膜携带临界气流速计算模型。

2. 液膜携带机理研究方向分析

基于低压实验提出的液膜携带经验模型因数据源的限制，适用条件有限。从一般动量守恒原理建立理论模型，可通过物性考虑气井井筒压力温度条件的影响，具有较强的适应性。对于液膜携带，若进行理论建模，可从动量守恒或力平衡的角度进行推导，关键是预测液膜界面摩擦力、管壁对液膜的摩擦力、液膜自身重力。对这三个参数的预测关键是计算液膜厚度、液膜流速、气液界面摩擦系数、气芯中液体的夹带率等参数，其中气液界面摩擦系数和气芯中液体的夹带率最为关键。液滴夹带率计算较常用的方法有 Wallis、Oliemans 等[35] 提出的经验式。液膜界面摩擦系数较常用的方法有 Wallis、Whalley 和 Hewitt[36]、Fore 等[37] 提出的经验式。这些经验式拟合所用数据源的压力及温度条件与气井井筒条件相差较大，应用于气井井筒条件时有一定的误差。

三、其他模型

Greene 等[38] 认为气井携液能力与地层的流入、井筒的流出相关，将节点系统分析方法所确定气井稳定生产点作为携液临界气量。

Lea[39] 提出使用油管特性曲线识别气井积液，曲线上的最小压力梯度点为携液的临界点。同时，Lea 也指出，对于致密气藏而言，这种方法并不适用，即使流入流出曲线的交点均交于最小梯度压力点右侧，气井仍能稳定生产，这是因为致密气藏地层压力响应滞后。

Xiao[40] 认为水平井段不能使用垂直井段的临界携液流速计算方法，这是由于水平井段中，在重力影响下主要呈现分层流动，积液的主要影响因素为液膜的增厚原理。其基于液膜的流动与分布机理，提出了分层流模型、携带沉降机理模型和 K—H 波动理论模型三种水平井段连续携液临界气速的计算模型。

Dotson 等[41]提出从能量的角度解释气井积液现象。当气井开始积液时，可利用柱塞、泡排、电潜泵等人工举升方式补充地层能量排出井底积液。

产水气井井筒中的流型除环状流外，还有泡流、段塞流、搅动流。泡状流和搅动流气液间滑脱严重，举升效率低。段塞流被认为是举升效率最高的流型，但泰勒气泡周围的液膜回落严重。中国石油大学（北京）吴晓东教授团队认为，气井积液可以分为低液气比和高液气比两种情况。当气井井筒内液气比较低时，以环状流与搅动流转换的气流量作为气井积液的判断条件。当井筒内液气比较高时，以段塞流与搅动流转换的气流量作为积液判断条件。当井筒中处于段塞流时，泰勒气泡会缓慢推动液塞向上运动，与传统意义上的积液判断相反，虽然此时产出液较大，气体流速缓慢，但此时气井仍然可以正常生产。而当气体流速增大时，泰勒气泡和液塞会发生互相掺混的现象，形成搅动流。由于缺少了泰勒气泡的活塞推动作用，液体会向下滑落，此时也会导致积液的问题。因此非环状流气井的携液流量是段塞流向搅动流转化的气流量。

蒋曙光[42]、Erika V. Pagan 等[43]认为，非环状流气井携液的本质是地层流入曲线与井筒流出曲线的协调问题。如果气井配产量在协调点附近，气井能稳定生产；若配产气量高于协调点的产量，气井不能稳定携液生产，产气量将滑移至协调点的产量，产气量迅速下降，气井加速水淹停产。若地层流入曲线与井筒流出曲线没有交点，气井将不能协调生产。因此，需采取降低井口压力、减小管柱尺寸或实施其他工艺措施，使流入曲线与流出曲线相交。从节点系统分析方法判断气井积液状态需准确计算地层的流入曲线和油管的流出曲线，并找准协调点。

第二章 气井气液两相流基本参数及流型预测理论

地层产出液和天然气同时在井筒中流动时为气液两相流动。本章介绍了产水气井井筒气液两相流基本概念、参数的定义、气液两相流型的划分及预测理论[44-46]。

第一节 气井井筒气液两相流基本参数

一、基本参数

1. 质量流量

单位时间内通过管道流动截面的流体质量称为质量流量。对于气液两相管流，混合物的质量流量为：

$$W = W_L + W_G \tag{2-1-1}$$

式中 W——总质量流量，kg/s；

W_L——液相质量流量，kg/s；

W_G——气相质量流量，kg/s。

2. 体积流量

单位时间内通过管道流动截面的流体体积量（管输压力、温度条件下）称为体积流量。

$$q = q_L + q_G \tag{2-1-2}$$

式中 q——总体积流量，m³/s；

q_L——液相体积流量，m³/s；

q_G——气相体积流量，m³/s。

3. 持液率和含气率

持液率是两相流中液相占据的体积，用 H_L 表示；而含气率是气相占据的体积，用 α 表示。对于两相流，有 $0 < H_L, \alpha < 1$，$H_L + \alpha = 1$。对于单相流，α 或 H_L 其中一个必定为 0，

另一个必定为 1。

持液率与管段的管径、倾斜角，气液表面张力、黏度、密度等物性，气液混合物的流速及流向等因素紧密相关。

瞬时持液率指的是在流场中某个微元体积上给定时间和空间位置的持液率。对于这种条件下的瞬时持液率，其值为 0 或 1。积分所有时间上的持液率就导出在给定位置上的当地持液率。对于管流，在某个瞬时和某个空间位置上的持液率为：

$$\langle \overline{H_L} \rangle = \frac{\iint H_L(r,t)\mathrm{d}r\mathrm{d}t}{\int \mathrm{d}r \int \mathrm{d}t} \quad (2-1-3)$$

为了简化符号，将平均持液率用 H_L 表示。截面平均持液率和体积平均持液率经常被用到。截面平均持液率是流动截面上持液率的平均值。体积平均持液率是指流动微元段持液率的平均值。两者都是时间和空间位置的函数。

4. 表观速度

表观速度代表某一相单独在管道流动时，单位横截面积上的体积流量。

液相表观流速：

$$v_{SL} = q_L / A_p \quad (2-1-4)$$

式中　v_{SL}——液相表观流速，m/s；

　　　A_p——管道截面积，m^2。

气相表观流速：

$$v_{SG} = q_G / A_p \quad (2-1-5)$$

式中　v_{SG}——气相表观流速，m/s。

5. 混合物流速

混合物流速就是单位横截面积上的总体积流量，其表达式为：

$$v_M = q / A_p = v_{SL} + v_{SG} \quad (2-1-6)$$

式中　v_M——混合物流速，m/s。

无滑脱持液率为液相体积流量与总体积流量的比值，用 λ_L 表示：

$$\lambda_L = \frac{q_L}{q_L + q_G} = \frac{v_{SL}}{v_{SL} + v_{SG}} \quad (2-1-7)$$

6. 相速度

表观速度并不能真实代表流体的速度，因为每一相只单独占据了管道流动截面的一部分。真实速度也称为相速度，定义式如下：

$$v_L = v_{SL}/H_L, \quad v_G = v_{SG}/(1-H_L) \qquad (2-1-8)$$

式中 v_L, v_G——液相和气相速度，m/s。

7. 滑脱速度

实际上，管道中气液两相的流速通常不同，从而导致气液两相之间发生滑脱现象。滑脱速度为两者的相对流速，其表达式为：

$$v_{SLIP} = v_G - v_L \qquad (2-1-9)$$

式中 v_{SLIP}——滑脱速度，m/s。

8. 漂移速度

漂移速度为某一相的流速与混合物流速的差值，其表达式为：

$$v_{DL} = v_L - v_M, \quad v_{DG} = v_G - v_M \qquad (2-1-10)$$

式中 v_{DL}, v_{DG}——液相和气相的漂移速度，m/s。

9. 漂移通量

漂移通量代表将漂移速度折算到整个流动截面上的速度值，为折算速度。

$$J_L = H_L(v_L - v_M), \quad J_G = (1-H_L)(v_G - v_M) \qquad (2-1-11)$$

式中 J_L, J_G——液相和气相的漂移通量，m/s。

10. 气相质量分数

气相质量分数是给定区域内气相质量流量与总质量流量之比。

$$x = \frac{W_G}{W_G + W_L} = \frac{W_G}{W} \qquad (2-1-12)$$

式中 x——气相质量分数。

11. 平均流体性质

平均流体性质包括两相流的平均密度和黏度：

$$\rho_M = \rho_L H_L + \rho_G(1-H_L) \qquad (2-1-13)$$

$$\mu_M = \mu_L H_L + \mu_G(1-H_L) \qquad (2-1-14)$$

式中 ρ_M——流体的密度，kg/m³；
ρ_L——液体的密度，kg/m³；

ρ_G——气体的密度，kg/m³；

μ_M——流体的平均黏度，Pa·s；

μ_L——液体的黏度，Pa·s；

μ_G——气体的黏度，Pa·s。

假定液相间无滑脱条件下，液相含有油和水时，液相密度、黏度和表面张力均为以水相的体积流量分数为基础，其计算式为：

$$\rho_L = \rho_W f_{WC} + \rho_O (1 - f_{WC}) \qquad (2\text{-}1\text{-}15)$$

$$\mu_L = \mu_W f_{WC} + \mu_O (1 - f_{WC}) \qquad (2\text{-}1\text{-}16)$$

$$\sigma_{LG} = \sigma_{WG} f_{WC} + \sigma_{OG} (1 - f_{WC}) \qquad (2\text{-}1\text{-}17)$$

$$f_{WC} = \frac{q_W}{q_W + q_O} \qquad (2\text{-}1\text{-}18)$$

式中 σ_{LG}，σ_{WG}，σ_{OG}——气液、气水、气油表面张力，N/m；

μ_W——水的黏度，Pa·s；

μ_O——油的黏度，Pa·s。

f_{WC}——含水率；

q_W——水的体积流量，m³/s；

q_O——油的体积流量，m³/s。

二、基本参数计算方程

单相流管道的压降与流量的关系明确，但是两相同时流动时变得相当复杂。考虑管道气液两相流动的典型流动情况如图 2-1-1 所示。已知两相的质量流量或体积流量、物理性质，以及管道直径和倾斜角。这些参数对于单相流计算是足够的。然而，对于气液两相流的情况，需要更多的参数[47]。

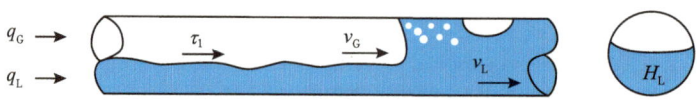

图 2-1-1 气液两相管流示意图

考虑单相流体的质量流量、管道直径和倾角，以及流体的物理性质。如图 2-1-2（a）所示，在下游的任何轴向位置，可以由连续性方程计算流体的速度。

$$v = \frac{W}{\rho A_p} \qquad (2\text{-}1\text{-}19)$$

一旦速度被确定，则可以计算流动过程的压降。两相流系统也可以进行类似的分析。对于这种情况，如图 2-1-2（b）所示，输入参数包括气相和液相的质量流量、管径和倾斜度及相物理性质。可以写出气相和液相的两个连续性方程，得到：

$$W_L = \rho_L v_L A_L, \quad W_G = \rho_G v_G A_G \quad (2-1-20)$$

将持液率代入式（2-1-20）：

$$W_L = \rho_L v_L A_p H_L, \quad W_L = \rho_G v_G A_p (1 - H_L) \quad (2-1-21)$$

在式（2-1-21）中给出的两个连续性方程有三个未知数：v_L、v_G 和 H_L。其不能用单相流使用的简单方法来求解，需要额外的参数来求解方程，才能进行压降过程的计算。气液两相流可以通过假设两相都以相同的速度运动（$v_G = v_L$，无滑脱）来达到简化。通过这个假设，式（2-1-21）中的两个未知数可通过持液率和两相相同的速度求解。然而，一般的情况是气相和液相速度不相等，这时需要进行进一步的分析。

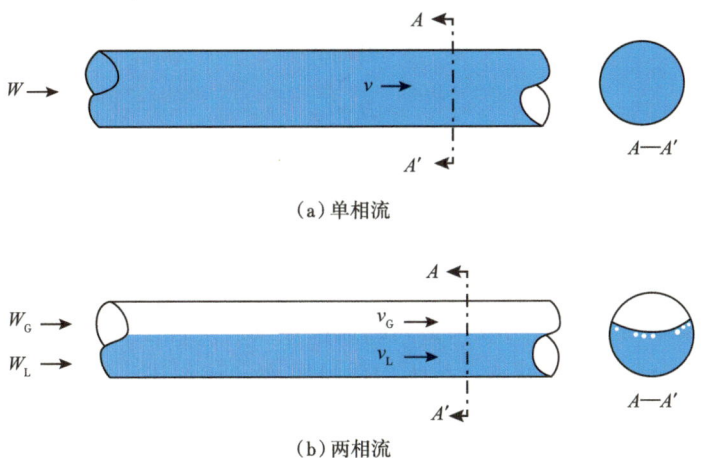

(a) 单相流

(b) 两相流

图 2-1-2 单相流和两相流的连续性

三、滑脱和滞留

以水平管气液两相流示意气液间滑脱现象，如图 2-1-3 所示。图 2-1-3（a）代表气液间无滑脱的情况，气相和液相以相同的速度流动，即 $v_G = v_L$。对于这种情况，从滑脱速度的定义可知，当地持液率等于无滑脱持液率。

$$v_{SLIP} = 0 = v_G - v_L = \frac{v_{SG}}{1 - H_L} - \frac{v_{SL}}{H_L} \quad (2-1-22)$$

解得持液率：

$$H_L = \frac{v_{SL}}{v_{SL} + v_{SG}} = \lambda_L \quad (2-1-23)$$

在物理上，对于无滑脱的情况，由于两相以相同的速度流动，持液率等于液体体积流量与总体积流量之比，即无滑脱持液率。无滑脱条件发生在均匀流动或分散的气泡流，伴随着高液量和低气流量。在这种流动条件下，气相在连续液相中分散成小气泡，由于液体的高流速，气泡被液相以相同的速度携带，从而导致无滑脱。因此，在这种流动条件下，当地持液率等于无滑脱持液率，即 $H_L=\lambda_L$。

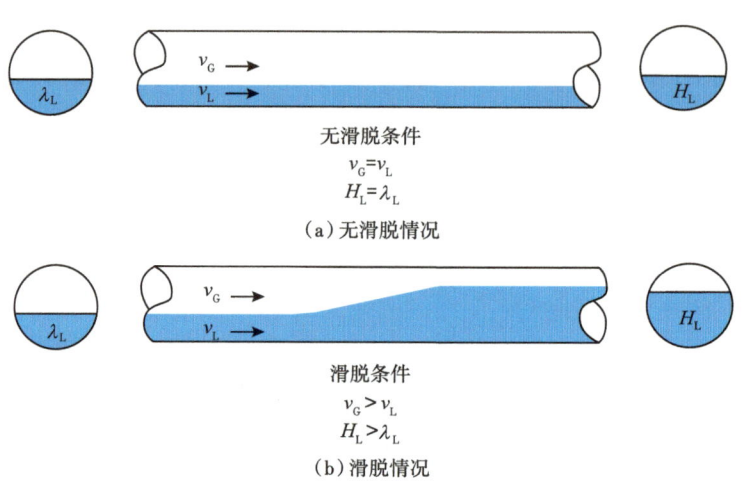

图 2-1-3 滑脱和持液率关系示意图

然而，通常情况下，气体和液体不会以相同的速度流动，两相之间存在滑脱。气相由于浮力和较小的摩擦力，会以比液相更高的速度运动。从连续性考虑，如果气相运动比液相运动快，如图 2-1-3（b）所示，在体积流量不变的情况下，由于气相流速相对液相增加，气相流动横截面积减小，而液相的横截面积增大，这就导致了管内液体的积聚。在这种流动状态下，由于浮力作用气相流动比液相快，或与液相产生滑脱。这会导致其持液率高于无滑脱持液率，即 $H_L > \lambda_L$。

对于气体向下流动，在非常低的气体流量条件下，由于重力作用，液相可能比气相运动得快。在这种情况下，持液率小于无滑脱持液率，即 $H_L < \lambda_L$。

第二节 气液两相流型的定义及分类

一、气液两相流型的分类

气液两相管流是指游离气体和液体在管道中同时流动的情况。单相流与气液两相流的基本区别是两相流中存在流型。流型指的是管道内气相和液相界面所形成的几何结构。当气体和液体同时在管道中流动时，可以出现各种流动结构的气液分布。流动结构在界面的空间分布上各不相同，导致不同的流动特性。

在给定的两相流系统中，其流型取决于以下变量：

（1）运动参数，即气体流量和液体流量；

（2）几何变量，包括管道直径和倾角；

（3）两相物理性质，即气体和液体的密度、黏度和表面张力。

流型的确定是两相流研究的一个核心问题。事实上，所有流动变量的设计都依赖于流型。设计变量为压降、持液率、传热传质系数和化学反应速率。

两相流研究者对流型的定义和分类不一致。一些研究人员尽可能详细地划分流型，而另一些研究人员试图简洁地划分流型。流型划分的分歧主要是由流动现象的复杂性和主观判断流型的差异性造成的。此外，流型取决于倾斜角度，通常是一个狭窄的倾斜角度范围。

近年来，有一些新的大家可接受的流型定义原则：一是流型的种类少；二是同一流型的变化不能太大，并可接受；三是它必须适用于所有倾角范围。

二、垂直管和倾斜管流型

通常，垂直管流型在管轴附近较为对称，受重力影响较少。流型有泡状流、段塞流、搅动流、环状流和分散泡状流，如图 2-2-1 所示。

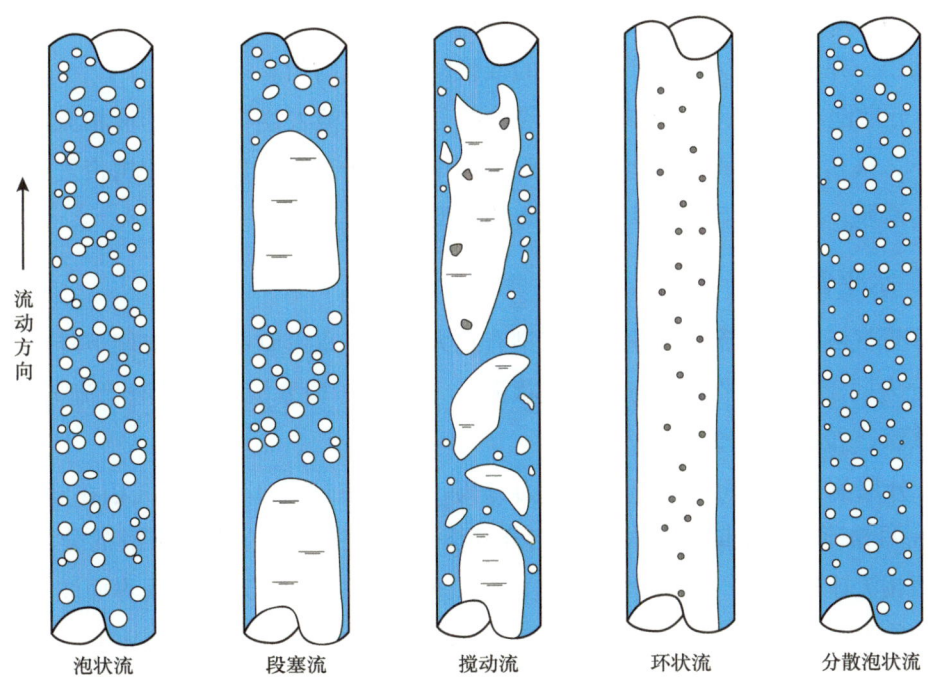

图 2-2-1　垂直管和大倾斜管的流态

（1）泡状流：在泡状流中，气相分散成小的离散气泡，在连续液相中螺旋式向上移动。对于垂直管，气泡在管道截面分布近似均匀。泡流发生在相对较低的液体速率下，其特点是气体和液相之间发生滑脱，导致液体滞留量大。气体主要影响混合物密度，对摩阻的影响不大，而滑脱现象比较严重。

（2）段塞流：垂直管段塞流的流态关于管轴对称。气体主要以一个较大的子弹状存在，称为"泰勒气泡"，其直径几乎等于管道内径。该流型由连续的泰勒气泡和液塞组成。泰勒气泡周围有层薄的液膜，液膜相对于泰勒气泡和管壁向下流动。当薄液膜逆流到下面的液塞中，形成小气泡填充，为气液混合流区。段塞流的特征是泰勒气泡和液体段塞以相同的速度有序交替地流动，液体段塞界面结构清晰，气、液间滑脱较泡状流小，是两相流中举升效率最高的流型。

（3）搅动流：这种流型的特点是液相振荡运动。搅动流类似于段塞流，但看起来更混乱。气、液两相之间没有明确的边界。该流型发生在较高的气流速下，管道中的液体段塞变得更短而且被气泡占据。由于液体段塞频繁地被气泡突破，造成部分液体的回落和聚集形成新的液块，液块在向上或向下流动时会发生剧烈地振荡。其总体特征是大小不一的气团在含有气泡的液流中混乱地向上运动。这种流型气液间滑脱严重，举升效率低。

（4）环状流：当气流速较高，搅动流中的大气泡首尾相接，管柱中心的块状液体被气流雾化成小液滴，被气流连续稳定地夹带，管壁上的液膜在气液界面摩擦力的作用下也被气芯连续地稳定地向上携带。环状流总体特征是管柱中心是夹带液滴的气流，管壁上是连续流动液膜。在垂直流动中，管壁周围的液膜厚度近似均匀。

（5）分散泡状流：垂直管和大倾斜管内的分散泡状流发生在较高的液相流速下，在这种条件下，气相分散为离散气泡进入连续液相中。对于这种流型，液相携带气泡，且两相间不发生滑脱。因此，流动被认为是均匀的，没有滑脱。

三、水平管流型

水平管气液两相流流型与垂直管流型有很大不同，水平管中没有势能下降。水平管流型可以分为层流（分层平滑流与分层波状流）、间歇流（段塞流和拉长泡状流）、环状流和分散泡状流，如图2-2-2所示。

（1）分层流（S）：气液两相由于重力分离，液相在管底部流动，气相在管顶部流动。当气、液两相流速较低时，气相和液相分开流动，两相之间存在一平滑的分界面；而当气、液两相流速较高时，两相分界面上由于Kelvin-Helmholtz现象出现界面波。因此，根据相界面的形态可将其进一步划分为光滑分层流（SS）和波状分层流（SW）。

（2）间歇流（I）：间歇流的特点是液体和气体交替流动。液体段塞填充整个管道横截面，液体被气弹分隔开，气弹内有沿管道底部流动的分层液体。流动机理是快速流动的液体段塞超越流动速度较慢的液膜。段塞中携带小气泡，这些气泡集中在段塞的前部和管道顶部。间歇流分为段塞流（SL）和拉长泡状流（EB）或塞流。段塞流和塞流的流动机制相近。塞流被认为是液体段塞没有夹带气泡时的极限情况。这发生在相对较低的气体流量，流量较稳定。在较高液流量下，段塞前端涡流区会卷入大量的气泡。

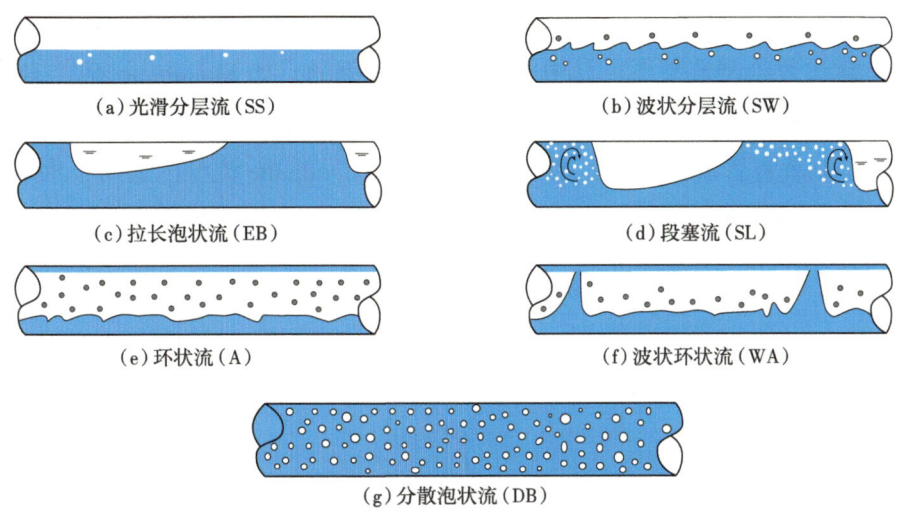

图 2-2-2 水平管和近水平管气液两相流型

（3）环状流（A）：环状流发生在非常高的气流速条件下，高速流动的气流夹带小液滴，液相在管壁周围流动。气液界面呈波状，其间产生较高的界面剪应力。管道底部的液膜通常比顶部的厚，其厚度取决于气体和液体流量的相对大小。在低气流速条件下，大部分液体在管道底部流动，而含气泡的不稳定波偶尔会扫过上管壁。这种流动情况发生在分层波状流、段塞流和环状流之间的过渡条件。这种结构不能定义为波状环状流（WA），因为有液体的卷席和波状结构的横扫；也不是段塞流，因为液体在管壁上形成液膜，波状结构没有占据整个流动截面。波状结构未加速到气相的速度，比气相运动慢。它也没有完全发展成环状流，管壁四周没有形成稳定的液膜，这种流型常被称为"伪段塞流"。根据段塞流和环状流的定义和机理，将这种结构称为波状环状流，并将其归类为环状流的一个分支。在向上倾斜管流中，段塞流与波状环状流的区别更明显。在段塞流中，可以观察到液膜之间的回流，而在波状环状流中，波状结构叠在液膜上而向上流动，这些波状流比气相速度慢得多。

（4）分散泡状流（DB）：在非常高的液流速度下，液相为连续相，气相为分散的气泡。这种流型的转变是由于悬浮在管道顶部的细长大气泡被液流破坏了。当这种情况发生时，大部分气泡位于上管壁附近。在较高的液流量下，气泡在管道横截面上更能均匀分散。在分散泡状流条件下，由于液流量较高，两相以相同速度运动，该流动被认为是均匀无滑脱的流动。

四、气液两相流型图版

早期流型预测方法是靠经验，流型判定主要是通过目测观察确定。将流动参数投射在二维图版上，并通过观察到的流型对该二维图版进行分区；通过该二维图版确定不同流型之间的过渡边界，这样的图版称为流型图。因此，这种经验流型图在与实验采集数据相似的条件范围内可靠，而且对其他流动条件是不确定的。由于实验条件不同，各学者采用了不同的坐标参数绘制流型图，其中大部分是有量纲的，如 Mandhane 等[48]使用质量流量、动量通量或表观流速建立的流型图；Wisman[49]采用动量（密度与速度平方的乘积）作为坐标参数绘制垂直管流型图，如图 2-2-3 所示。Mandhane 流型图适用于水平流动，如图 2-2-4 所示，该图基于 AGA—API 大数据库，选用分析了 1178 个空气—水系统的小直径管道（1.27~5.10 cm）的数据点。

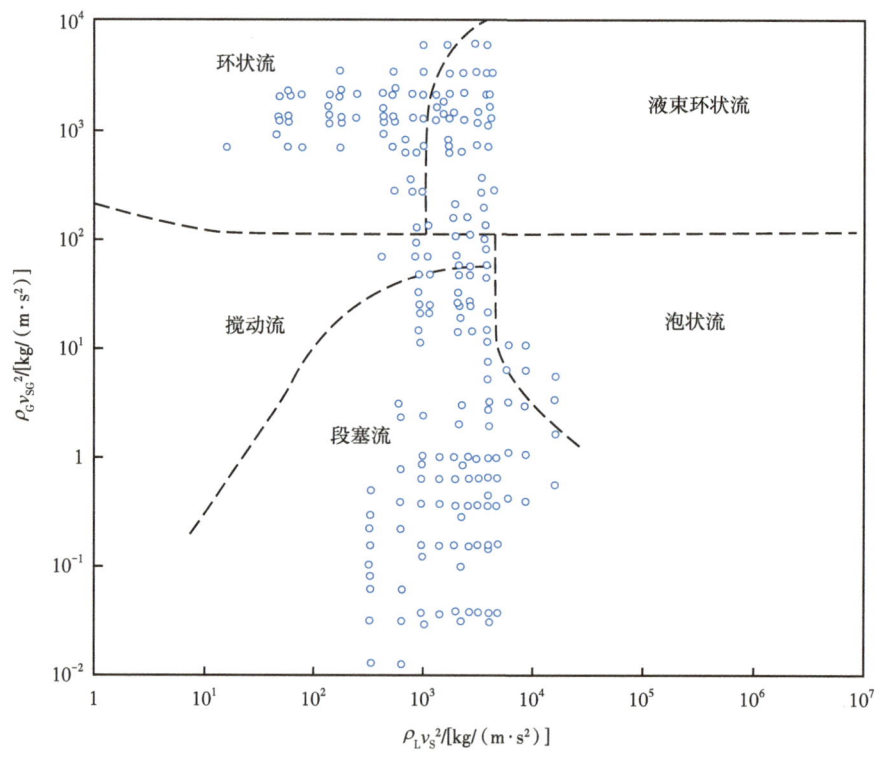

图 2-2-3　Wisman 垂直管流型图

许多学者试图通过无量纲坐标或校正因子来拓宽流型图的适用性。如 Govier 和 Aziz[50]图版，X 和 Y 是校正因子或中间参数，如图 2-2-5 所示。又如 Duns 和 Ros、Griffith 和 Walis 的流型图（图 2-2-6 和图 2-2-7）。Grith 和 Wallis 在他们的流型图版的坐标采用无量纲 v_{SG}/v_M、v_M^2/gd 表示，如图 2-2-7 所示。

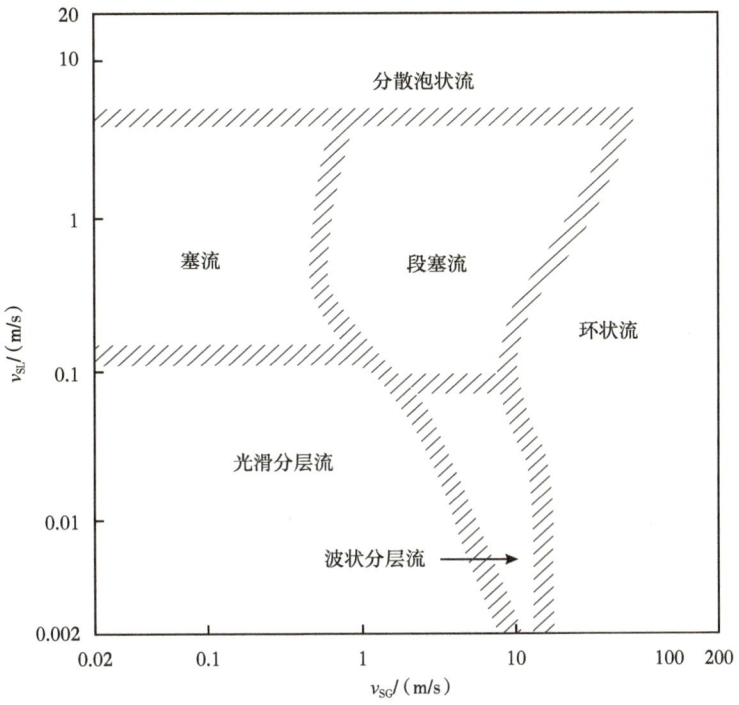

图 2-2-4　Mandhane 等水平管流态图

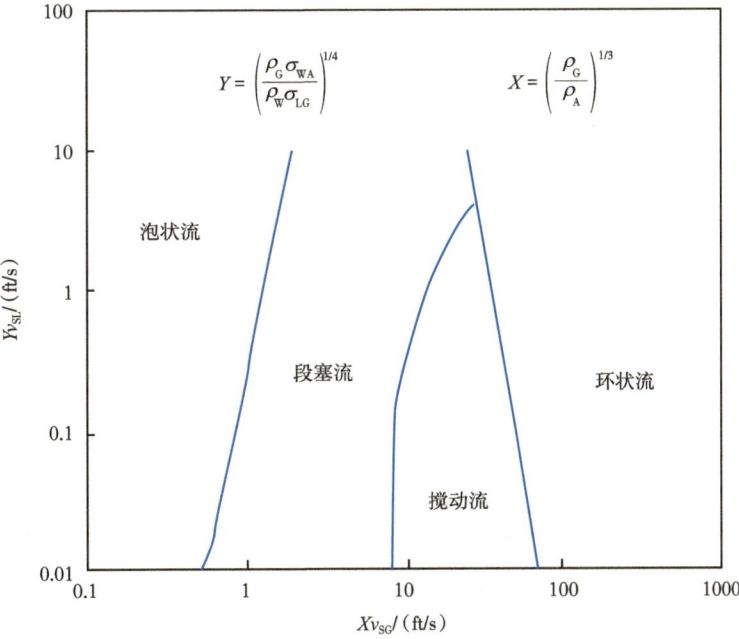

图 2-2-5　Govier 和 Aziz 垂直管流态图

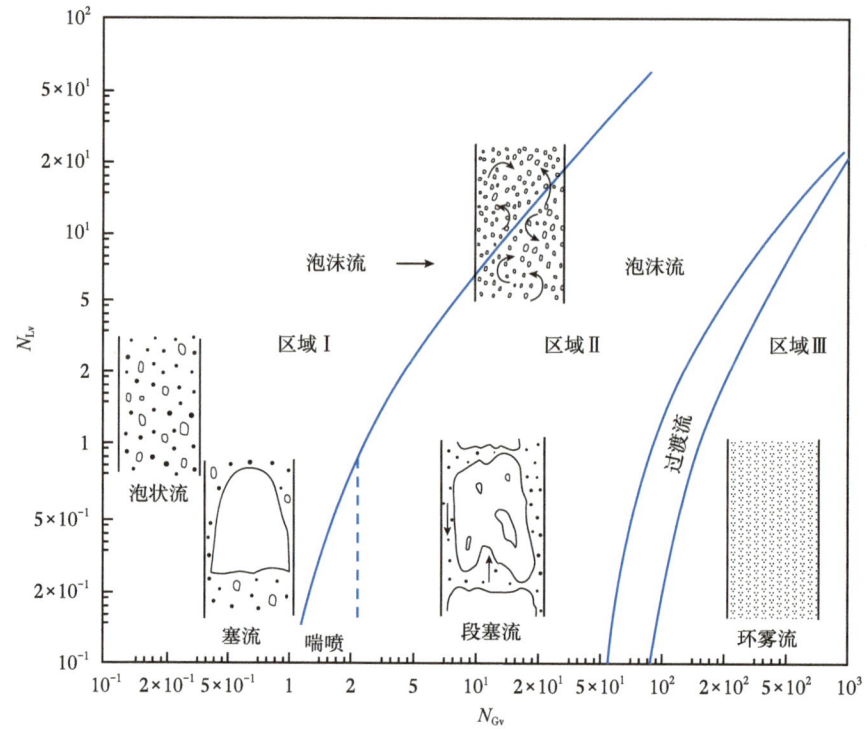

图 2-2-6 Duns 和 Ros 垂直管流型图

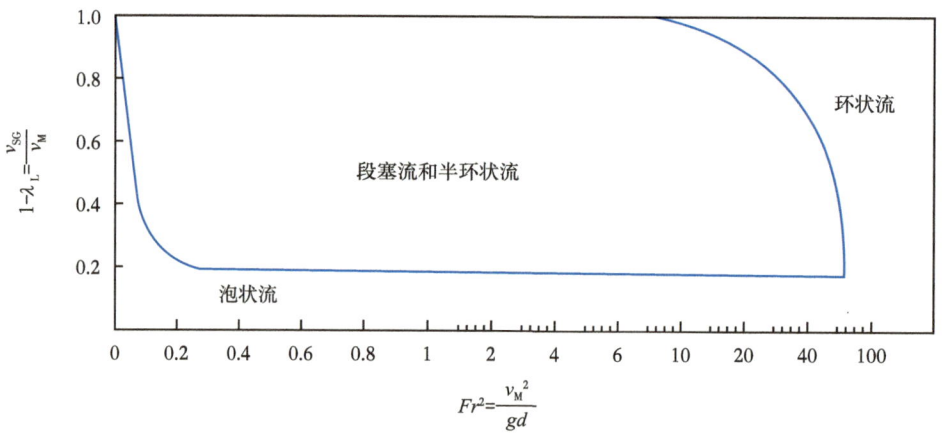

图 2-2-7 Griffith 和 Wallis 垂直管流态图

Baker[52] 的流型图（图 2-2-8）利用混合的无量纲坐标，G_L 和 G_G 是液相和气相的质量通量，$\lambda=[(\rho_G/0.075)(\rho_L/62.3)]^{1/2}$ 和 $\psi=73/\sigma[(\mu_L/1)(\rho_L/62.3)^2]^{1/3}$ 是单位流体特性的校正因子。Baker 的流型图实用性高，因此它在石油工业中广泛使用。

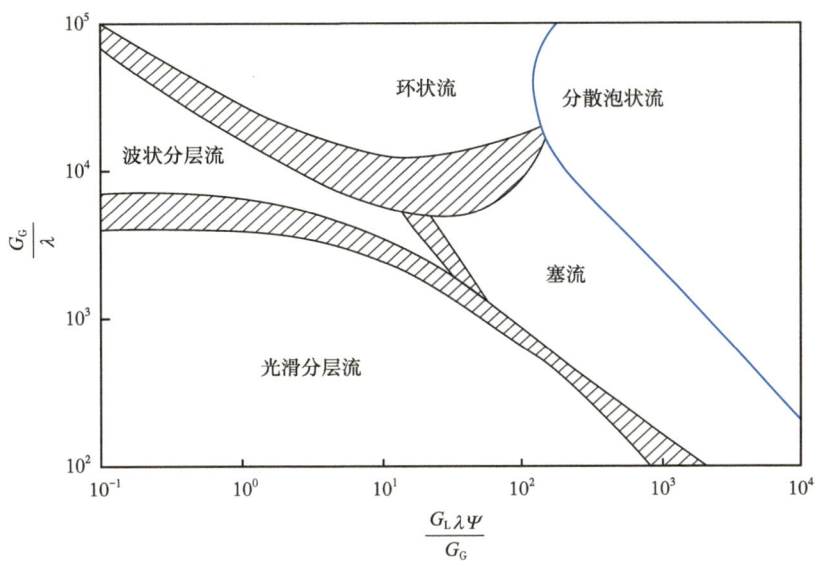

图 2-2-8　Baker 水平管的流态图

流型图并非全都来源于室内实验，1974 年，Gould[53] 等根据气井现场测压数据反算了一种气液两相流型图（图 2-2-9）。

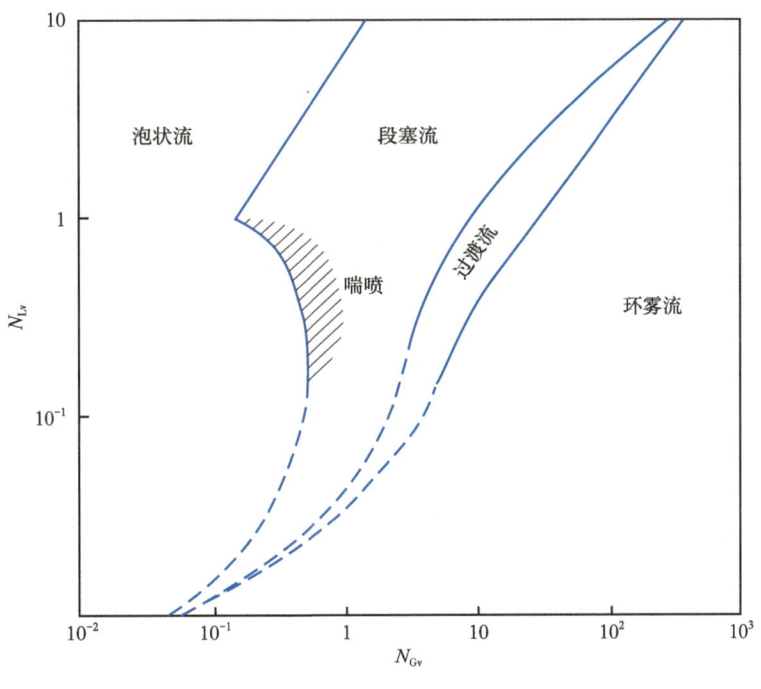

图 2-2-9　Gould 流型图

表 2-2-1 汇总了目前水平管气液两相流流型图采用的坐标参数。

表 2-2-1　水平管流型图绘制的实验参数及坐标变量

作者	管径/cm	流体介质	坐标
Kosterin（1949）	2.54, 5.1, 7.62, 10.16	气—水	v_{SG}/v_M, v_M
Bergelin & Gazley（1949）	2.54	气—水	W_G, W_L
Abou Sabe & Johnson（1952）	2.21	气—水	W_G, W_L
Alves（1954）	2.54	气—水/油	v_{SG}, v_{SL}
Baker（1954）		油—气	G_G/λ, $(\lambda\psi G)/G_G$
White & Huntington（1955）	2.54, 3.80, 5.10	气/天然气—水/油	G_G, G_L
Hoogendorn（1959）	2.54, 9.10, 14.00	气—水/油	v_{SG}/v_M, v_M
Govier & Omer（1962）	2.54	气—水	G_G, G_L
Eaton 等（1967）	5.10, 10.16, 43.20	天然气—水/原油	Re_{TP}, We_{TP}
Al-Sheikh 等（1970）		各种气—液系统	10 个不同的坐标
Govier & Aziz（1972）		气—水/油	Xv_{SL}, Yv_{SG}
Mandhane 等（1974）		气—水	v_{SL}, v_{SG}
Simpson 等（1977）	12.70, 21.60	气—水	v_{SL}, v_{SG}
Weisman 等（1979）	1.20, 2.54, 5.10	各种气—液系统	v_{SL}/ϕ_2, v_{SG}/ϕ_1

表 2-2-2 汇总了目前垂直管气液两相流流型图采用的坐标参数。

表 2-2-2　垂直上升管流流型图绘制的实验参数及坐标变量

作者	管径/cm	流体介质	坐标系
Kosterin（1949）	2.54	气—水	$\dfrac{v_{SG}}{v_M}$, v_M
Kozlov（1954）	2.54	气—水	$\dfrac{v_{SG}}{v_M}$, $\dfrac{v_M^2}{gd}$
Galegar 等（1954）	1.20, 5.10	气—水/煤油	G_G, G_L
Govier 等（1957, 1958）	2.54	气—水	W_G, W_L
Griffith & Wallis（1961）	1.20, 5.75	蒸汽—水	$\dfrac{v_{SG}}{v_M}$, $\dfrac{v_M^2}{gd}$

续表

作者	管径/cm	流体介质	坐标系
Duns & Ros (1963)	8.00	气—油	$v_{SG}\left(\dfrac{\rho_L}{g\sigma}\right)^{\frac{1}{4}}, v_{SL}\left(\dfrac{\rho_L}{g\sigma}\right)^{\frac{1}{4}}$
Sterling (1965)	2.54	气—水	v_{SL}, v_{SG}
Wallis (1969)	2.54	气—水	v_{SL}, v_{SG}
Hewitt & Roberts (1969)	3.18	气—水	$\rho_G v_{SG}^2, \rho_L v_{SL}^2$
Govier & Aziz (1972)	2.54	气—水	Xv_{SL}, Yv_{SG}
Oshinowo & Charies (1974)	2.54	气—水/甘油	$\dfrac{v_M^2}{gd\sqrt{\Lambda}}, \left(\dfrac{v_{SG}}{v_{SL}}\right)^{\frac{1}{2}}$
Gould (1974) Gould 等 (1974)		气—水/油	$v_{SG}\left(\dfrac{\rho_L}{g\sigma}\right)^{\frac{1}{4}}, v_{SL}\left(\dfrac{\rho_L}{g\sigma}\right)^{\frac{1}{4}}$
Wisman (1975)		各种气—液系统	$\rho_G v_{SG}^2, \rho_L v_{SL}^2$

五、流型与压降梯度的相关性

图 2-2-10 表示水平管流压降梯度与流型的相关性。x 轴是表观气流速，y 轴为无量纲压力梯度（压力梯度与水柱压力梯度的比值），图中的各条线代表不同表观液流速。可以看出，对于低表观气流速和液流速，流型是层流，表现出非常低的压降梯度。保持较低的表观液流速度，随着表观气流速增大，流型逐渐变为分层波状流，压降梯度增加。在较高的表观气流速度下，流型变成环状流，压降梯度增加。另一方面，保持表观气流速度不变，增大表观液流速度，流型由层流变为间歇流动（拉长气泡流或段塞流），压降梯度增大。进一步增加表观液流速度，流型过渡到分散泡状流，导致非常高的压降梯度，与环状流相类似。因此，对于水平流，增加气体或液体的流速总会导致较高的总压降梯度。

垂直流动的压降梯度结果在图 2-2-11 中显示，坐标与图 2-2-10 中的相同。可以看出，与水平流相比，垂直管流的压降梯度曲线存在最小压降梯度值。在低表观气液流速条件下，流型为泡状流，压降梯度较高。这是由于泡流的持液率较大，导致了较大的重力压降梯度。保持较低表观液流速，随着表观气流速度的增加，流型过渡到段塞流，表现出较低的压降梯度。这是因为随着气流速的增加，持液率降低，导致较低的重力压降梯度。另一方面，在段塞流中流速不足以引起高摩擦压降梯度。对于非常高的表观气流速，流型过渡到环状流，此时摩擦压降梯度很高，导致总压降梯度很高。注意，在这种情况下，由于持液率低，重力压降梯度大幅下降。对于高表观液流速，流型为分散泡状流时，总压降梯度也是非常高的。这是由于低气流速导致高持液率和高重力压降梯度，高气流速导致高摩擦压降梯度。

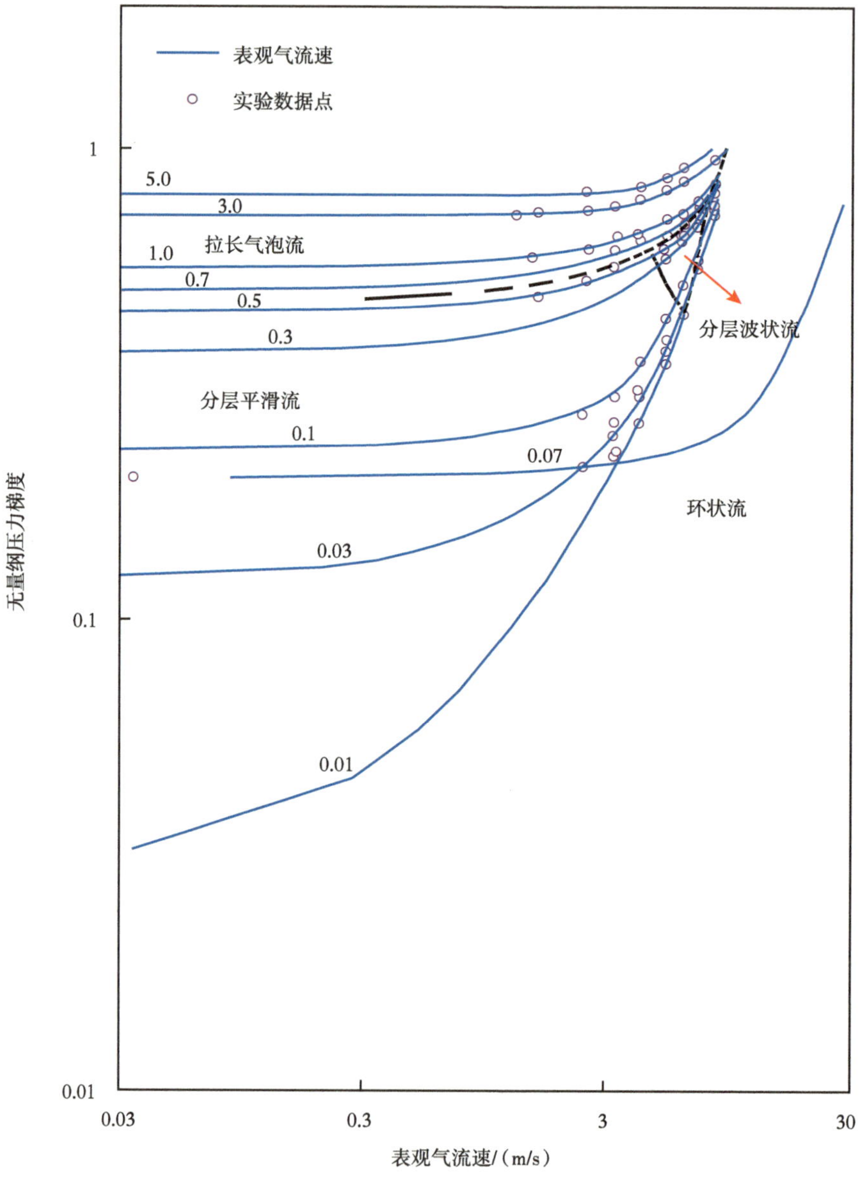

图 2-2-10　水平管压降与流型间的关系（ID=2.54cm，空气—水，据 Govier 和 Aziz，1972）

垂直流动的总压降梯度示意图如图 2-2-11 所示，在一定的气流速区间，段塞流的压降梯度反而比搅动流还小。因此，在油气生产过程中，通常通过控制油气井的产量或者注气量使井筒的流型分布在段塞流区间，从而达到提高举升效率的目的。

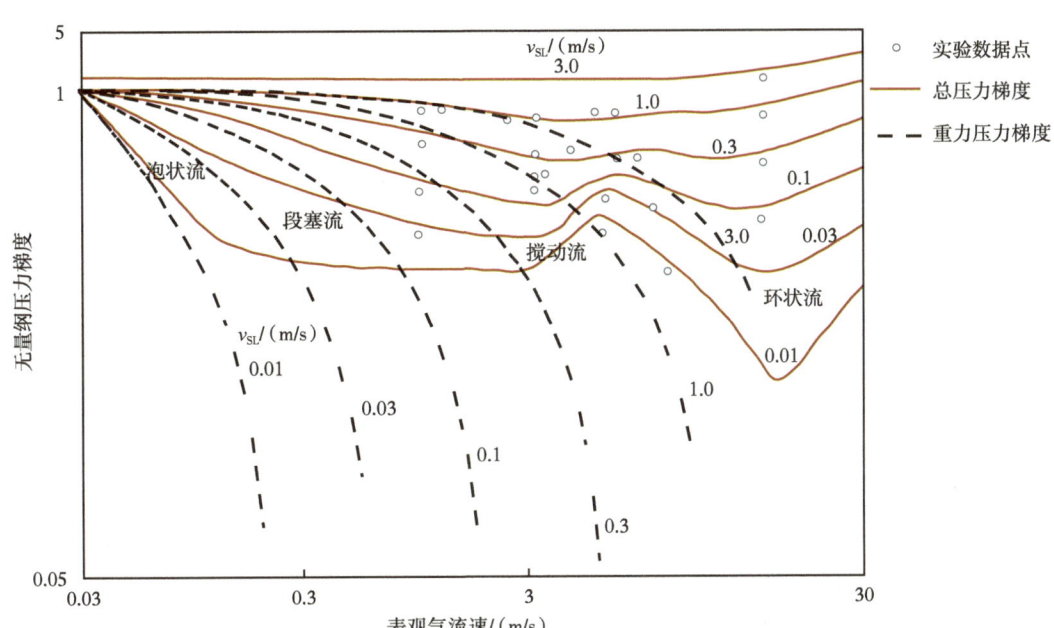

图 2-2-11　垂直管压降与流型间的关系（ID =2.54 cm，空气—水，STP，据 Govier 和 Aziz，1972）

第三节　气液两相流型预测理论

对近年来发展的流型预测机理模型从水平和近水平、垂直、倾斜的角度进行了分析，提出了适用于所有倾斜角的模型。这些模型建立在物理现象和流动机理的基础上，确定了不同流型之间的转换。一旦转换机理明确，数学模型和转换边界的解析表达式就可以被推导出来。该模型考虑了输入变量的影响，如气体和液体流速（操作参数）、管道直径和倾角（几何参数），以及流体的物理性质。因此，在不同的流动条件下，可以更可靠地进行流型的预测。Taitel 和 Dukler[54-55] 给出了水平管气液两相流型转化机理模型，Taitel、Barnea 和 Dukler[56] 给出了垂直管气液两相流型转化机理模型。

一、垂直管及大斜度倾斜管

Taitel 等建立了适用于垂直管及大斜度倾斜管的气液两相流型预测理论模型。模型中考虑的流型包括泡状流、段塞流、搅动流、环状流，以及分散泡状流。图 2-3-1 给出了流型之间的过渡示意图。

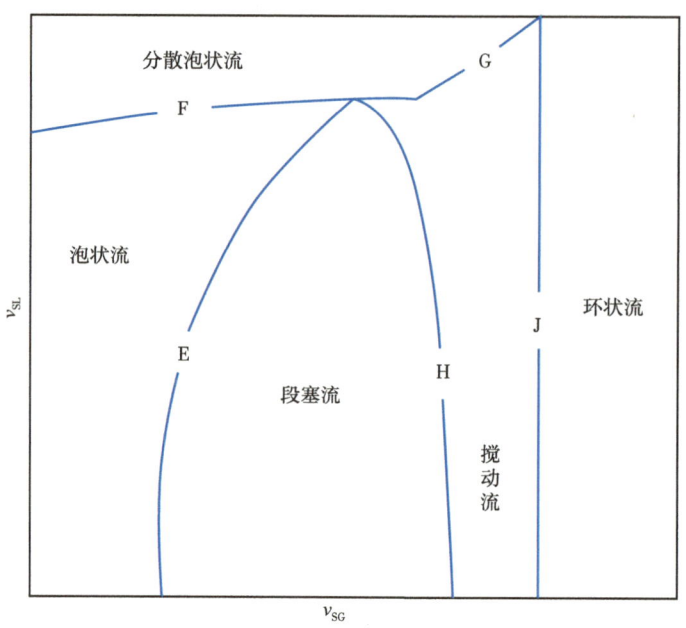

图 2-3-1 Taitel 和 Dukler 流型图

1. 泡状流向段塞流（E）

当以低气流速和低液流速在垂直管中流动时，气相以小气泡的形式分布于连续的液相中。在低流速情况下，没有湍流力存在，气泡类似于刚性球在管道里向上移动，没有碰撞和融合。在相对高的气流速和较低的液流速情况下，气泡会变大，并超过临界气泡尺寸（在气水混合流中，大约为 3 mm），气泡开始变形并弯线式上升，在流动过程中气泡之间频繁地碰撞和融合，形成了气泡群。在个别情况下，一个气泡群可以完全融合形成一个帽状大气泡，这些大气泡类似于泰勒气泡的尖端，但是气泡直径偏小，不能占据整个管道截面，长度上不到一个直径。因此，盖状气泡不能发展成段塞流。然而，在一个相对较高的气流速情况下，气泡数量和密度增加，会有更多的气泡碰撞和融合，并形成泰勒气泡。泰勒气泡几乎占据了管道的整个流动截面，提高了段塞流发生的可能性，这就构成了泡状流向段塞流的过渡条件，如图 2-3-2 所示。

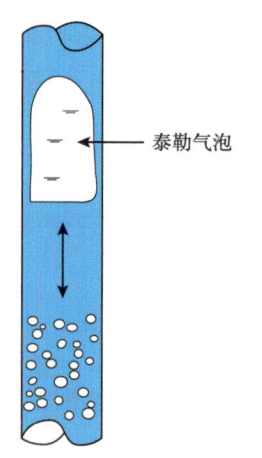

图 2-3-2 泡状流向段塞流过渡模型

根据 Radovicich 和 Moissis[57] 的研究，气泡碰撞频率与含气率的关系如图 2-3-3 所示。当含气率低于 0.2 时，气泡碰撞频率较低，形成段塞流的概率很小。然而，对于含气率大于 0.2 的情况，碰撞频率呈指数增加，当含气率达到 0.3 时，碰撞频率最高。1980 年，Taitel 等建议在低液流速且没有湍流力的情况下，泡状流和段塞流过渡的含气率取为 0.25。当含气率达到 0.25 时，气泡的融合会急剧增加并促进泰勒气泡和段塞流的形成。

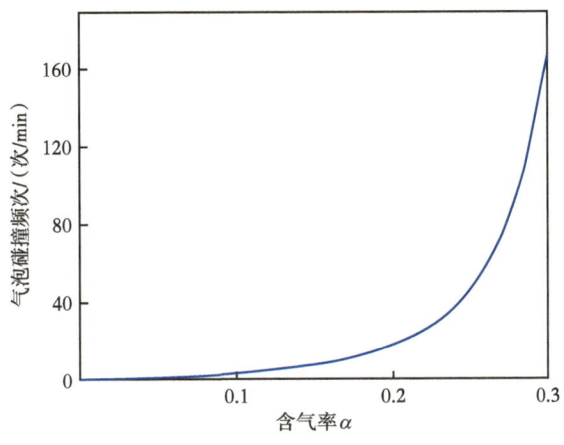

图 2-3-3　气泡碰撞频率模型

将气泡的分布考虑成立方体对齐排列方式且气泡尺寸相同，如图 2-3-4 所示。如果气泡是紧密地堆积在一起，如图 2-3-4（a）所示，此时含气率最大，为 0.52。当气泡间距减小时，气泡间是相互吸引的，促进气泡间的融合。当气泡间稀疏排列，气泡间距等于气泡半径的一半时，如图 2-3-4（b）所示，此时含气率为 0.25。

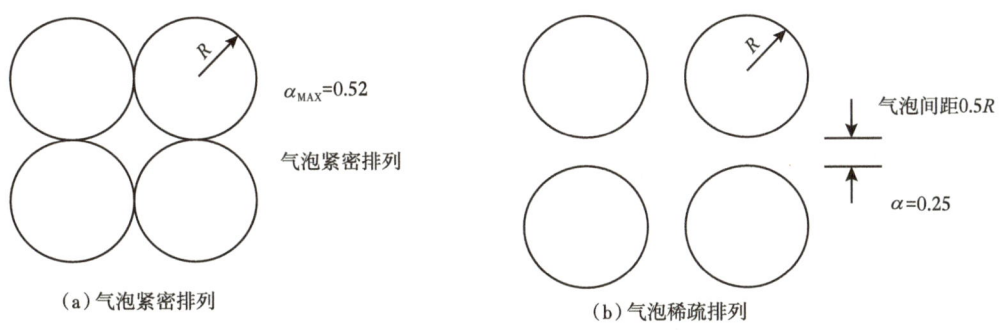

图 2-3-4　立方晶体气泡排列

根据段塞流形成机制对泡状流向段塞流转化条件进行了推导。

气相速度和液相速度分别由式（2-3-1）给出：

$$v_G = \frac{v_{SG}}{\alpha}, \quad v_L = \frac{v_{SL}}{1-\alpha} \qquad (2-3-1)$$

在一个无限大容积的静液柱中，单气泡上升的终端速度为$v_{0\infty}$。对于低液流速的泡状流来说，气泡上升速度可近似为$v_{0\infty}$，因液流速相对较小，$v_{0\infty}$近似为气液间的滑脱速度，因此：

$$v_{0\infty} = v_G - v_L \quad (2-3-2)$$

将式（2-3-1）中的相速度代入式（2-3-2）得：

$$v_{SL} = v_{SG}\frac{1-\alpha}{\alpha} - (1-\alpha)v_{0\infty} \quad (2-3-3)$$

Harmathy[58]给出了单个气泡上升速度的计算式：

$$v_{0\infty} = 1.53\left[\frac{g(\rho_L - \rho_G)\sigma}{\rho_L^2}\right]^{\frac{1}{4}} \quad (2-3-4)$$

式（2-3-4）在气泡直径大于临界直径（在气水流动时为 0.3 cm）时是正确的。气泡在该尺寸范围内的形状是椭球体。当浮力和曳力达到平衡时，气泡速度不再增加；该速度对气泡的大小不再敏感。

联立式（2-3-3）和式（2-3-4），代入 $\alpha=0.25$，得出流型过渡的最终形式：

$$v_{SL} = 3.0v_{SG} - 1.15\left[\frac{g(\rho_L - \rho_G)}{\rho_L^2}\right]^{\frac{1}{4}} \quad (2-3-5)$$

$$v_{SG} = 0.33v_{SL} + 0.38\left[\frac{\sigma g(\rho_L - \rho_G)}{\rho_L^2}\right]^{\frac{1}{4}} \quad (2-3-6)$$

若实际表观气流速或液流速小于式（2-3-5）或式（2-3-6）计算的流速，则为泡状流；反之，则为段塞流或其他流型。

谢添舟等[59]实验发现，倾斜管中的气泡倾向于在管子顶部聚集，因此泡状流向弹状流转变所需含气率比垂直条件下要小。根据实验结果，对倾斜条件下泡状流向段塞流转变的含气率进行拟合如下：

$$\alpha = 0.25(1-\sin\theta)^{0.22} \quad (2-3-7)$$

随井斜角θ增加，泡状流向段塞流转化的含气率逐渐减小。

2. 段塞流与搅动流过渡边界

段塞流到搅动流的过渡边界是复杂的且目前还没有被完全理解。段塞流向搅动流转化有三种机理：一是含气率过高，液体段塞中气泡合并，液体段塞被突破；二是入口效应，流动管段太短导致不能形成稳定段塞流；三是液泛效应，气流速过高阻止了泰勒气泡周围液膜回流。

1）含气率过高角度分析

Mishima 和 Ishii、Brauner 和 Barnea[60] 研究发现，随着气量增加，越来越多的气体进入液塞中，当液塞中的空隙率高于某临界值时，气泡聚集会破坏液塞，出现搅动流，如图 2-3-5 所示。

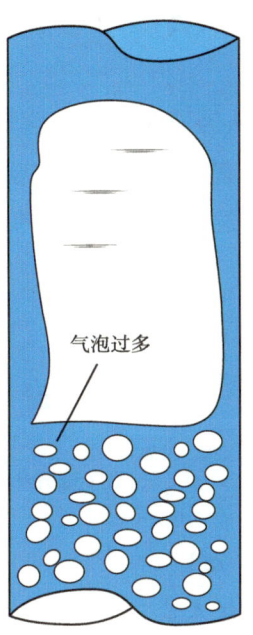

图 2-3-5　液塞气泡过多

Barnea 等[61] 认为段塞流向搅动流转变是由于液体段塞中气泡聚并引起的。液体段塞中弥散着大量小气泡，段塞中含气率越大，气泡碰撞的概率越大，当液弹中含气率足够大时，气泡碰撞加剧形成大气泡导致液体段塞体被破坏，从而使段塞结构不能继续维持下去。维持液体段塞稳定的含气率上限为 0.52。液体段塞体的含气率与气流速、表观液流速存在如下关系：

$$\alpha_\mathrm{S} = 0.058\left[2d_\mathrm{CD}\left(\frac{2f_\mathrm{m}v_\mathrm{m}^3}{D}\right)^{0.4}\left(\frac{\rho_\mathrm{L}}{\sigma}\right)^{0.6} - 0.725\right] \quad (2-3-8)$$

式中　α_S——液体段塞含气率；

v_m——混合物的流速，m/s；

d_CD——临界气泡直径，m；

σ——气液表面张力，mN/m；

f_m——混合物的摩擦系数；

D——管径，m。

根据 Barnea[62-63] 的研究，临界气泡直径 d_{CD} 为：

$$d_{CD} = \sqrt{\frac{0.4\sigma}{(\rho_L - \rho_G)g}} \quad (2\text{-}3\text{-}9)$$

将式（2-3-9）代入式（2-3-8），并将 α_S=0.52 代入式（2-3-8），可计算出给定液相流速下的表观气流速。

Tengesdal[64] 等认为液体段塞的含气率不易求取，建议采用段塞流平均含气率代替液体段塞体的含气率；基于 Owen[65] 实验现象，认为当平均含气率达到 0.78 时段塞流将向搅动流转变。根据相速度与表观速度的关系有：

$$\alpha = \frac{v_{TB}}{1.2v_m + v_{TB}} = 0.78 \quad (2\text{-}3\text{-}10)$$

式中 v_{TB}——泰勒气泡上升速度，m/s。采用 Bendiksen[66] 的关系式计算。

$$v_{TB} = (0.35\sin\theta + 0.54\cos\theta)\sqrt{\frac{gD(\rho_L - \rho_G)}{\rho_L}} \quad (2\text{-}3\text{-}11)$$

式中 θ——倾斜角，rad。

将式（2-3-11）代入式（2-3-10），并将 α=0.78 代入式（2-3-10），可计算出给定液相流速下的表观气流速。

2）入口效应角度分析

根据入口效应的解释，搅动流是在段塞流发展形成过程中的一种过渡流型，是由于入口效应引起的。从管段入口到稳定段塞流形成位置的流动距离均为搅动流，在部分文献中称为发展中的段塞流，该流动距离称为入口效应管段长度。在入口效应管段的下游，流型为段塞流。

如果入口效应管段长度小于管段总长度，可以观察到入口效应距离以外为段塞流。反之，如果入口效应管段的长度大于管段总长度，整个管段将是搅动流。

预测段塞流与搅动流的过渡边界的分析方法是以确定入口效应管段长度的方法为基础的。一个稳定段塞的长度满足 L_S/d=16，该长度是通过假定从泰勒气泡周围回流的液膜作为射流体射向尾随的段塞体，由射流体衰减长度得到的。一个稳定段塞需要有足够的长度使射流速度衰减到低值。根据该方法，用于吸收和消耗射流体速度的液体段塞长度大概是 16 倍管径（即 16d）。

图 2-3-6 示意了稳定段塞和不稳定段塞下的流速变化。下游稳定液体段塞长度满足 $L_S/d=16$，上游不稳定段塞长度满足 $L_S/d<16$。稳定段塞和随后不稳定段塞对应的泰勒气泡分别被标记为 1 和 2。可以看出，液膜射向段塞体后液塞的速度剖面发生扭曲，管流中心速度增加，而靠近管壁附近速度指向下。对于稳定段塞流，位于段塞 $16d$ 的距离处，即图 2-3-6 中泰勒气泡 1 的端部，液膜射流体的能量被全部吸收，段塞速度剖面趋于正常。但是在不稳定段塞中时，如图 2-3-6 中所示，液体段塞长度不够，导致液膜射流体的能量不能被全部吸收，液塞正态速度剖面没有形成，结果是不稳定段塞形成了一个扭曲的速度分布剖面。该速度剖面对尾随的泰勒气泡的速度有着重要的影响，气泡被流入液体产生托举作用，气泡速度增加。液塞越短，射流产生的托举作用越大，气泡上升速度越大。托举产生的效果是后面气泡追赶上前面气泡。

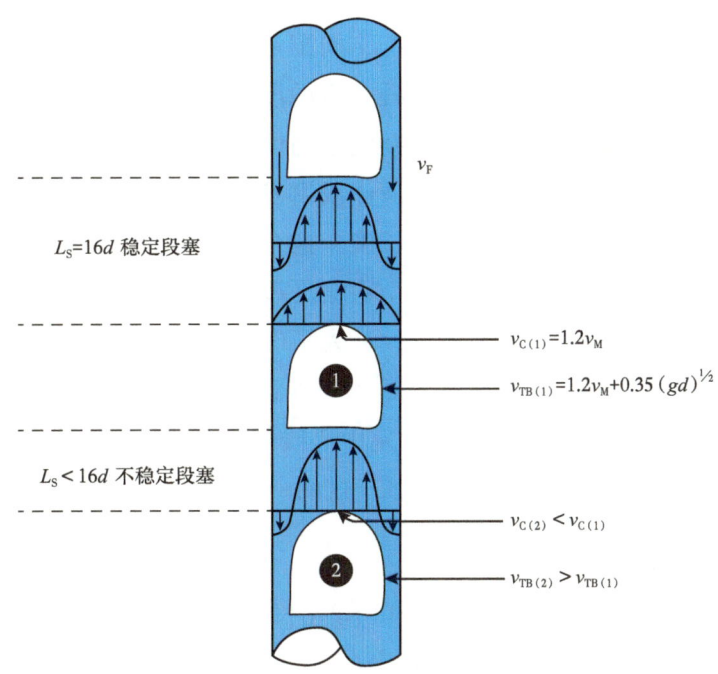

图 2-3-6 稳定段塞和不稳定段塞下的流速变化

泰勒气泡 1 的速度计算公式如下：

$$v_{TB}=1.2v_M+0.35\sqrt{gd} \quad (2\text{-}3\text{-}12)$$

式中第一项是泰勒气泡前端（段塞的尾部）液塞的中心速度。对于稳定段塞，由于形成了正常的速度剖面，液塞中心位置速度为 $v_{C(1)}=1.2v_M$；第二项是泰勒气泡的上升速度，即漂移速度。

不稳定段塞的泰勒气泡 2 的速度与气泡 1 的速度相差较大。由于液体段塞过短，段塞的尾部没能建成正常的速度剖面。管壁附近液流向下流动，由连续性方程推测中心位置必向上流动。结果是液塞尾部的中心位置速度增加，即 $v_{C(2)} > v_{C(1)}$。由于泰勒气泡的上升速度等于段塞尾部中心速度与漂移速度的总和，即存在 $v_{TB(2)} > v_{TB(1)}$，这导致泰勒气泡 2 速度大于泰勒气泡 1 的速度，泰勒气泡 2 追上泰勒气泡 1。因而两个气泡聚结且不稳定段塞破裂、回落并与随后的段塞结合，该流动现象是典型的搅动流。根据气泡追赶原理，可确定稳定段塞形成所需要的入口区域的长度，下面对此进行说明。

在管柱的入口形成短段塞和泰勒气泡。短段塞是不稳定的，它会被尾随的泰勒气泡追赶上、周围液膜回落并与随后的段塞融合一体，融合后的段塞长度大概是两倍的段塞长度。泰勒气泡与前面的泰勒气泡聚并，当两者之间的液体段塞发生回落，也会双倍增加泰勒气泡的长度。这个过程从入口便开始，直到形成的一个稳定段塞体。

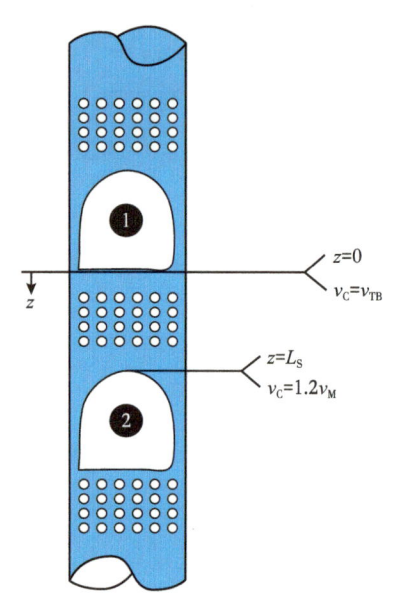

图 2-3-7　搅动流到环形流的液滴模型示意图

为了确定搅动流入口区域长度，采用示意图 2-3-7 进行分析。假设在 1 号泰勒气泡的尾部存在移动坐标且指向下。在 $z=0$ 处，段塞中心线的速度为 $v_C=v_{TB}$。在段塞的尾部，即 $z=L_S$（$L_S=16d$），中心线速度为 $v_C=1.2v_M$。基于这两个边界值，假定沿 z 轴方向的中心线速度呈指数分布，见式（2-3-13）。

$$v_C = v_{TB} \times \exp(-\beta z/L_S) + 1.2v_M[1-\exp(-\beta z/L_S)] \quad （2-3-13）$$

系数 β 决定了中心线速度的衰减速率，有 $\beta=\ln(100)=4.6$，以确保中心位置的衰减速率是 1%。通过式（2-3-13），可以确定任意给定长度不稳定段塞尾部的中心位置速度 v_C。利用式（2-3-12）和式（2-3-13）可以计算两个连续泰勒气泡的速度，以及两个气泡靠近的速度 $-\dot{z}$，可以通过式（2-3-14）确定：

$$-\dot{z} = \frac{dz}{dt} = v_{TB(2)} - v_{TB(1)} = (v_{TB}-1.2v_M) \times \exp(-\beta z/L_S) = 0.35\sqrt{gd} \times \exp(-\beta z/L_S) \quad （2-3-14）$$

对式（2-3-14）积分求得两个连续泰勒气泡聚结所需要的时间，并作为两者间距的一个函数 L_{Li}（两个泰勒气泡间的段塞长度）。

$$t_i = \int dt = \int_0^{L_{Li}} \frac{dz}{-\dot{z}} = \int_0^{L_{Li}} \frac{dz}{0.35\sqrt{gd} \times \exp(-\beta z/L_S)} = \frac{L_S}{0.35\beta\sqrt{gd}}[\exp(\beta L_{Li}/L_S)-1] \quad (2-3-15)$$

在管柱的入口处，会产生短段塞和短泰勒气泡。随着流动继续向上，泰勒气泡追上下游的泰勒气泡，两个小的泰勒气泡合并形成一个大的泰勒气泡，两个不稳定小段塞形成不稳定的大段塞。该过程会沿着入口区域继续直到一个稳定段塞的形成。在形成稳定段塞前的最后一次聚并过程，段塞长度为 $L_S=8d=L_S/2$。两个该尺寸大小的段塞聚并形成一个 $16d$ 长的稳定段塞是相当慢的，因为速度差小。因此，将 L_{Li} 值从 0 到 $L_S/4$（例如，$L_{Li}=L_S/4$，$L_S/8$，$L_S/16$，…，0）代入式（2-3-15）得到一个 t_i 的无穷级数，将 t_i 求和得到形成一个稳定段塞所需的时间，见式（2-3-16）：

$$t_E = \sum t_i = \frac{L_S}{0.35\beta\sqrt{gd}}\{[\exp(\beta/4)-1]+[\exp(\beta/8)-1]+[\exp(\beta/16)-1]+\cdots\}$$
$$= \frac{L_S}{0.35\beta\sqrt{gd}}\sum_{n=2}^{\infty}[\exp(\beta/2n)-1] \quad (2-3-16)$$

将式（2-3-16）中的 t_E 乘以 v_{TB} 得到入口区域的长度，见式（2-3-17）。

$$L_E = t_E v_{TB} = \frac{L_S v_{TB}}{0.35\beta\sqrt{gd}}\sum_{n=2}^{\infty}[\exp(\beta/2n)-1] \quad (2-3-17)$$

将式（2-3-16）中的 $\beta=4.6$、$L_S=16d$ 及 v_{TB} 代入式（2-3-17），得到入口区域的最终表达式，如下所示：

$$\frac{L_E}{d} = 40.6\left(\frac{v_M}{\sqrt{gd}}+0.22\right) \quad (2-3-18)$$

式（2-3-18）提供了一个段塞流和搅动流间过渡边界的无量纲标准。该过渡边界与一个无量纲组 $v_M/\sqrt{gd}$ 有关。因此，对于给定的流动条件，包括管柱的长度，在一个关于 v_{SL} 和 v_{SG} 的流型图中构建该过渡边界是可能的。

3）搅动流与环状流过渡边界

环状流过渡边界发生在高气流速条件下。在该条件下，气芯在管段中心快速流动，而液相被推至管壁并以含波浪表面的薄液膜的形式向上流动。液膜向上移动是由于高的气液表面摩擦力和气芯施加的曳力。液滴被撕扯远离液膜，夹带于气芯中，且被气相推行向上。

该过渡边界提出的机制是以 Turner 等的液滴模型为基础，该模型是为预测气井积液发生条件提出的。根据该模型，当气芯中的气体速度足够高，将液滴向上举升时便会形成环状流。如果气体速度不足以举升液滴，则液滴会回落并聚集堵塞流动截面，这可能会导致搅动流或段塞流的产生。

图 2-3-8 是搅动流过渡边界的示意图。作用在液滴上的曳力和重力分别由下列式子给出：

$$F_D = C_D \frac{\pi d_D^2}{4} \frac{\rho_G v_G^2}{2} \quad （2-3-19）$$

$$F_G = \frac{\pi d_D^3}{6} g(\rho_L - \rho_G) \quad （2-3-20）$$

式中　C_D——曳力系数；

　　　F_D——曳力，N；

　　　d_D——液滴的直径，mm；

　　　F_G——液滴自身重力，N。

这种分析应用于气芯中的液滴。然而，同样的分析也可应用于管壁上的液膜。如果对于一个给定的条件，曳力大于重力，即 $F_D > F_G$，则气流速大到足以将液滴向上举升并形成环状流。反之，如果 $F_D < F_G$，液滴回落且会形成搅动流或段塞流。因此，该过渡边界的判定标准是 $F_D = F_G$，或者是：

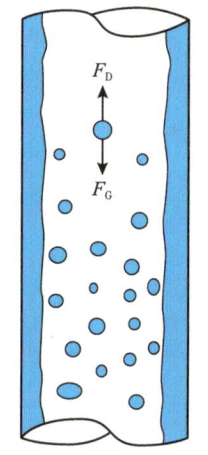

图 2-3-8　搅动流过渡边界的示意图

$$C_D \frac{\pi d_D^2}{4} \frac{\rho_G v_G^2}{2} = \frac{\pi d_D^3}{6} g(\rho_L - \rho_G) \quad （2-3-21）$$

从式（2-3-21）中求解得到过渡边界上的气流速 v_G，该气流速对应于气芯中举升液滴和维持环状流流态的最小气流速：

$$v_G = \frac{2}{\sqrt{3}} \left[\frac{g(\rho_L - \rho_G)d_D}{\rho_G C_D} \right]^{\frac{1}{2}} \quad （2-3-22）$$

液滴的大小取决于促进大液滴的表面张力的平衡和气相的冲击力，它们容易把液滴分解成更小的液滴。该现象可以通过韦伯数量化，韦伯数定义如下：

$$We = \frac{d_D \rho_G v_G^2}{\sigma} \quad （2-3-23）$$

式中　We——液滴的韦伯数。

在环状流的过渡边界，形成大液滴，韦伯数被认为在 20~30 之间。因此，一旦韦伯数给定，液滴直径可以通过式（2-3-24）确定，如下所示：

$$d_{\mathrm{D}} = \frac{\sigma We}{\rho_{\mathrm{G}} v_{\mathrm{G}}^2} \qquad (2-3-24)$$

将式（2-3-24）代入式（2-3-22）得：

$$v_{\mathrm{G}} = \left(\frac{4We}{3C_{\mathrm{D}}}\right)^{\frac{1}{4}} \frac{[\sigma g(\rho_{\mathrm{L}} - \rho_{\mathrm{G}})]^{\frac{1}{4}}}{\rho_{\mathrm{G}}^{0.5}} \qquad (2-3-25)$$

正如 Turner 等[67]建议，式（2-3-25）中 $C_{\mathrm{D}}=0.44$（对于充分发展湍流而言）、$We=30$（对于大液滴而言）。同时，由于环状流的持液率非常小，式（2-3-25）中的气流速约等于表观气流速，即 $v_{\mathrm{G}} \approx v_{\mathrm{SG}}$。这些替换使得该过渡边界最终形式的形成，如下所示：

$$\frac{v_{\mathrm{SG}} \rho_{\mathrm{G}}^{\frac{1}{2}}}{[\sigma g(\rho_{\mathrm{L}} - \rho_{\mathrm{G}})]^{\frac{1}{4}}} = 3.1 \text{ 或 } v_{\mathrm{SG}} = \frac{3.1[\sigma g(\rho_{\mathrm{L}} - \rho_{\mathrm{G}})]^{\frac{1}{4}}}{\rho_{\mathrm{G}}^{0.5}} \qquad (2-3-26)$$

式（2-3-26）第一个公式的无量纲数是库塔数（Kutateladze number）。式（2-3-26）阐述了环状流过渡边界发生在一个恒定的表观气流速情况下并与液流速无关。

二、水平管及微倾斜水平管

1973 年，Mandhane 等开展了气液两相流动实验，获得近 6000 个实验数据点，并用气、液表观流速为横、纵坐标绘制了水平管流型图，如图 2-3-9 所示。

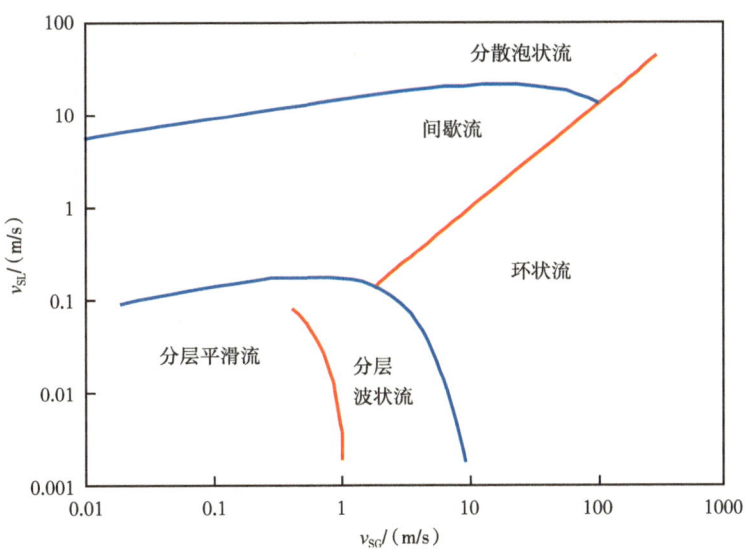

图 2-3-9　Mandhane 流型图

Taitel & Dukler 模型适用于水平管道和小角度（±10°）倾斜管。

1. 分层流动过渡非分层流动的判别准则

气液两相混合物在水平管及微倾斜管流动时，由于重力分离，液相在管底部、气相在管顶部流动，气液之间存在明显分界面。如果气、液流速小，流动稳定，则流型将是分层流动。如果气、液流速较大，流型将过渡到其他流型。气液是否稳定流动，可以用 Kelvin-Helmholtz 定律进行稳定性分析。

一般地，Kelvin-Helmholtz[68-72] 稳定性分析理论用于分析水平管流中存在密度差和速度差的两流体的界面是否能保持稳定。用于分析界面上的微小扰动是否会使界面发展成波状结构，或是产生不稳定的波状结构破坏分层流结构。Kelvin-Helmholtz 分析方法可以拓展到无黏度流（忽略流体黏度）或有黏度流（考虑摩擦）。根据分析，由于伯努利效应，相对运动的两种流体在波结构处产生抽吸力，从而破坏分层流结构。通过分析，可根据波的传播速度和波长建立稳定性的判据。

Taitel 等认为，管内液体流量较大、管内液位 h_L 较高时，波状结构达到管顶部并堵塞气流通道时，流型将由分层流过渡到间歇流。相反，液体流量较小、管内液位 h_L 较低时，波状结构到达不了管顶部而不能堵塞气流通道时，波状结构被气流吹向管壁，继而被气流撕裂成小液滴被气流夹带，就形成环状流。如图 2-3-10 所示，气液平均高度分别为 h_G 和 h_L。

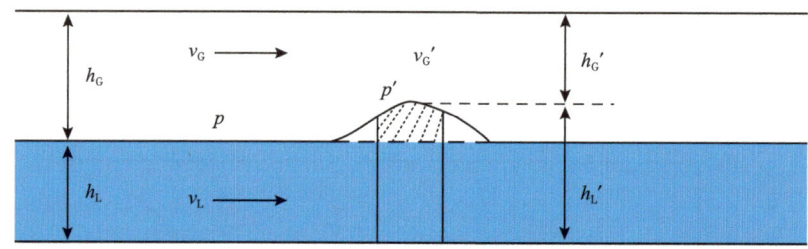

图 2-3-10 简化 Kelvin-Helmholtz 稳定性分析示意图

作用在波结构上的重力为：

$$(h_G - h_G')(\rho_L - \rho_G)g\cos\theta \qquad (2-3-27)$$

式中　h_G, h_G'——波结构上和及波峰处液膜与上管壁的距离，m；

θ——管斜角，rad。

气流绕过波状结构时，因气液速度差产生向上的抽吸力，使得波纵向上增长。

$$p - p' = \frac{1}{2}\rho_G\left(v_G'^2 - v_G^2\right) \qquad (2-3-28)$$

式中 p——压力,Pa;
v_G,v'_G——波结构上游和波峰处流速,m/s。

根据连续性方程:

$$v_G A_G = v'_G A'_G \quad (2-3-29)$$

式中 A_G,A'_G——波结构上游和波结构波峰处气流截面积,m^2。

导致分层结构不稳定条件是向上的抽吸力大于波结构的重力。因此,结合式(2-3-28)与式(2-3-29)得到不稳定性的判定公式:

$$v_G > c_1 \left[\frac{g(\rho_L - \rho_G)h_G}{\rho_G} \right]^{\frac{1}{2}} \quad (2-3-30)$$

其中 c_1 由波的大小确定:

$$c_1 = \left[\frac{2}{(h_G/h'_G)(h_G/h'_G + 1)} \right]^{\frac{1}{2}} \quad (2-3-31)$$

对于尺寸很小的波结构,$h_G/h'_G \to 1.0$ 且 $c_1 \to 1.0$。式(2-3-31)简化为原来的Kelvin-Helmholtz无黏波增长的准则。

对于微斜管分层流动情况,考虑倾斜角的影响:

$$v_G > \left[\frac{2(\rho_L - \rho_G)g\cos\theta(h'_L - h_L)}{\rho_G} \frac{A'^2_G}{A^2_G - A'^2_G} \right]^{\frac{1}{2}} \quad (2-3-32)$$

对于尺寸很小的波结构,A_G 可以围绕泰勒级数展开,从而得到:

$$v_G > c \left[\frac{(\rho_L - \rho_G)g\cos\theta A_G}{\rho_G S_I} \right]^{\frac{1}{2}} \quad (2-3-33)$$

其中:

$$c^2 = 2\frac{(A'_G/A_G)^2}{1 + A'_G/A_G} \quad (2-3-34)$$

对于低液速流,满足 $A'_G \approx A_G$,$c=1$。对于高液速流,满足 $A'_G \to 0$,$c=0$。因此可做如下假设:

$$c = 1 - \frac{h_L}{d} \quad (2-3-35)$$

式中 d——管径,mm。

将式（2-3-35）代入式（2-3-33）得到不稳定准则，即：

$$v_G \geqslant \left(1-\frac{h_L}{d}\right)\left[\frac{(\rho_L-\rho_G)g\cos\theta A_G}{\rho_G S_I}\right]^{\frac{1}{2}} \quad (2\text{-}3\text{-}36)$$

如果关系式（2-3-36）左边的气流速度大于右边的气流速度，那么抽吸力克服重力导致流动不稳定性发展，分层流过渡到非分层流（间歇流或环状流）。相反，则存在稳定的分层流动。

$$F^2\left[\frac{1}{\left(1-\overline{h_L}\right)^2}\frac{\overline{v_G^2}\overline{S_I}}{\overline{A_G}}\right] \geqslant 1 \quad (2\text{-}3\text{-}37)$$

式（2-3-37）中所有的无量纲参数都是 $\overline{h_L}$ 的唯一函数，因此，过渡边界由两个无量纲数控制，即 $\overline{h_L}$ 和 F，其中：

$$F=\sqrt{\frac{\rho_G}{(\rho_L-\rho_G)}}\frac{v_{SG}}{\sqrt{dg\cos\theta}} \quad (2\text{-}3\text{-}38)$$

因为平均液位高度 $\overline{h_L}$ 为 X、Y 的函数。对于水平流动有 $Y=0$，故液位 $\overline{h_L}$ 为 X 的函数。因此，可以得出结论，对于水平流动，分层流和非分层流动判定条件是 X 和 F 的函数。

2. 分层平滑流过渡到分层波状流的判定准则

分层平滑流过渡到分层波状流发生在气流速足够大，大到足以在界面上形成波状结构，但又不能太大，不然流型过渡到非分层流动。一般来说，当气相的压力和剪切力克服液相中的黏滞力时，分层流动的界面上会形成波状结构。

根据 Jeffrey 理论，波产生的判据为：

$$(v_G-c_w)^2 c_w > \frac{4\mu_L(\rho_G-\rho_L)}{\rho_L\rho_G s} \quad (2\text{-}3\text{-}39)$$

式中 v_G——气相速度，m/s；

c_w——波的传播速度，m/s；

s——与波下游压力恢复相关的掩蔽系数，Jeffrey 建议 s 取 0.3，Benjamin 建议 s 取 0.01~0.03，Taitel 和 Dukler 建议 s 取 0.01。

假设 v_G 远大于波传播速度，且波传播速度大约等于液相平均速度，则分层平滑流过渡到分层波状流的判定准则为：

$$v_G \geqslant \left[\frac{4\mu_L(\rho_L-\rho_G)g\cos\theta}{s\rho_L\rho_G v_L}\right]^{\frac{1}{2}} \quad (2\text{-}3\text{-}40)$$

如前文所述，该准则可用无量纲形式表示，即：

$$K \geqslant \frac{2}{\sqrt{\overline{v_L}} v_G \sqrt{s}} \quad (2-3-41)$$

其中 $s=0.01$。导出新的无量纲量 K，即：

$$K^2 = \frac{\rho_G v_{SG}^2 \rho_L v_{SL}}{(\rho_L - \rho_G)\mu_L g \cos\theta} = \left[\frac{\rho_G v_{SG}^2}{(\rho_L - \rho_G)gd\cos\theta}\right]\left(\frac{\rho_L v_{SL} d}{\mu_L}\right) = F^2 Re_{SL} \quad (2-3-42)$$

如图 2-3-11 所示，该准则为 $\overline{h_L}$ 和 K 的函数。对于水平流动，该准则为 X 和 K 的函数，如图 2-3-12 所示。过渡边界适用于由界面剪应力产生波的条件。然而，对于倾斜向下流动，由于其界面不稳定，忽略气流量的影响，可以形成波。原有模型没有考虑到这里，故图 2-3-11 中的 C 线适用于在较高气流速下水平和倾斜向上流动，以及倾斜向下流动，由界面剪切产生波。对于低气流量的倾斜向下流，由于其界面的不稳定性而产生波，Barnea 等根据临界弗劳德数，提出了波的以下标准，称为过渡准则 K。

$$Fr = \frac{v_L}{\sqrt{gh_L}} > 1.5 \quad (2-3-43)$$

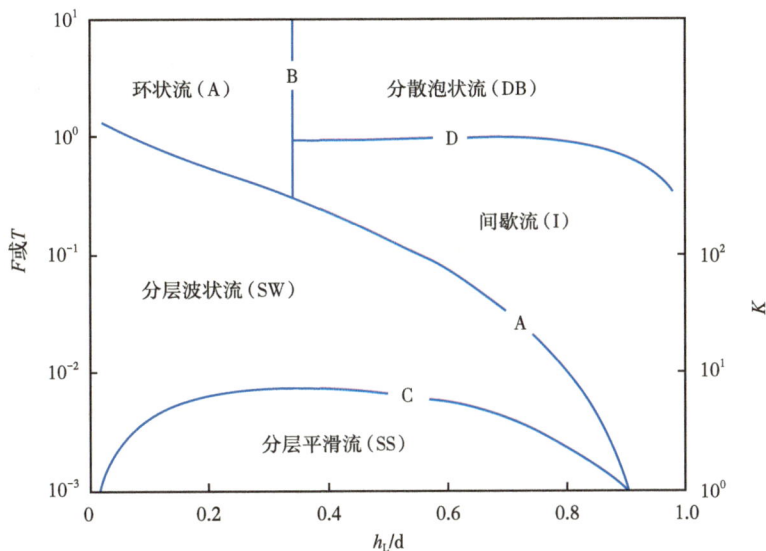

图 2-3-11 水平和轻微倾斜流动的广义流型图（据 Taitel 和 Dukler，1976）

A 线：分层流动过渡未分层流动；B 线：间歇流或分散泡状流过渡到环状流；
C 线：分层平滑流过渡到分层波状流；D 线：间歇流过渡到分散泡状流；

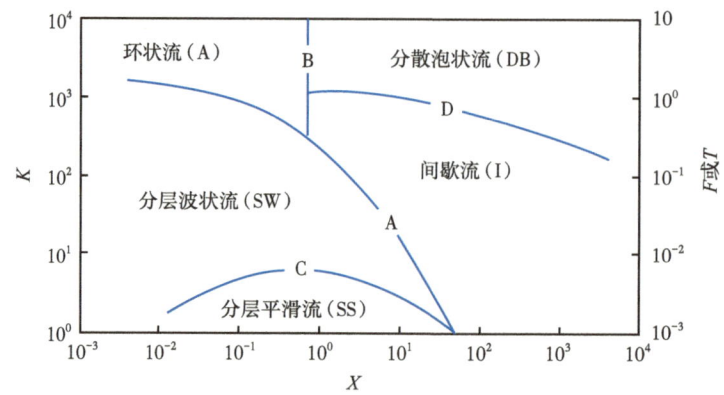

图 2-3-12　水平流动的广义流型图（据 Taitel 和 Dukler，1976）

A 线：分层流动过渡未分层流动；B 线：间歇流或分散泡流过渡到环状流；
C 线：分层平滑流过渡到分层波状流；D 线：间歇流过渡到分散泡状流；

3. 间歇流或分散泡状流向环状流过渡准则

气流速或液流速增加，分层流动结构变得不稳定，分层流动开始过渡到非分层流动。在不稳定的流动条件下，可能会出现以下情况：低气流速和高液流速下，管道中的液面很高，底部的液膜有足够的液体供给使波浪结构发展壮大，并堵塞了管道的横截面积，最终形成一个稳定的液塞。如图 2-3-13（a）所示，波峰先到达管壁顶，波谷后到达管底部。

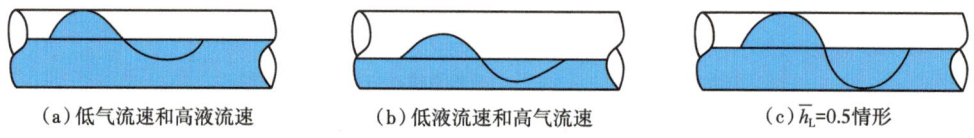

图 2-3-13　间歇流或分散泡状流向环状流过渡示意图

然而，低液流速和高气流速条件下，管道中底部的液膜高度很低。在这种情况下，界面上的波没有足够的液体供给使波状结构壮大，只能形成液膜，而不是形成液塞，导致流动向环状流过渡。如图 2-3-13（b）所示，波谷先到达管底部，波峰后到达管壁顶。

因此，有学者提出这种过渡完全取决于管道中的液位。也就是说，过渡与 $\overline{h_L}=0.5$ 的值有关。如图 2-3-13（c）所示，在这种情况下，波峰到达管壁顶与波谷到达管底部同时发生。后来 Barnea 等在论文中对该准则进行了修正，以解释段塞不只是由液体组成。如果段塞体中的平均持液率为 0.7，那么就有足够的液面来保证段塞的横截面积是 $0.5\times0.7=0.35$，从而得出以下过渡准则：

$$\overline{h_L}=\frac{h_L}{D}=0.35 \tag{2-3-44}$$

因此，如果分层流动结构不稳定，则 $\overline{h_L} \leqslant 0.35$，过渡到环状流，否则当 $\overline{h_L} > 0.35$，流型转变成段塞流或者分散泡流。如图 2-3-11 和图 2-3-12 所示，垂线 B 即为过渡边界。在图 2-3-11 中，恒定的线代表 $\overline{h_L} = 0.35$，而在图 2-3-12 中，它表示对应的常量 X 为 0.65。

4. 间歇流过渡到分散泡状流（D 线）

这种转变发生在高流速下。在该条件下，管道内的平衡液位很高，接近上管壁。气相以细长气囊的形式处于管道顶部。在高液流速条件下，气囊破碎成细小分散的气泡并被拖拽到气相中。因此，间歇流过渡到分散泡状流时，液相湍流应大到能够克服气泡的浮力。

作用在气囊上的单位长度的浮力 F_B 和搅动力 F_T 分别为：

$$F_B = A_G g (\rho_L - \rho_G) \cos\theta \tag{2-3-45}$$

$$F_T = \frac{1}{2} \rho_L \overline{v'^2} S_I \tag{2-3-46}$$

式中 A_G——气囊的水平横截面积，m^2；

S_I——界面长度，m；

v'——液相湍流径向速度分量，m/s。

v' 近似由雷诺应力确定：

$$\tau_R = \rho_L \overline{\mu' v'} \approx \rho_L \overline{v'^2} \tag{2-3-47}$$

壁面剪应力可用壁面摩擦速度来表示，即：

$$\tau_W = \frac{1}{2} f_L \rho_L v_L^2 = \rho_L v^{*2} \tag{2-3-48}$$

假设 $\tau_R = \tau_W$，则波动速度的径向分量近似等于摩擦速度，即：

$$\overline{v'} = \left(\overline{v'^2}\right)^{0.5} \approx v^* = v_L \left(\frac{f_L}{2}\right)^{\frac{1}{2}} \tag{2-3-49}$$

当 $F_T \geqslant F_B$ 时，流型会过渡到分散泡状流。式（2-3-44）、式（2-3-45），以及式（2-3-47）是关于 v' 的方程，则间歇流到分散泡状流过渡准则为：

$$v_L \geqslant \left[\frac{4 A_G}{S_I} \frac{g \cos\theta}{f_L} \left(1 - \frac{\rho_G}{\rho_L}\right)\right]^{\frac{1}{2}} \tag{2-3-50}$$

将其写成无量纲形式：

$$T^2 \geqslant \frac{8\overline{A_G}}{\overline{S_I}\overline{v_L^2}\left(\overline{v_L d_L}\right)^{-n}} \quad (2\text{-}3\text{-}51)$$

其中：

$$T = \left[\frac{\left(-\dfrac{\mathrm{d}p}{\mathrm{d}L}\right)_{SL}}{(\rho_L - \rho_G)g\cos\theta}\right]^{\frac{1}{2}} \quad (2\text{-}3\text{-}52)$$

因此，转换准则为 $\overline{h_L}$ 和 T 的函数，一般地，对于水平流动，准则为 X 和 T 的函数，如图 2-3-11 和图 2-3-12 的 D 线所示。

第三章 环状流流动参数计算方法

环状流液滴夹带率、液膜厚度、液膜界面摩擦系数是环状流的重要特征参数，本章对这三个参数的常用计算方法进行了介绍，利用文献数据对其进行了评价，并分析了液膜厚度及界面摩擦系数的影响因素及规律。

第一节 液滴夹带率计算方法

当管道内气相速度足够高时，气液界面波状结构被撕裂成小液滴被气流夹带。液滴被带进气流后，气相密度、黏度、气液界面摩擦力将发生改变，从而影响到管壁液膜的受力情况。液滴夹带率是计算环状流液滴及液膜携带规律的重要基础参数。液滴夹带率被定义为气芯中的液滴质量流速与总液流质量流速的比值，一般用 F_E 表示。

$$F_E = \frac{W_E}{W_L} = \frac{W_L - W_F}{W_L} \tag{3-1-1}$$

式中 W_L——总的液体质量流速，kg/s；

W_E——气芯中夹带液滴的质量流速，kg/s；

W_F——液膜的质量流速，kg/s。

一、水平管模型

1. Paleev 和 Filippovich 模型

1965 年，Paleev 和 Filippovich 结合自己和前人测试的实验数据，通过对比分析得出了液滴夹带率关系式。Paleev 和 Filippovich 实验测试了水平管液滴沉积速率，发现液滴沉积速率与气相雷诺数、气体速度、气体密度和气相中液滴浓度有关。通过整理发现，影响液滴夹带率的两个无量纲参数为韦伯数和流体物性参数组，即 $\dfrac{\rho_G}{\rho_L}\left(\dfrac{\mu_L v_G}{\sigma}\right)^2$。

为了考虑气相中液滴夹带的影响，用气芯密度代替气相密度：

$$\rho_c = \rho_G \left(1 + \frac{\rho_L v_{SE}}{\rho_G v_G}\right) \qquad (3-1-2)$$

式中 ρ_c——气芯密度，kg/m³；

v_{SE}——考虑液滴夹带的表观气流速，m/s。

由此，可得：

$$\rho_c = \rho_G \left(1 + F_E \frac{v_{SL}}{v_{SG}} \frac{\rho_L}{\rho_G}\right) \qquad (3-1-3)$$

式中 v_{SL}——液相表观流速，m/s；

v_{SG}——气相表观流速，m/s。

最终关系式为：

$$F_E = 0.015 + 0.44 \lg\left[\frac{\rho_c}{\rho_L}\left(\frac{\mu_L v_G}{\sigma}\right)^2 10^4\right] \qquad (3-1-4)$$

Paleev 和 Filippovich 关系式对管径不敏感，而且该式在夹带率接近 1 时偏差较大，因为没有考虑液相流量的影响，该式是经过反复试验得出的经验式。

2. Pan 和 Hanratty 模型

2002 年，Pan 和 Hanratty 研究了液滴夹带率和沉积率之间的平衡，提出应用于水平管和垂直管的关系式，该式假设流体黏度与水接近。模型中考虑了最大液滴夹带率、沉积系数和液滴尺寸的影响，并引入了临界液膜流量的概念。

$$\frac{F_E/F_{E,\max}}{1-F_E/F_{E,\max}} = 9 \times 10^{-8} \frac{Dv_G^3 \sqrt{\rho_L \rho_G}}{\sigma}\left(\frac{\rho_G^{1-m}\mu_G^m}{d_{32}^{1+m}g\rho_L}\right)^{\frac{1}{(2-m)}} \qquad (3-1-5)$$

其中，$F_{E,\max}$ 为最大液滴夹带率：

$$F_{E,\max} = 1 - \frac{W_{Fcr}}{W_L} \qquad (3-1-6)$$

W_{Fcr} 为临界液相流量：

$$W_{Fcr} = \frac{1}{4}\mu_L \pi D Re_{Fcr} \qquad (3-1-7)$$

其中：

$$Re_{Fcr} = 7.3(\lg w)^3 + 44.2(\lg w)^2 - 263\lg w + 439 \qquad (3-1-8)$$

且：

$$w = (\mu_L/\mu_G)\sqrt{\rho_L/\rho_G} \qquad (3-1-9)$$

在式（3-1-5）中指数 m 可取值 0、0.6 和 1，d_{32} 为平均索特直径，由式（3-1-10）计算：

$$\frac{\rho_G v_G^2 d_{32}}{\sigma}\frac{d_{32}}{D} = 0.0091 \qquad (3-1-10)$$

根据 Azzopardi 的研究，d_{32} 还可以由式（3-1-11）计算：

$$\frac{\rho_G v_G^2 d_{32}}{\sigma}\frac{d_{32}}{\lambda_T} = 0.14 \qquad (3-1-11)$$

其中 λ_T 为临界波长，由 Taylor 不稳定性理论计算：

$$\lambda_T = \sqrt{\frac{\sigma}{\rho_L g}} \qquad (3-1-12)$$

该公式的夹带率预测值与 Dallman[72]、Laurinat[73]、Williams[74]，以及 Paras 和 Karabelas[75] 的数据进行了对比分析，发现预测值与 2.31 cm 管径的实验数据非常匹配，与 5.08 cm 和 9.5 cm 管径的数据对比差别较大。Pan 和 Hanratty 模型适用于低气流速的情况。

二、垂直管模型

垂直管液滴夹带率计算比较常用的公式有 Wallis[76]、Oliemans 等[77]、Ishii 和 Mishima[78]、Pan 和 Hanratty、Sawant 等[79-80] 先后提出的算法。

1. Wallis 关系式

1969 年，Wallis 详细介绍了水平管和垂直管液滴夹带率计算模型并进行了讨论。Wallis 关系式简化了 Paleev 和 Filippovich 的关系式，用气体密度代替气芯密度。两个关系式有一个共同局限性，都没有考虑液流速对液滴夹带率的影响。

$$F_E = 0.015 + 0.44 \lg\left[\frac{\rho_G}{\rho_L}\left(\frac{\mu_L v_{SG}}{\sigma}\right)^2 \times 10^4\right] \qquad (3-1-13)$$

2. Oliemans 等关系式

1986 年，Oliemans 等分析了 Harwell 的实验数据，实验介质包括空气—水、空气—乙醇、空气—三氯乙烷，以及水蒸气。实验数据参数范围：管径为 0.06~3.2 cm、气相弗劳德数 1~10、气相密度小于 56 kg/m³、表面张力 0.012~0.073 N/m。根据实验数据提出了液滴夹带率关系式：

$$\frac{F_E}{1-F_E} = 10^{-1.52} \rho_L^{1.08} \rho_G^{0.18} \mu_L^{0.27} \mu_G^{0.28} \sigma^{-1.8} D^{1.72} v_{SL}^{0.7} v_{SG}^{1.44} g^{0.46} \quad (3-1-14)$$

式中　D——管径，m；

　　　g——重力加速度，m/s²。

Zhang 等[81]将 Oliemans 模型中各项参数组合形成无量纲数，将其改写为式（3-1-15）：

$$\frac{F_E}{1-F_E} = 0.003 We_{SG}^{1.8} Fr_{SG}^{-0.92} Re_{SL}^{0.7} Re_{SG}^{-1.24} \left(\frac{\rho_L}{\rho_G}\right)^{0.38} \left(\frac{\mu_L}{\mu_G}\right)^{0.97} \quad (3-1-15)$$

其中：

$$We_{SG} = \frac{\rho_G v_{SG}^2 D}{\sigma} \quad (3-1-16)$$

$$Fr_{SG} = \frac{v_{SG}}{\sqrt{gd}} \quad (3-1-17)$$

$$Re_{SL} = \frac{\rho_L v_{SL} D}{\mu_L} \quad (3-1-18)$$

$$Re_{SG} = \frac{\rho_G v_{SG} D}{\mu_G} \quad (3-1-19)$$

3. Ishii 和 Mishima 关系式

Ishii 和 Mishima 基于液膜界面波剪切破碎形成液滴的机理提出液滴夹带率关系式，关系式使用了修正气相韦伯数和液相雷诺数。采用双曲正切函数来表示夹带率从 0（低气体速度）到 1（高气体速度）分布规律。实验数据范围：管径为 0.95~3.2 cm、介质为空气—水、表观气流速小于 100 m/s、液体雷诺数为 370~6400、气体密度为 1.2~4.8 kg/m³。该关系式为：

$$F_E = \tanh\left(7.25 \times 10^{-7} We_{SG}'^{1.25} Re_{SL}^{0.25}\right) \quad (3-1-20)$$

修正韦伯数：

$$We_{SG}' = \frac{\rho_G v_{SG}^2 D}{\sigma} \left(\frac{\Delta\rho}{\rho_G}\right)^{\frac{1}{2}} \quad (3-1-21)$$

4. Utsono 和 Kaminanga 模型

Utsono 和 Kaminanga 使用 3~9 MPa 的高压水蒸气/空气的实验数据分析了 Ishii 和 Mishima 公式，发现该公式在高压条件下误差较大，分析原因为高压条件与低压条件的液滴夹带机理不同，而 Ishii 和 Mishima 关系式拟合所使用的数据均来自低压条件。Utsono 和 Kaminanga 使用高压水蒸气/空气的数据修正了 Ishii 和 Mishima 关系式，但该关系式不适用于低压条件。实验参数范围：管径为 1~2 cm、介质为蒸汽—水、压力为 3~9 MPa、We'_{SG} 为 260~83000、液体雷诺数为 5400~350000。

$$F_E = \tanh\left(0.16 We'^{0.08}_{SG} Re^{0.16}_{SL} - 1.2\right) \quad (3\text{-}1\text{-}22)$$

5. Sawant 等模型

2008 年，Sawant 等改进了 Ishii 和 Mishima 的修正韦伯数关系式，将 $(\Delta\rho/\rho_G)$ 的指数由 1/3 改为 1/4，并与液相雷诺数结合提出了液滴夹带率计算式，用收集的实验数据进行了验证。实验参数范围：实验介质为空气和水，管径为 0.94 cm，压力为 0.1~0.6 MPa，表观气流速为 15~100 m/s，表观液流速为 0.05~0.75 m/s。Sawant 等提出的夹带率计算方法如图 3-1-1 所示，为分段函数。

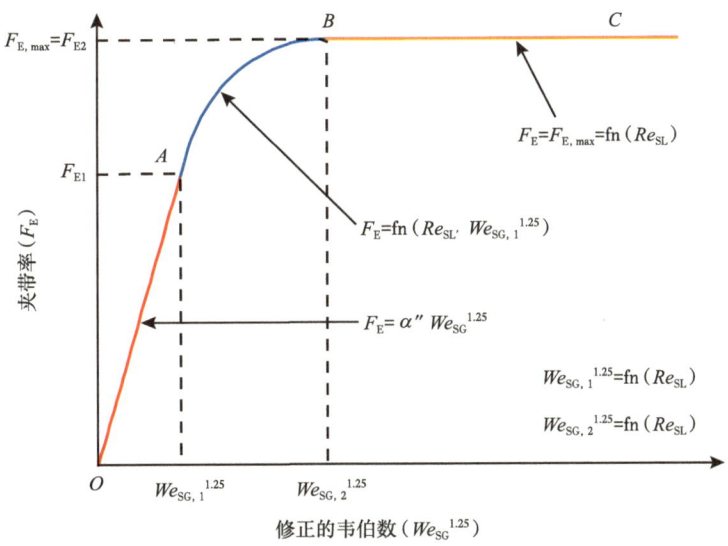

图 3-1-1　Sawant 等夹带率计算方法

该夹带率曲线被划分成三段：OA 段表示为韦伯数的函数，AB 段表示为韦伯数和液相雷诺数的函数，BC 段表示为液相雷诺数的函数。对于 OA 段，液膜厚度相对较厚，当表观气相速度增大时，夹带分数也随之增加。与此同时，当更多的液体被夹带进入气芯后，液膜流量会降低。虽然液膜流量降低，但对扰动波的波动特性没有影响。因此，只要有较厚的液膜存在，夹带分数就不会受到影响。由其结果可以看出，在该区域内的夹带分数与液相雷诺数无关。在过渡区的起始点 A 处，液膜流量大幅降低，界面动量传递会受到影响。因此，在 AB 曲线段，夹带分数同时取决于液相雷诺数和韦伯数。随着表观气流速的增加，液膜流量会进一步降低。在点 B 处，气体芯和液膜之间没有更多的相互作用。在 BC 段，液膜被浸入气相流动的黏性底层，导致夹带作用被抑制。在该区域中，进一步增加的表观气流速对夹带分数没有影响，夹带率一直保持不变。Sawant 等观察到，当液相雷诺数增大时，无论在过渡点，还是在夹带分数被抑制的区域，液膜流量都会增大。他们建议采用下列关系式来预测夹带分数：

$$F_{\mathrm{E}} = F_{\mathrm{E,max}} \tanh\left(\alpha We_{\mathrm{SG}}''^{1.25}\right) \quad (3-1-23)$$

其中 We_{SG}'' 为 Sawant 等提出的修正韦伯数：

$$We_{\mathrm{SG}}'' = \frac{\rho_{\mathrm{G}} v_{\mathrm{SG}}^2 D}{\sigma}\left(\frac{\Delta\rho}{\rho_{\mathrm{G}}}\right)^{\frac{1}{4}} \quad (3-1-24)$$

$F_{\mathrm{E,max}}$ 为最大液滴夹带率，由液相雷诺数和液相雷诺数极限值的函数来确定，即：

$$F_{\mathrm{E,max}} = 1 - \frac{Re_{\mathrm{SL,lim}}}{Re_{\mathrm{SL}}} \quad (3-1-25)$$

$$Re_{\mathrm{SL,lim}} = 250\ln(Re_{\mathrm{SL}}) - 1265 \quad (3-1-26)$$

系数 α 考虑了过渡点 A，B 处液相雷诺数的影响，根据实验数据，可以得到以下关系式：

$$\alpha = 2.31\times10^{-4} Re_{\mathrm{SL}}^{-0.35} \quad (3-1-27)$$

2009 年，Sawant 等利用前述大量数据进一步完善了最大液滴夹带率关系式，实验参数范围：介质为空气—水，管径 0.94 cm，实验压力 0.12~0.6 MPa，表观气流速 15~100 m/s，表观液流速 0.05~0.75 m/s；介质为空气—有机液体，管径 1.02 cm，实验压力 0.28~0.85 MPa，表观气流速 6~24 m/s，表观液流速 0.08~0.4 m/s。

$$F_{\mathrm{E,max}} = 1 - \frac{13N_{\mu_{\mathrm{L}}}^{-0.5} + 0.3\left(Re_{\mathrm{SL}} - 13N_{\mu_{\mathrm{L}}}^{-0.5}\right)^{0.95}}{Re_{\mathrm{SL}}} \quad (3-1-28)$$

其中：

$$N_{\mu_L} = \frac{\mu_L}{\left(\rho_L \sigma \sqrt{\frac{\sigma}{g\Delta\rho}}\right)^{\frac{1}{2}}}$$ （3-1-29）

式中　$\Delta\rho$——液气密度差，即 ρ_L-ρ_G，kg/m³。

6. Petalas 和 Aziz 模型

2000 年，Petalas 和 Aziz[82] 提出了一种适用于所有管道几何形状和流体性质的模型，模型中引入了无量纲参数 N_B。

$$\frac{F_E}{1-F_E} = 0.735 N_B^{0.074} \left(\frac{v_{SG}}{v_{SL}}\right)^{\frac{1}{5}}$$ （3-1-30）

其中 N_B 的定义如下：

$$N_B = \frac{\mu_L^2 v_{SG}^2 \rho_G}{\sigma^2 \rho_L}$$ （3-1-31）

7. Cioncolini 和 Thome 模型

2010 年，Cioncolini 和 Thome[83-84] 利用实验数据计算液滴夹带率时，发现气芯韦伯数与液滴夹带率存在着一种 S 形趋势，并使用 Logistic 函数拟合这种 S 形函数关系（图 3-1-2）。

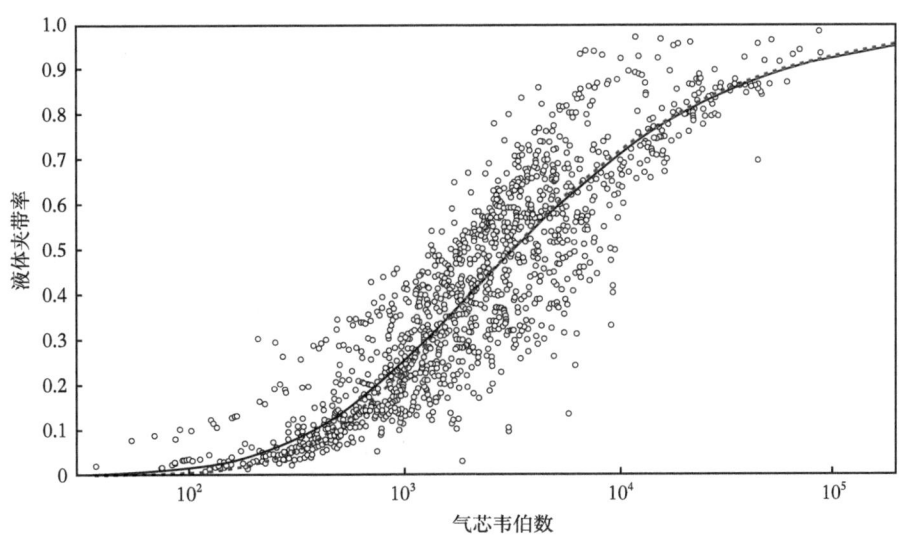

图 3-1-2　液滴夹带率和气芯韦伯数关系曲线

$$F_E = \left(1 + 13.18We_c^{-0.655}\right)^{-10.77} \quad (3-1-32)$$

气芯韦伯数如下：

$$We_c = \frac{\rho_c v_c D_c}{\sigma} \quad (3-1-33)$$

其中，气芯直径 $D_c = D - 2h$，h 为液膜厚度，单位为 m。气芯速度 $v_c = \frac{(v_{SG} + v_{SL}F_E)D^2}{(D-2h)^2}$。环状流管道示意图如图 3-1-3 所示。

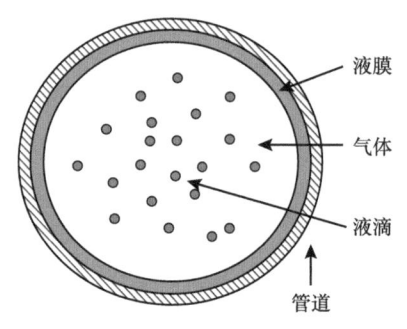

图 3-1-3　环状流管道示意图

模型中气芯韦伯数的计算既需要液滴夹带率也需要液膜厚度，整个计算过程较为复杂，而且他们收集的实验数据集中在 $F_E < 0.5$，$F_E > 0.5$ 的数据较少。总体而言，数据发散较为严重。

2012 年，Cioncolini 和 Thome 拓展实验数据参数范围：实验介质为空气—水、氦气—水、空气—氯辛、蒸汽—水、R113、R12 等，管径为 0.5~9.5 cm，实验压力为 1~20 MPa。同时清除了许多异常数据点。为了便于工程应用，简化了气芯韦伯数计算公式，重新拟合公式中的参数，并提出一个显式计算方法，但是气芯韦伯数与液滴夹带率的关系仍然是一条单一的曲线。

$$F_E = \left(1 + 279.6We_c'^{-0.8395}\right)^{-2.209} \quad (3-1-34)$$

$$We_c' = \frac{\rho_c v_{SG}^2 D}{\sigma} \quad (3-1-35)$$

8. Berna 等模型

与其他学者不同，Berna 等[85] 根据液滴平均直径的计算推导了液滴夹带率公式。整个公式的形式和 Zhang 公式相似，不过他们使用 Sawant 等的修正韦伯数，同时他们引入了 Ishii 和 Mishima 提出的 C_W。

$$\frac{F_E}{1-F_E} = 5.51 \times 10^{-7} We_{SG}''^{2.68} Re_{SG}^{-2.62} Re_{SL}^{0.34} \left(\frac{\rho_G}{\rho_L}\right)^{-0.37} \left(\frac{\mu_G}{\mu_L}\right)^{-3.71} C_W^{4.24} \quad (3-1-36)$$

$$C_W = 0.028 N_{\mu_L}^{-0.8}, \quad N_{\mu_L} < 1/15 \quad (3-1-37)$$

$$C_{\mathrm{W}}=0.25, \quad N_{\mu_{\mathrm{L}}}>1/15 \qquad (3\text{-}1\text{-}38)$$

9. Aliyu 等模型

Aliyu 等[86]使用修正韦伯数代替了 Zhang 公式中的韦伯数，此外还去除了气液密度比和气液黏度比两个参数。同时他们发现，高气流速下，液滴夹带率与气体雷诺数的相关性较弱，他们认为在表观气流速大于 40 m/s 时，气体流量的增加并不会导致气芯中液滴夹带率的显著增加，因此在该情况下忽略了气体雷诺数的影响。

$$\frac{F_{\mathrm{E}}}{1-F_{\mathrm{E}}}=2\times10^{-3}We_{\mathrm{SG}}^{\prime\prime 0.5}Re_{\mathrm{SL}}^{0.29}, \quad v_{\mathrm{SG}}>40\mathrm{m/s} \qquad (3\text{-}1\text{-}39)$$

$$\frac{F_{\mathrm{E}}}{1-F_{\mathrm{E}}}=1.24\times10^{-3}We_{\mathrm{SG}}^{\prime\prime 0.15}Re_{\mathrm{SG}}^{0.2}Re_{\mathrm{SL}}^{0.23}, \quad v_{\mathrm{SG}}\leqslant40\mathrm{m/s} \qquad (3\text{-}1\text{-}40)$$

三、倾斜管模型

1. Ousaka 等模型

Ousaka 等在内径为 2.54 cm 的管道内进行了空气—水环状流实验。实验中表观气流速在 15~40 m/s 之间变化，表观液流速在 0.06~0.2 m/s 之间变化。他们观察到管道倾角对液滴夹带率有着明显的影响。在研究 Ishii 和 Mishima 垂直管夹带率关系式的基础上，提出适合倾斜管的关系式：

$$F_{\mathrm{E}}=\tanh\left[(4\theta+3)\times10^{-7}We_{\mathrm{SG}}^{\prime\prime 1.25}Re_{\mathrm{SL}}^{0.25}\right] \qquad (3\text{-}1\text{-}41)$$

式中 θ——倾斜角，rad。

2. Al-Sarkhi 等模型

Al-Sarkhi 等[87]基于表观气流速提出了液滴夹带率关系式，该式表示为韦伯数的函数：

$$F_{\mathrm{E}}=F_{\mathrm{E,max}}\left[1-\exp\left(\frac{We_{\mathrm{SG}}^{\prime\prime}}{We_{\mathrm{SG}}^{*}}\right)\right] \qquad (3\text{-}1\text{-}42)$$

其中 $F_{\mathrm{E,max}}$ 是最大夹带分数，$F_{\mathrm{E,max}}=F_{\mathrm{E,max,lim}}\left\{1-\exp\left[-\left(\dfrac{Re_{\mathrm{SL}}}{Re_{\mathrm{SL}}^{*}}\right)^{0.6}\right]\right\}$ （3-1-43）

$F_{\mathrm{E,max,lim}}$ 是夹带率极限值，Re_{SL}^{*} 是特征雷诺数，是指液滴夹带率值达到最大值的 63.2% 时的雷诺数。通过对现有文献中的实验数据研究，Re_{SL}^{*} 可近似取为 1400。由于最大夹带率小于 1，因此可近似认为夹带分数的极限值为 1。

We_{SG}^* 是指当夹带率值达到 63.2% 时的韦伯数。Al-Sarkhi 等根据 Sawant 等的计算模型提出了 We_{SG}^* 关系式：

$$We_{SG}^* = F_{E,\max}\left(\frac{F_{E,\max}}{\alpha}\right)^{0.925} \quad (3-1-44)$$

$$\alpha = 2.31 \times 10^{-4} Re_{SL}^{-0.358} \quad (3-1-45)$$

四、模型评价

Nakazatomi 等[88]使用 19.2 mm 管道测试了压力（0.3~20 MPa）对垂直管环状流液滴夹带率的影响。结果表明，随着压力的增大，液滴夹带率显著增大。

Lopez de Bertodano 等[89]在 10 mm 管道中测试了空气—水和 Freon-113 的夹带率，研究了表面张力和密度比对夹带率的影响。结果表明，夹带率与表面张力成反比，与液气密度比的平方根成正比。

笔者收集了 16 篇文献中的 785 个垂直管环状流液滴夹带率实验数据。实验数据对应的工况较宽泛，表观液流速 0.0035~1.0 m/s、表观气流速 0.8~120.0 m/s、压力 0.1~20.0 MPa、管径 0.5~12.7 cm，各实验工况见表 3-1-1。Fore 和 Dukler[90]使用水和含 50% 甘油水溶液作为两种液体进行测试，两种液相运动黏度分别为 1 mPa·s 和 6 mPa·s。Asali[91]使用水和甘油水溶液，它们的运动黏度分别为 1.1 mPa·s 和 2.59 mPa·s。Lopez de Bertodano 等使用的液体是 Freon-113，实验压力为 0.5 MPa，该压力下的表面张力为 0.01085N/m、液气密度比 ρ_L/ρ_G 为 40.9、黏度比 μ_L/μ_G 为 23.65。除以上数据外，大部分数据来自大气压条件、介质为空气和水。

表 3-1-1 各实验的参数范围

文献	管径 /mm	系统压力 / MPa	表观液流速 / m/s	表观气流速 / m/s	数据点数
Magrini 等	76.2	0.1	0.003 5~0.04	40~80	20
Fore 和 Dukler	50.8	0.1	0.014~0.06	16~36.2	52
Schadel[92]	25.4，24	0.1~0.14	0.04~0.1	19.5~116	59
Asali	22.9，42	0.1~0.22	0.006~0.126	20~96	65
Azzopardi 等[93]	20	0.15	0.04~0.14	30~60	32
Azzopardi 和 Zaidi[94]	38	0.15	0.02~0.1	10~30	28
Wolf 等[95]	31.8	0.238	0.01~0.12	25~55	28
Jagota 等[96]	25.4	0.419	0.07~0.47	12~30	27
Andreussi[97]	24	0.3	0.02~0.44	10~32	33
Alamu[98]	19	0.14	0.05~0.15	13~43	37
Jepson 等[99]	10.26	0.15	0.04~0.14	22.22~75.56	46
Lopez de Bertodano 等	10	0.325~0.53	0.05~0.35	5~25	48

续表

文献	管径 /mm	系统压力 / MPa	表观液流速 / m/s	表观气流速 / m/s	数据点数
Okawa 等[100]	5	0.13~0.77	0.08~0.63	23~105	170
Nakazatomi 等	19.2	0.13~20	0.1~0.5	0.8~15	78
Van der Meulen[101]	127	0.2	0.004 5~0.04	11~20	46
Almabrok[102]	101.6	0.11~0.17	0.1~1	9~30	26
总计	5~127	0.1~20	0.003 5~1	0.8~120	785

实验数据在 Hewitt 和 Roberts 流型图上的分布如图 3-1-4 所示，该图版以气相和液相的通量为坐标。从图 3-1-4 可知，785 个数据点均位于环状流区域。

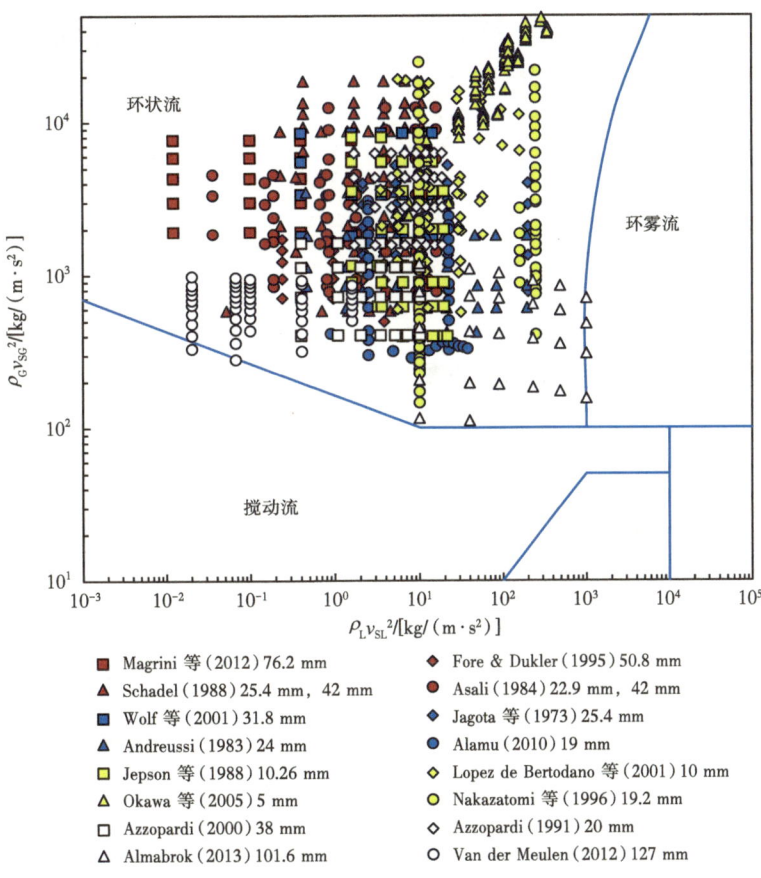

图 3-1-4　实验数据在 Hewitt 和 Roberts 流型图上的分布

利用收集的大量实验数据对液滴夹带率计算模型进行了评价，评价结果如图 3-1-5 所示。由图 3-1-5 可知，根据低压数据拟合的公式预测高压工况下的液滴夹带率时存在较大的误差，同时根据高压工况拟合的关系式也不适用于低压条件。总体而言，这些液滴夹带率公式在较宽泛的实验数据范围内表现较差，准确性不高。

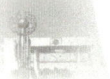

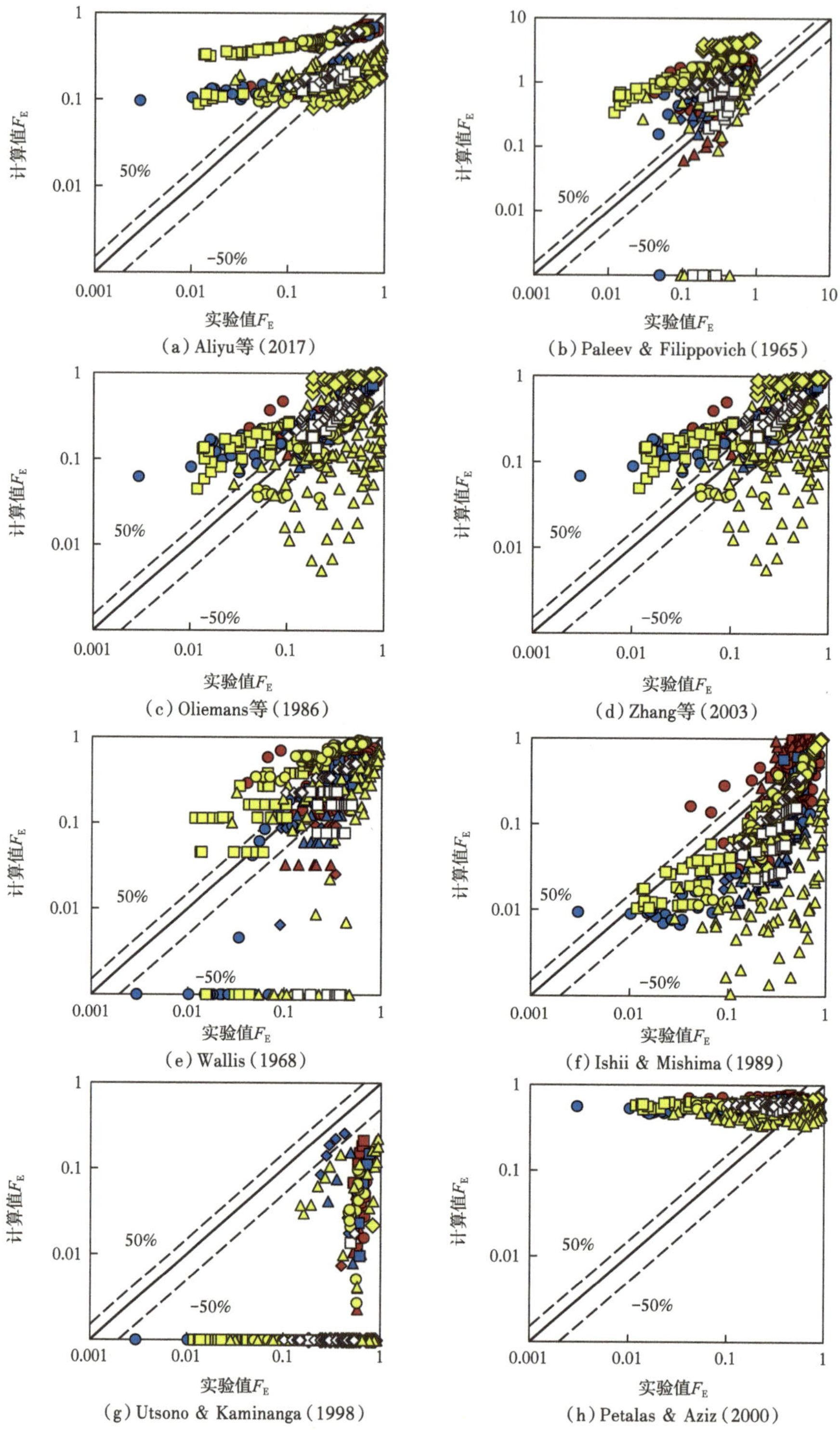

(a) Aliyu等(2017)　(b) Paleev & Filippovich(1965)
(c) Oliemans等(1986)　(d) Zhang等(2003)
(e) Wallis(1968)　(f) Ishii & Mishima(1989)
(g) Utsono & Kaminanga(1998)　(h) Petalas & Aziz(2000)

图 3-1-5　液滴夹带率实验值与各种公式计算值的比较

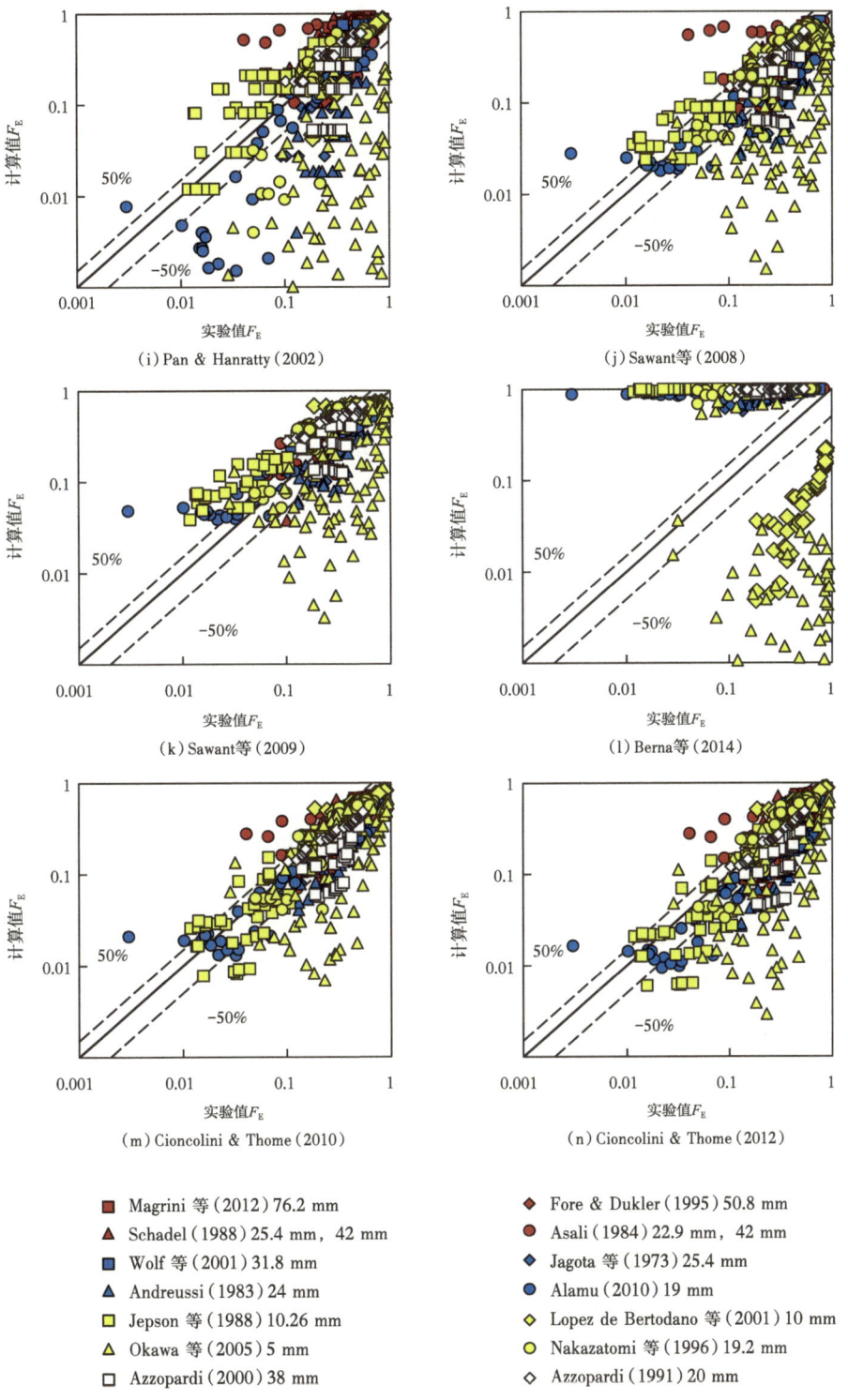

图 3-1-5 液滴夹带率实验值与各种公式计算值的比较（续）

从图 3-1-5 可以看出，现有的模型并不能很好地计算所有数据点的液滴夹带率。如图 3-1-5（a）至图 3-1-5（n）所示，Aliyu 等的公式重点考虑了大管径下液滴夹带率的计算，却高估了 Jepson 等和 Alamu 等的小管径中的液滴夹带率。Paleev 和 Filippovich 公式的液滴夹带率计算值偏大，个别情况计算值大于 1。相比之下，它的简化 Wallis 公式发散要小一些，但是总体误差依然较大，尤其是 $F_E < 0.5$ 的情况。与 Paleev 和 Filippovich 公式相反，Ishii 和 Mishima 公式则是计算值偏小，尤其是 Nakazatomi 等的高压条件下的数据。Oliemans 公式和 Zhang 等的公式低估了 Nakazatomi 等的高压条件下的数据，又高估了 Jepson 等、Alamu 等和 Lopez de Bertodano 等的小管径流动条件下数据，但有趣的是它对 Okawa 等的 0.5 cm 管径数据的预测又很好。Utsono 和 Kaminanga 公式出现预测值为负的情况，是因为大部分数据均不在其适用的 3~9 MPa 条件。Petalas 和 Aziz 公式无法预测夹带率小于 0.5 的情况，它的大多数预测值都集中在 0.8 以上，并有许多较大的偏差。Pan 和 Hanratty 公式明显低估了 Nakazatomi 等的高压数据。Sawant 等的两个公式也都低估了 Nakazatomi 等的高压数据。值得注意的是，他们提出最大液膜雷诺数最初随着表观液相雷诺数的增加而增加，在较高的液体雷诺数处渐近于一个恒定值，但他们建模时却使用对数方程。而对数方程呈现的是速率递减特性，而不是渐进特性。所以 Sawant 公式在低表观液相雷诺数时存在一个问题，即最大夹带率大于 1。Sawant 公式也存在两个主要问题：（1）即使对于非常大的表观液相雷诺数，其渐近值始终在 0.8 左右；（2）当 $Re_{SL} - 13N_{\mu_f}^{-0.5}$ 为负，也就是液体流速较低时，数值计算结果无效。这种关系式只适用于环状流，而且该关系式在预测蒸汽/水的数据时误差较大。Cioncolini 和 Thome 的两个公式是现有公式中预测情况最好的，但是它们同样无法较好地预测 Nakazatomi 等的高压数据。Berna 公式低估了 Nakazatomi 等的高压数据和 Lopez de Bertodano 等的数据，其他情况下，它的预测值都太大。几乎所有现有公式都低估了高压情况下的数据，Utsono 和 Kaminanga 公式虽然是针对高压情况提出的，但是它的预测情况同样不好，这是因为他们的实验条件并没有覆盖这些实验参数范围。

利用模型计算值与测试值进行比较，统计了各模型的均方误差、平均绝对误差，见表 3-1-2。Paleev 和 Filippovich、Utsono 和 Kaminanga、Berna 等、Petalas 和 Aziz 的公式误差太大，平均绝对误差大于 100%，而且较少的计算值在 ±50% 误差范围内。相比之下，其他公式虽有所改善，但平均绝对误差仍然大于 50%。在这些现有的模型中，Cioncolini 和 Thome 的两个公式的均方误差最小，超过 70% 的计算值在 ±50% 的误差范围内。但是从图 3-1-5（m）和图 3-1-5（n）中可以看出，通过这两种公式同样无法较好地预测 Nakazatomi 等的高压数据。

表 3-1-2 模型的误差统计

文献	平均绝对误差/%	均方误差	误差在±50%之间的比率/%
Aliyu 等（2017）	99.52	0.049 2	56.23
Paleev 和 Filippovich（1965）	437.80	1.818 8	5.94
Wallis（1968）	107.57	0.122 7	44.93
Oliemans 等（1986）	70.03	0.039 1	69.56
Ishii 和 Mishima（1989）	57.19	0.060 4	38.98
Utsono 和 Kaminanga（1998）	276.04	0.295 3	0.60
Berna 等（2014）	510.23	0.089 7	4.35
Petalas 和 Aziz（2000）	277.91	0.401 1	43.62
Pan 和 Hanratty（2002）	51.01	0.046 3	63.04
Zhang 等（2003）	74.96	0.039 7	66.38
Sawant 等（2008）	40.69	0.032 7	70.70
Sawant 等（2009）	61.04	0.034 4	53.77
Cioncolini 和 Thome（2012）	35.97	0.020 8	71.88
Cioncolini 和 Thome（2010）	35.90	0.022 7	71.16
Wallis（1968）	84.96	0.070 5	42.32

第二节 液膜厚度计算方法

一、计算模型

1. Hughmark 模型

20 世纪 70 年代，Hughmark 等[103]提出了无量纲液膜厚度与液膜雷诺数的分段关系式。

$$\begin{cases} h = 0.66 Re_{lf}^{0.53} \sqrt{\dfrac{\rho_L}{\tau_c}} \dfrac{\mu_L}{\rho_L}, & 2 < Re_{lf} < 100 \\ h = 0.347 Re_{lf}^{2/3} \sqrt{\dfrac{\rho_L}{\tau_c}} \dfrac{\mu_L}{\rho_L}, & 100 < Re_{lf} < 1000 \\ h = 0.13 Re_{lf}^{0.81} \sqrt{\dfrac{\rho_L}{\tau_c}} \dfrac{\mu_L}{\rho_L}, & Re_{lf} > 1000 \end{cases} \quad (3-2-1)$$

式中 h——无量纲液膜厚度，为液膜厚度与管径的比值；

Re_{lf}——液膜雷诺数。

$$Re_{lf} = \frac{4\rho_L v_f d_f}{\mu_L} \quad (3\text{-}2\text{-}2)$$

式中 v_f ——液膜流速，m/s；

d_f ——液膜水力当量直径，m。

$$d_f = \frac{4h(D-h)}{d} \quad (3\text{-}2\text{-}3)$$

τ_c 是特征剪切应力，在高气速下，它可以被定义为壁面或界面剪切应力。1976 年，Henstock 和 Hanratty[104] 将其定义为：

$$\tau_c = \frac{1}{3}\tau_i + \frac{2}{3}\tau_w \quad (3\text{-}2\text{-}4)$$

式中 τ_c ——特征剪切应力，N/m²；

τ_i ——壁面剪切应力，N/m²；

τ_i ——气液界面剪切应力，N/m²。

2. Ishii 和 Grolmes 模型

1975 年，Ishii 和 Grolmes[105] 在使用 Hughmark 公式时，为了简化计算，使用 τ_i 代替了 τ_c：

$$h = 0.34 Re_{lf}^{0.6} \sqrt{\frac{\rho_L}{\tau_i}} \frac{\mu_L}{\rho_L} \quad (3\text{-}2\text{-}5)$$

$$\tau_i = \frac{1}{2} f_i \rho_G u_{SG}^2 \quad (3\text{-}2\text{-}6)$$

式中 f_i ——气液界面摩擦系数。

3. Asali 等模型

1985 年，Asali 等利用低液流量的实验数据拟合出了无量纲液膜厚度与液膜雷诺数的关系式。实验数据范围：$Re_{lf} < 330$、管径 2.29 cm 和 4.2 cm、表观气流速为 20~100 m/s、液体黏度为 1.1~5 mPa·s、气体密度为 1.16~2.34 kg/m³。

$$h = 0.34 Re_{lf}^{0.6} \sqrt{\frac{\rho_L}{\tau_c}} \frac{\mu_L}{\rho_L} \quad (3\text{-}2\text{-}7)$$

4. Ambrosini 等模型

1991 年，Ambrosini 等[106] 利用不同管径和工作流体的实验数据（空气—水、空气—甘油溶液，管径 1.026 cm、3.18 cm 和 4.2 cm）对 Asali 等的关系式进行了分析，结果发现，在 $Re_{lf} < 1000$ 的低 Re_{lf} 区域，Asali 公式准确性较好，而在 $Re_{lf} > 1000$ 的高 Re_{lf} 区域，

Kosky 公式更适合。

$$\begin{cases} h = 0.34 Re_{lf}^{0.6} \sqrt{\dfrac{\rho_L}{\tau_c}} \dfrac{\mu_L}{\rho_L}, & Re_{lf} \leqslant 1000 \\ h = 0.0512 Re_{lf}^{0.875} \sqrt{\dfrac{\rho_L}{\tau_c}} \dfrac{\mu_L}{\rho_L}, & Re_{lf} > 1000 \end{cases} \quad (3\text{-}2\text{-}8)$$

5. Henstock 和 Hanratty 模型

1976 年，Henstock 和 Hanratty 利用 Willis 等的数据库推导了无量纲液膜厚度与液膜雷诺数的关系式：

$$h = \left[\left(0.707 Re_{lf}^{0.5} \right)^{2.5} + \left(0.0379 Re_{lf}^{0.9} \right)^{2.5} \right]^{0.4} \sqrt{\dfrac{\rho_L}{\tau_c}} \dfrac{\mu_L}{\rho_L} \quad (3\text{-}2\text{-}9)$$

Willis 等所使用的实验数据范围：Re_{SG} 为 5000~25000、Re_{lf} 为 10~15100、管径为 1.28~6.35 cm，并包括了垂直管上升流和下降流，以及水平管流；主要的限制是这些数据的流动介质均为空气—水。

6. Okawa 等模型

2002 年，Okawa 等[107]利用气液界面剪切力与作用于液膜上的壁面摩擦力之间的力平衡关系估算了液膜厚度。

$$\dfrac{h}{D} = \dfrac{1}{4} \sqrt{\dfrac{f_w \rho_L}{f_i \rho_G}} \dfrac{(1 - F_E) v_{SL}}{u_{SG}} \quad (3\text{-}2\text{-}10)$$

$$f_w = \max\left(\dfrac{16}{Re_{SL}}, 0.005 \right) \quad (3\text{-}2\text{-}11)$$

$$f_i = 0.005 \left(1 + 300 \dfrac{h}{D} \right) \quad (3\text{-}2\text{-}12)$$

例如 Hughmark 模型，这一类公式实用性不大，因为计算液膜质量流量需要知道液滴夹带率，同时计算摩擦速度也需要计算剪切应力。这两个参数都不能直接获取，必须引入一些公式来计算。此外，这些公式大部分都忽略了气体质量流量对液膜厚度的影响。另一类液膜厚度预测模型，例如 Hori 等[108]模型则可以更直接地得到液膜厚度。

7. Hori 等模型

1978 年，Hori 等利用黏度分别为 1 mPa·s、5 mPa·s 和 10 mPa·s 的液体开展了液膜

厚度实验，实验管径为 1.98 cm，表观气流速为 17~58 m/s，表观液流速为 0.003~0.026 m/s，实验压力为 0.107~0.119 MPa，采用气液雷诺数、气液弗劳德数，以及工作液体和水的黏度比对液膜厚度进行了拟合，提出了液膜厚度计算式。

$$\frac{h}{D} = 0.905 Re_{SG}^{-1.45} Re_{SL}^{0.9} Fr_{SG}^{0.83} Fr_{SL}^{-0.68} \left(\frac{\mu_L}{\mu_w}\right)^{1.06} \quad (3-2-13)$$

$$Fr_{SL} = \frac{v_{SL}}{\sqrt{gd}} \quad (3-2-14)$$

8. Fukano 和 Furukawa 模型

1998 年，Fukano 和 Furukawa 也使用 4 种不同黏度（1~9 mPa·s）的液体研究了液体黏度对液膜厚度的影响。实验管径为 2.6 cm，表观气流速为 10~50 m/s，表观液流速为 0.04~0.3 m/s，实验压力为 1.03~1.17 atm，并建立液膜厚度与气体弗劳德数、液体雷诺数，以及气体质量分数的函数关系。

$$\frac{h}{D} = 0.0594 \exp\left(-0.34 Fr_{SG}^{0.25} Re_{SL}^{0.19} X^{0.6}\right) \quad (3-2-15)$$

$$X = \frac{\rho_G v_{SG}}{\rho_G v_{SG} + \rho_L v_{SL}} \quad (3-2-16)$$

9. Berna 模型

2014 年，Berna 等利用空气—水、空气—甘油溶液的实验数据将气液雷诺数和气液弗劳德数作为控制参数拟合了与 Hori 公式相似的液膜厚度公式。实验管径为 0.88~5.068 cm，表观气流速为 11~120 m/s，表观液流速为 0.039~0.388 m/s，流动压力为 0.1~0.15 MPa，液体黏度为 1~3.6 mPa·s。

$$\frac{h}{D} = 7.165 Re_{SG}^{-1.07} Re_{SL}^{0.48} Fr_{SG}^{0.24} Fr_{SL}^{-0.24} \quad (3-2-17)$$

10. MacGillivray 模型

2004 年，de Jong 提出液膜雷诺数是液体雷诺数和气体质量分数的函数。2004 年，MacGillivray 在此基础上利用空气和氦气研究了气体性质对液膜厚度的影响。实验管径为 0.94~2.6 cm，表观气流速为 15.8~62.2 m/s，表观液流速为 0.076~0.315 m/s，压力为 1.03~6.07 atm，液体黏度为 0.848~9.97 mPa·s，并在 de Jong 公式中引入了气液密度比。

$$\frac{\rho_\text{L} v_\text{SL} h}{\mu_\text{L}} = 39 Re_\text{SL}^{0.2} \left(\frac{1-X}{X}\right)\left(\frac{\rho_\text{G}}{\rho_\text{L}}\right)^{\frac{1}{2}} \quad (3-2-18)$$

11. Peng Ju 等模型

与其他学者不同,Peng Ju 等在研究液膜厚度时并未使用常用的气液雷诺数,而是使用修正气体韦伯数表征气体速度和压力对液膜厚度的影响,同时使用液体韦伯数和无量纲黏度系数表征液体速度和液体黏度对液膜厚度的影响。

$$\frac{h}{D} = 0.071 \tanh\left(14.22 We_\text{L}^{0.24} We_\text{SG}^{''-0.47} N_{\mu_\text{L}}^{0.21}\right) \quad (3-2-19)$$

这一类公式的特点是计算相对简单、没有复杂的中间参数、不需要迭代计算,但是适用范围较窄。

二、模型评价

笔者共收集了 15 篇文献中总计 897 个垂直管环状流的实验数据点。实验参数范围宽。表观液流速为 0.001~1 m/s,表观气流速为 8.8~120 m/s,压力为 0.09~0.238 MPa,管径为 9.5~127 mm,各实验的参数范围见表 3-2-1。

表 3-2-1 各实验的参数范围

文献	管径/mm	系统压力/MPa	表观液流速/m/s	表观气流速/m/s	数据点数
Alamu(2010)	19	0.14	0.03~0.2	13~43	33
Almabrok 等(2013)	101.6	0.1~0.167	0.1~1	13~29	18
Asali(1984)	22.9, 42	0.1~0.2	0.006~0.126	20~96	65
Belt 等(2009)	50	0.1	0.009 6~0.082 0	21.9~42.1	20
Fore 和 Dukler(1995)	50.8	0.1	0.014~0.060	16~36.2	52
Fukano 和 Furukawa(1998)	26	0.1	0.1	10~50	24
MacGillivray 等(2004)	9.5	0.1	0.15~0.3	25.8~45.5	243
Paz 和 Shoham(1999)	50.8	0.1	0.006~0.060	18.288	6
Schadel 等(1998)	25.4, 42	0.114~0.133	0.01~0.10	19.5~116	59
Schubring 等(2009)	23.4, 22.4	0.099~0.110	0.14~0.147	32~120	126
Shearer 和 Nedderman(1964)	31.75	0.110	0.03~0.1	30~63	12
Skopich 等(2015)	50.8, 101.6	0.103~0.125	0.01~0.05	15~30	25
Van der Meulen(2012)	127	0.01	0.014~0.040	13~16	12
Wolf 等(2001)	31.8	0.238	0.01~0.12	25~55	28
Zangana(2011)	127	0.1	0.02~0.1	8.8~16.5	16
Sawant(2008)	9.4	0.12~0.60	0.050~0.542	6~100	95
合计	9.5~127	0.090~0.238	0.001~1.000	8.8~120	897

在这 897 个数据点中，Fore 和 Dukler 实验中使用了空气—水、空气—50% 甘油水溶液两种工作介质，两种液体的运动黏度分别为 1 mPa·s 和 6 mPa·s。Fukano 和 Furukawa 的实验是在大气压下进行的，液体的黏度为 0.85 mPa·s、3.78 mPa·s、6.43 mPa·s 和 9.97 mPa·s。这 4 种黏度来自不同的水和甘油的混合物（纯水、45% 甘油水溶液、53% 甘油水溶液和 60% 甘油水溶液）。Asali 的数据中也有一部分来自 2 mPa·s 的甘油水溶液和空气。MacGillivray 的实验中有空气—水和氦气—水两种系统，其中空气密度为 1.1~1.7 kg/m³，氦气密度为 0.16~0.23 kg/m³。除了以上数据之外，数据库中的大部分测量数据来自大气压下的空气—水两相流。

802 个实验数据点在 Hewitt 和 Roberts 流型图上的分布如图 3-2-1 所示，图版以气相和液相的动量为坐标。从图 3-2-1 可以发现，所选取的所有数据点都位于环状流区域。

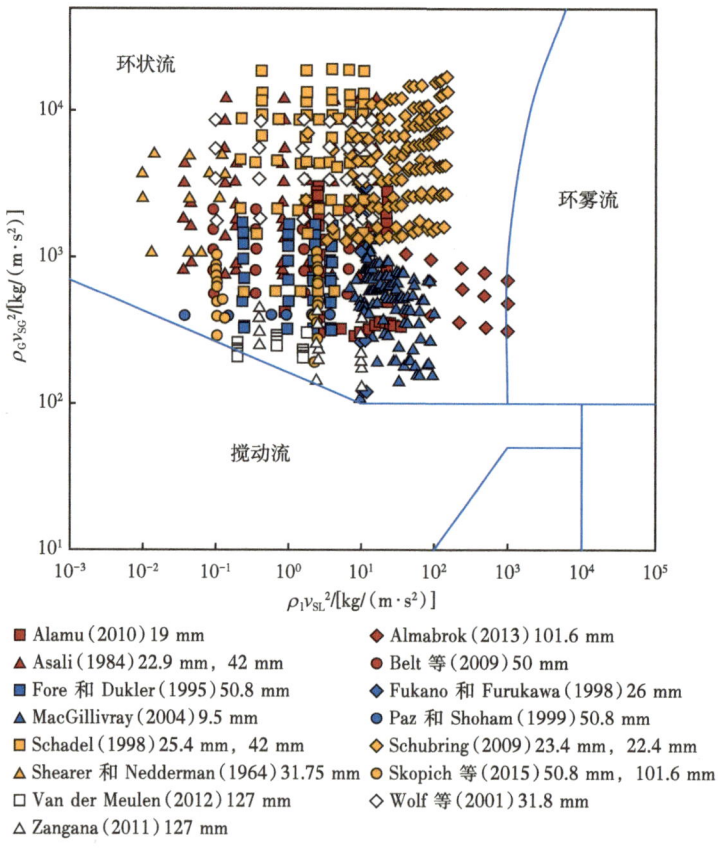

图 3-2-1　实验数据在 Hewitt 和 Roberts 流型图上的分布

利用表 3-2-1 的实验数据对以上的液膜厚度计算模型进行了评价，评价结果如图 3-2-2 所示。由图 3-2-2 评价结果可知，这些公式在原本的实验工况下的确有着较好的预测效果，但在超出原本数据范围后，这些公式就会出现较大的误差。其中，Asali 公式

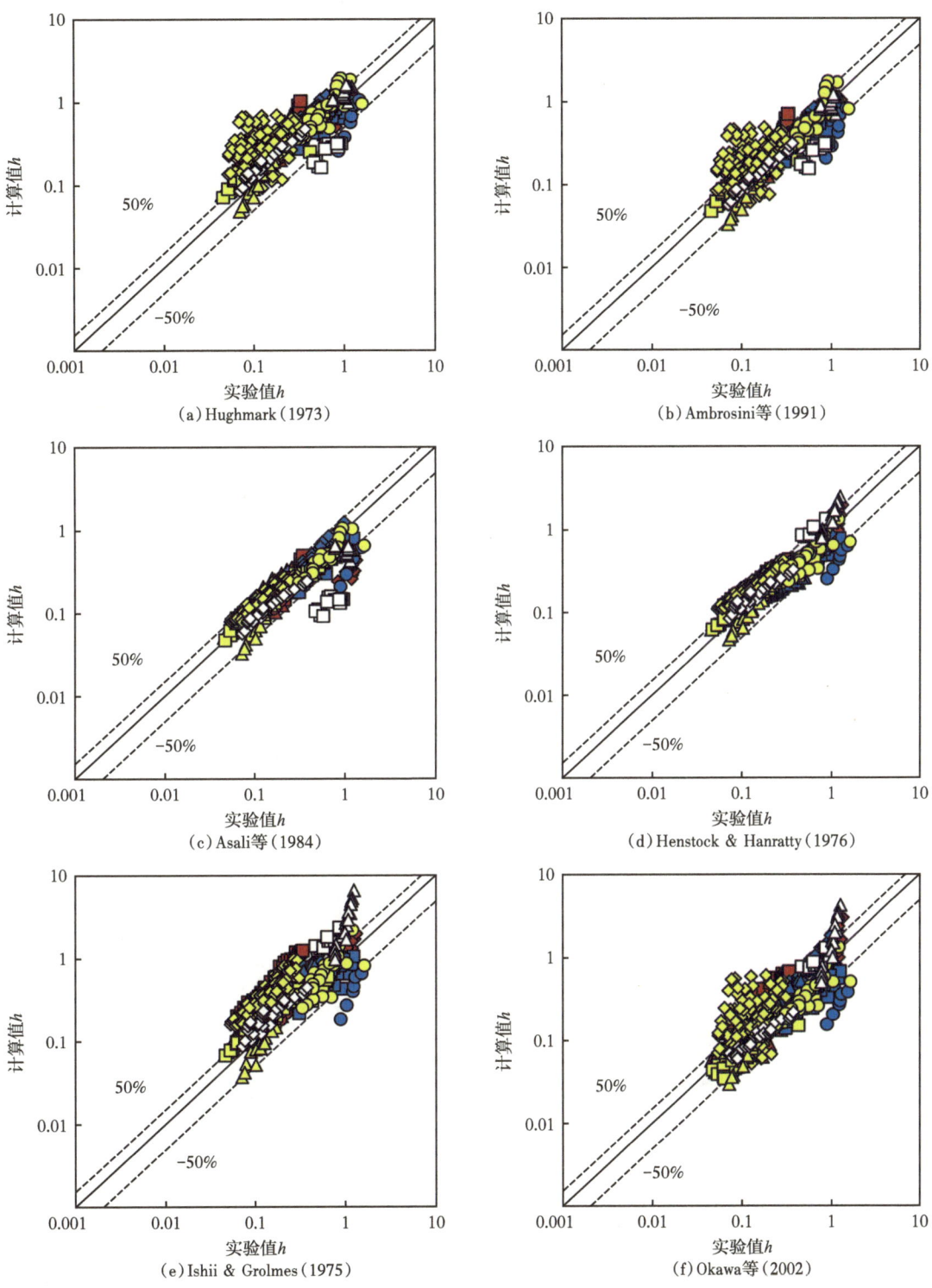

图 3-2-2 液膜厚度实验值与各种公式计算值的比较

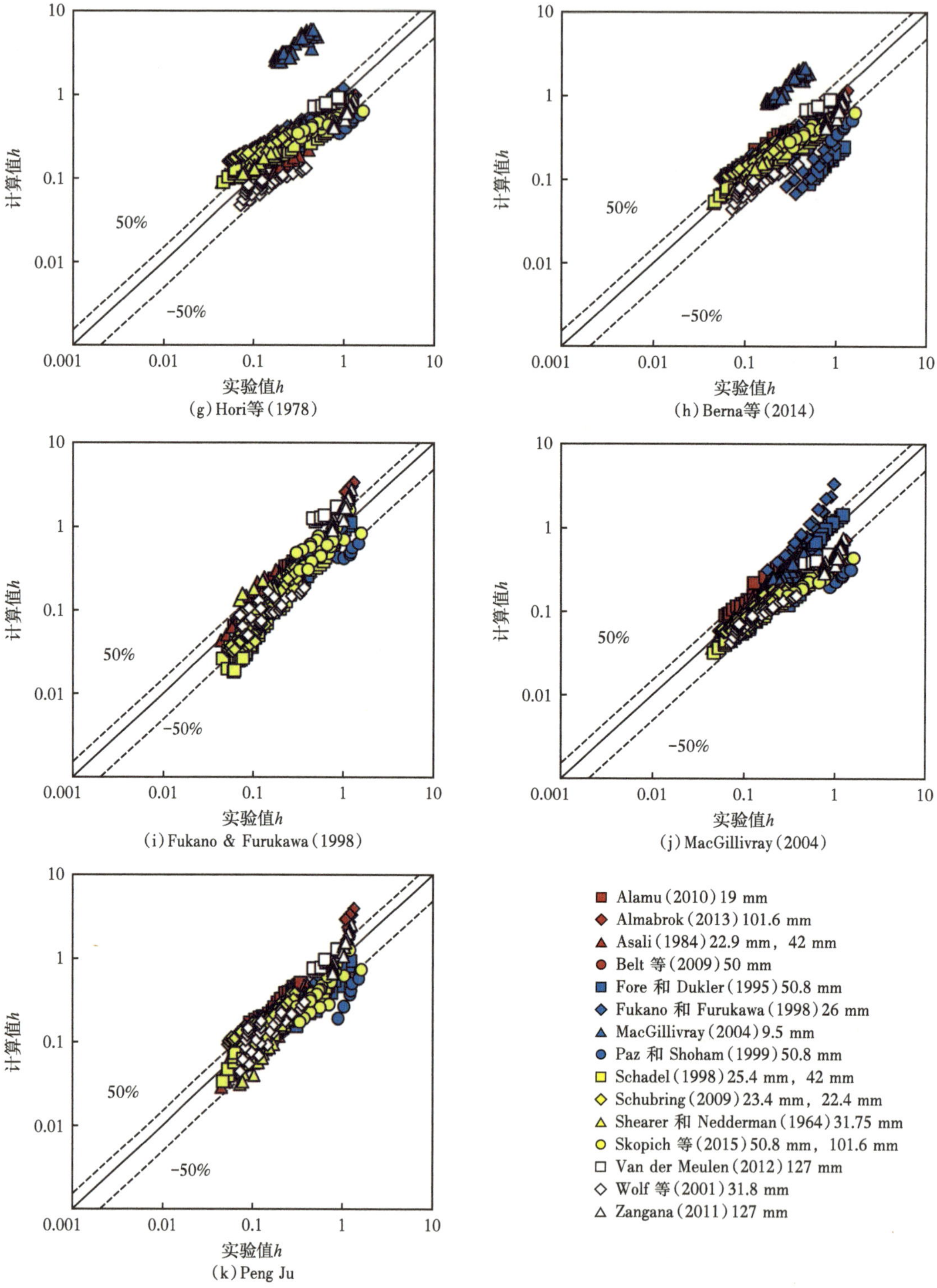

图 3-2-2　液膜厚度实验值与各种公式计算值的比较（续）

可以很好地预测大部分情况下的液膜厚度，但是对于大管径的液膜厚度的预测存在较大误差。Hughmark 公式和 Ambrosini 公式有着相近的形式，同时它们对 Schubring 等和 Alamu 的数据都存在较大的误差，此外 Hughmark 公式高估了 Asali、Fukano 和 Furukawa 的甘油溶液的数据，这说明 Hughmark 公式对液体黏度因素的影响考虑不足。Ishii 和 Grolmes 公式误差较大，它对数据库中的大多数数据都有高估的情况。Henstock 和 Hanratty 公式可以很好地预测大部分情况下的液膜厚度，但是普遍高估大管径的液膜厚度。Hori 公式则是严重高估了 MacGillivray 等数据中氦气/水的液膜厚度，该公式对气体密度因素的考虑存在严重误差。Fukano 和 Furukawa 公式普遍高估大管径的液膜厚度，同时低估部分 Schubring 等的数据。Okawa 公式高估了大管径的液膜厚度和 Schubring 等的数据。MacGillivray 公式高估了 Asali、Fukano 和 Furukawa 的甘油水溶液这类黏度与水不同的液体的数据。这可能与 MacGillivray 等所用的数据中实验液体都为水有关。Berna 公式与 Hori 公式有着相似的形式，可以看到它们对 MacGillivray 等数据中氦气/水的液膜厚度有着相似的高估。此外，Berna 公式和 Hori 公式相比，缺少专门的黏度项，对黏度的影响考虑不足，它低估了 Fukano 和 Furukawa 和 Fore 和 Dukler 的甘油水溶液的液膜厚度。Peng Ju 公式可以很好地预测大部分情况下的液膜厚度，但是普遍高估了大管径的液膜厚度，这是因为他们的数据没有包括这些大管径的数据。

利用模型计算值与测试值进行比较，统计了各模型的均方误差、平均绝对误差，见表 3-2-2。Berna 等、Ishii 和 Grolmes、Hori 等和 Hughmark 的公式的平均绝对误差较高，大于 50%，而且较少计算值误差在 ±50% 范围。在这些现有的模型中，Asali 公式的均方误差很小，超过 90% 的计算值在 ±50% 的误差范围内。但是从图 3-2-2(k)中可以看出，其低估了大管径中的液膜厚度。

表 3-2-2　计算模型之间的误差统计

文献	平均绝对误差/%	均方误差	误差在 ±50% 之间的比率/%
Asali 等（1984）	20.23	0.035 8	92.14
Berna 等（2014）	69.01	0.160 3	72.86
Ambrosini 等（1991）	29.00	0.022 6	86.53
Okawa 等（2002）	39.73	0.070 8	80.33
Ishii 和 Grolmes（1975）	94.35	0.223 1	34.69
Fukano 和 Furukawa（1998）	28.53	0.059 6	88.35
Henstock 和 Hanratty（1976）	28.74	0.026 0	82.79
Hori 等（1978）	192.00	1.493 7	59.08
Hughmark（1973）	74.76	0.043 2	34.96
Peng Ju 等（2015）	28.08	0.062 2	86.18
MacGillivray（2004）	26.59	0.058 3	82.52

三、液膜厚度的影响因素

利用收集的数据分析了液膜厚度的影响因素。

1. 气体速度的影响

图 3-2-3 为根据 Wolf 等数据绘制的在给定表观液流速下，液膜厚度与表观气流速的关系。从图 3-2-3 可以看出，在相同的表观液流速下，表观气流速越小，液膜厚度越大。这是因为气流速的增加会增加气体惯性力，而气体惯性力的增大会使液膜厚度减小。

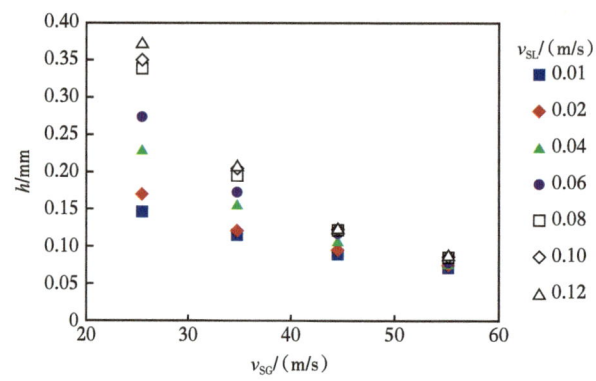

图 3-2-3　气体流速对液膜厚度的影响（据 Wolf et al.，2001）

2. 气体密度的影响

气体密度的变化可以分为两种，一种是外部条件改变造成的气体密度变化，比如气体密度随着压力的增大而增大；另一种是气体本身性质的不同，比如在标准状况下，空气密度约为 1.29 kg/m³，而氦气密度为 0.1786 kg/m³。

从图 3-2-4 可以看出，在其他条件相同的情况下，液膜厚度随着压力的降低而增加。其原因是压力增大，气体密度会增大，而气体密度会增加气体惯性力，气体惯性力会使液膜厚度减小。

从图 3-2-5 可以看出，在压力条件相近的情况下，液膜厚度随着气体密度的降低而增加。其原因是气体密度会增加气体惯性力，气体惯性力会使液膜厚度减小。

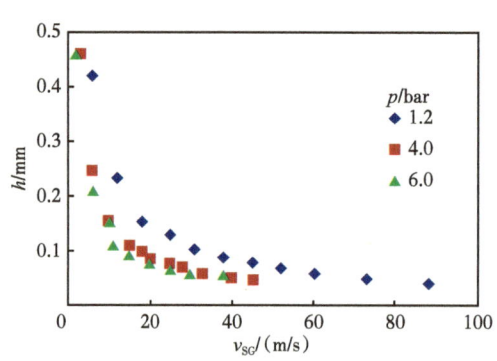

图 3-2-4　压力对液膜厚度的影响（v_{SL}=0.05 m/s，据 Sawant，2008）

3. 液体速度的影响

与表观气流速相反，随着表观液流

速的增加，液膜厚度也随之增加；尽管这种趋势随着气体速度的增加而变得不那么明显，甚至在高气体速度下液膜厚度几乎恒定，但这种趋势是存在的，如图 3-2-6 所示。

4. 液体黏度的影响

液体黏度对液膜厚度的影响如图 3-2-7 所示。在相同的流动条件下，流膜厚度随着液体黏度的增加而增加。液体黏度通过影响液体膜内的速度分布来间接影响液膜厚度。在相同的流动条件下，液体黏度越大，液膜中的剪切力越大。因此，需要增加液膜厚度来输送相同的液体流量。

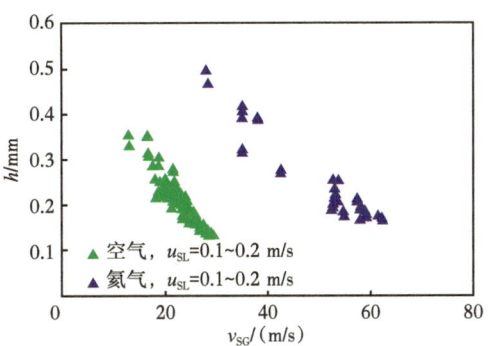

图 3-2-5　气体密度对液膜厚度的影响（据 MacGillivray et al.，2004）

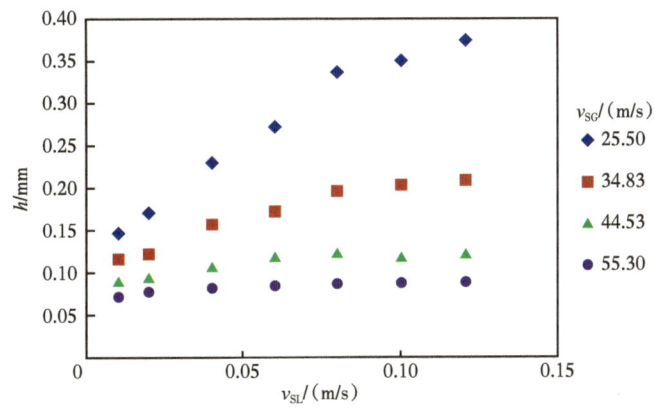

图 3-2-6　液体流速对液膜厚度的影响（据 Wolf et al.，2001）

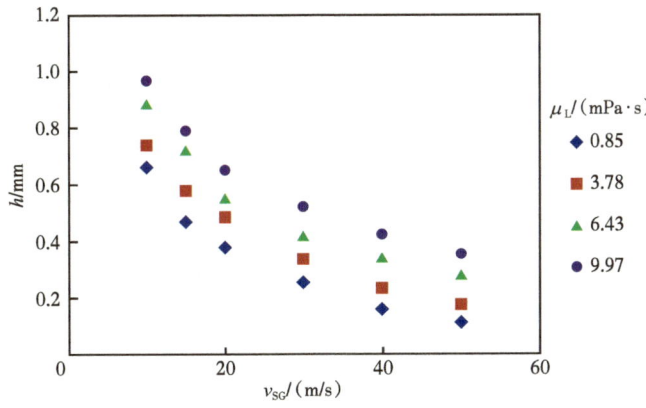

图 3-2-7　黏度对液膜厚度的影响（v_{SL}=0.1 m/s，据 Fukano 和 Furukawa，1998）

在 Peng Ju 等的公式中使用的是无量纲黏度因子 N_{μ_L} 来考虑黏度的影响，但无量纲黏度因子中包括了密度和表面张力，这会在一定程度上影响对黏度的考虑。因此可以参照 Hori 公式直接使用工作液体与水的黏度比来考虑黏度的影响。

第三节　界面摩擦系数计算方法

在环状流中，气液界面摩擦系数定义为：

$$f_i = \frac{2\tau_i}{\rho_G v_{SG}^2} \tag{3-3-1}$$

式中　τ_i——气液界面剪切应力，N；

　　　ρ_G——气相密度，kg/m³；

　　　v_{SG}——气相表观流速，m/s。

在某些情况下，气芯密度和气芯速度被用来替代气体密度和气体速度，这是因为环状流中液滴从液膜表面脱落下来并被气流夹带，从而影响其密度。因此，气液界面摩擦系数变为：

$$f_i = \frac{2\tau_i}{\rho_c v_c^2} \tag{3-3-2}$$

式中　ρ_c——气芯密度，kg/m³；

　　　v_c——气芯表观流速，m/s；

　　　τ_i——气液界面剪切应力。

τ_i 可由气芯在流动方向上动量平衡关系计算：

$$\tau_i = \frac{D-2h}{4}\left(-\frac{dp}{dz} - p_c g\right) \tag{3-3-3}$$

气芯平均速度：

$$\bar{v}_c = \frac{(v_{SG} + v_{SL}F_E)D^2}{(D-2h)^2} \tag{3-3-4}$$

式中　$\bar{v}_c$——气芯平均速度，m/s；

　　　F_E——实验测定的液滴夹带率。

在没有 F_E 的实验数据的情况下，可使用前面章节介绍的液滴夹带率公式计算。

由于气芯中存在明显的液滴夹带，因此用气芯密度代替气体密度：

$$\rho_c = (1-\alpha_c)\rho_L + \alpha_c \rho_G \tag{3-3-5}$$

假设气流和夹带液滴之间没有滑脱，则气芯空泡率 α_c 为：

$$\alpha_c = \frac{v_{SG}}{v_{SG} + v_{SL} F_E} \tag{3-3-6}$$

由于气液界面摩擦系数的重要性，国内外学者已经对该参数的计算进行了许多研究，提出了许多气液界面摩擦系数计算模型。这些模型大致可分为两类，一类是 Wallis 型模型，一类是非 Wallis 型模型。

一、Wallis 型模型

1. Wallis 模型

Wallis 模型是应用最早且最广泛的关系式，它将液膜比作一种粗糙壁面，然后拟合了气液界面摩擦系数与平均液膜厚度的线性关系式。

$$f_i = 0.005\left(1 + 300\frac{h}{D}\right) \tag{3-3-7}$$

然而，研究表明 Wallis 公式只适用于低界面剪切应力的小范围液膜厚度。为了使 Wallis 公式更符合实验数据，许多学者对 Wallis 公式进行了修正。

2. Moeck 模型

1970 年，Moeck 为了拟合不同管径（19 mm、25 mm 和 53 mm）的蒸汽/水实验数据将 Wallis 模型的平均液膜厚度提升到幂次。

$$f_i = 0.005\left[1 + 1458\left(\frac{h}{D}\right)^{1.42}\right] \tag{3-3-8}$$

3. Whalley 和 Hewitt 模型

1978 年，Whalley 和 Hewitt 在 Wallis 模型中引入了液体与气芯的密度比，以表征气芯中所夹带液滴的影响。

$$f_i = 0.079 Re_c^{-0.25}\left[1 + 24\left(\frac{\rho_L}{\rho_c}\right)^{\frac{1}{3}}\frac{h}{D}\right] \tag{3-3-9}$$

4. Fukano 和 Furukawa 模型

1998 年，Fukano 和 Furukawa 采用 4 种不同黏度（0.85×10^{-6} m²/s、3.4×10^{-6} m²/s、5.6×10^{-6} m²/s、8.5×10^{-6} m²/s）的液体研究了液体黏度对垂直向上环空流动中气液界面剪

切应力的影响。实验数据的管径为 2.6 cm 和 1.92 cm；介质为空气—水、空气—甘油，表观气流速为 10~50 m/s，表观液流速为 0.04~0.3 m/s，实验压力为 0.103~0.117 bar，温度为 27~29 ℃，他们在公式中引入黏度比以表征流体黏度的影响。

$$f_i = 0.425\left(12 + \frac{v_L}{v_w}\right)^{-1.33}\left[1 + 12\left(\frac{h}{D}\right)\right]^8 \quad (3-3-10)$$

5. Fore 等模型

以上这些公式的预测液膜厚度与各相的流速不相关。2000 年，Fore 等发现气液界面摩擦系数在一定范围内随着气体雷诺数的增大而减小，在 Wallis 公式中引入了气体雷诺数对其进行修正，见式（3-3-11）。拟合关系式所使用的实验数据范围：5.08 mm×101.6 mm 矩形管、实验压力为 3.4~17 atm、温度为 38~93 ℃、氮气密度为 4~20 kg/m³、液体黏度为 0.3×10^{-3}~0.7×10^{-3} m²/s、表观气流速为 4~30 m/s、表观液流速为 0.06~1.0 m/s；介质为空气—水和空气—50% 水 +50% 甘油的情况，管径为 50.8 mm、42 mm 和 22.9 mm、温度为 18~21 ℃。

$$f_i = 0.005\left\{1 + 300\left[\left(1 + \frac{17500}{Re_G}\right)\frac{h}{D} - 0.0015\right]\right\} \quad (3-3-11)$$

6. Belt 等模型

2009 年，Belt 等不认为气体雷诺数对气液界面摩擦系数产生影响。他们基于所收集的实验数据，提出了一种气液界面摩擦系数与相对液膜厚度的线性关系式。拟合所用实验数据范围：管径为 5 cm 和 1.9 cm，介质为空气—水，压力为 1bar，表观气流速为 22~42 m/s，液体表观速度为 0.01~0.08 m/s。事实上，气液界面摩擦系数只有在气体雷诺数足够高时才会渐近为一定值，这时气液界面摩擦系数才只取决于相对液膜厚度。

$$f_i = 2\times\left(3.413\times10^{-4} + 1.158\frac{h}{D}\right) \quad (3-3-12)$$

7. Aliyu 等模型

以上这些公式都有各自的适用范围，且它们的数据都取自一些小管径（小于 100 mm）实验。为了能得到适用范围更广，尤其是适用于更大管径的计算方法，2017 年，Aliyu 等建立了更宽泛的数据库，管径为 1.6~12.7 cm，系统压力为 0.9~6 bar，表观气流速为 7~150 m/s，液体表观速度为 0.006~1.5 m/s，并用相对液膜厚度、气体雷诺数和气体弗劳德数对气液界面摩擦系数进行了拟合，提出了新的气液界面摩擦系数计算式。

$$f_i = f_G\left[1 + 0.3\left(\frac{h}{D}\right)^{0.12}Re_{SG}^{0.54}Fr_G^{-1.2}\right]^{1.5} \quad (3-3-13)$$

其中 $f_G=0.046Re_{SG}^{-0.2}$。

这一类 Wallis 型公式主要还是依靠液膜厚度与气液界面摩擦系数的关系。它们的准确性也依赖于液膜厚度的准确性。

8. Asali 等模型

1985 年，Asali 等提出了另一种具有 Wallis 型结构的公式。他们使用无量纲液膜厚度 h_G^+ 代替相对液膜厚度 h/D。同时，Asali 等根据实验数据引入了气体雷诺数来考虑表面张力对界面粗糙度大小的影响。实验数据范围：管径为 22.9 mm 和 42 mm，介质为空气—水、空气—甘油，压力为 0.1~0.2 MPa，液体黏度为 1.1~5 mPa·s。

$$h_G^+ = 0.19Re_{lf}^{0.7}\frac{v_L}{v_G}\left(\frac{\rho_L}{\rho_G}\frac{\tau_i}{\tau_c}\right)^{0.5} \quad (3\text{-}3\text{-}14)$$

$$f_i = f_G\left[1+0.45\left(h_G^+ - 4\right)Re_{SG}^{-0.2}\right] \quad (3\text{-}3\text{-}15)$$

9. Ambrosini 等模型

1991 年，Ambrosini 等使用空气—水、氦气—水、空气—各种碳氢化合物进行实验。他们在 Asali 公式中引入了韦伯数，同时，还引入重力相关项以考虑重力对低气流速下界面结构的影响。

$$f_i = f_G\left[1+13.8We^{0.2}Re_{SG}^{-0.6}\left(h_G^+ - 200\sqrt{\frac{\rho_G}{\rho_L}}\right)\right] \quad (3\text{-}3\text{-}16)$$

$$h_G^+ = \frac{h}{v_G}\sqrt{\frac{\tau_i}{\rho_G}} \quad (3\text{-}3\text{-}17)$$

$$We = \frac{\rho_G v_G^2 D}{\sigma} \quad (3\text{-}3\text{-}18)$$

10. Holt 模型

1999 年，Holt 等[109] 用 h_L^+ 代替了 Ambrosini 公式中的 h_G^+，但是在高质量流量下，他们还省去了 Ambrosini 等公式中的 h_G^+ 和重力相关项。

$$\begin{cases} f_i = f_G\left[1+13.8We^{0.2}Re_{SG}^{-0.6}\left(h_L^+ - 200\sqrt{\frac{\rho_G}{\rho_L}}\right)\right], & m<100 \text{ kg}/(\text{m}^2\cdot\text{s}) \\ f_i = f_G\left[1+13.8We^{0.175}Re_{SG}^{-0.7}\right], & m>100 \text{ kg}/(\text{m}^2\cdot\text{s}) \end{cases} \quad (3\text{-}3\text{-}19)$$

11. Klausner 和 Chao 模型

Klausner 和 Chao 在无量纲液膜厚度计算式中用 τ_c 替换 Asali 等的 τ_i，并基于不同类型管段（圆管 5 mm 和 10 mm，矩形管 7.7 mm×2.6 mm，梯形管 2 mm×7 mm×4.4 mm），以及不同类型流体（空气—水、氮气—水、氦气—水、空气—甘油）在系统压力 0.02~0.15 MPa 下的实验数据提出了一个 f_i/f_G-1 和无量纲液膜厚度的线性相关式。

$$f_i = f_G\left(1 + 0.039h^+\right) \qquad (3-3-20)$$

$$h^+ = \frac{h}{v_G}\sqrt{\frac{\tau_c}{\rho_G}} \qquad (3-3-21)$$

这一组 Wallis 型公式中无论是 τ_c 还是 τ_i，这两个量不是很容易从实验中得到，必须进一步用公式来计算。

二、非 Wallis 型模型

非 Wallis 型模型结构上是各种无量纲参数与气液界面摩擦系数的幂律关系式。

1. Hori 模型

1978 年，Hori 等使用三种不同黏度（1×10^{-6} m²/s、5×10^{-6} m²/s、10×10^{-6} m²/s）的工作液体研究了液体黏度对气液界面摩擦系数的影响，实验管径为 13 mm、19.8 mm 和 26 mm，介质为空气—水、空气—甘油水溶液，表观气流速为 17~58 m/s，表观液流速为 0.003~0.026 m/s。然后构建了气液雷诺数、气液弗劳德数，以及液体黏度比与气液界面摩擦系数的幂律关系。

$$f_i = 1.13 Re_{SG}^{-0.889} Re_{SL}^{0.678} Fr_G^{0.252} Fr_L^{-0.452}\left(\frac{\mu_L}{\mu_w}\right)^{0.768} \qquad (3-3-22)$$

2. Wongwises 和 Kongkiatwanitch 模型

Wongwises 和 Kongkiatwanitch 分析了管径为 29 mm、介质为空气—水、压力为 1bar、表观液流速为 0.05~0.2 m/s、表观气流速为 10~34 m/s 的实验数据后，也使用直接幂律关系拟合气体雷诺数和相对液膜厚度 h/D 来表征气液界面摩擦系数关系式。

$$f_i = 17.172 Re_{SG}^{-0.768}\left(\frac{h}{D}\right)^{-0.253} \qquad (3-3-23)$$

3. Aliyu 等模型

Aliyu 等注意到，上述模型是基于小管径（$D<100$ mm）的数据拟合得到，不能保证

大管径下的流动，由此他们针对性地进行 101.6 mm 和 127 mm 管径的实验测试，实验表观气流速为 1.42~28.87 m/s，表观液流速为 0.01~1.0 m/s，实验压力为 0.9~1.2 bar。利用气液界面摩擦系数与相对液膜厚度、气液雷诺数及气相弗劳德数拟合了大管径实验数据，提出了适用于大管径的新的气液界面摩擦系数计算式，改善了垂直大管径界面摩擦系数预测精度。

$$f_\text{i} = 6059 Re_\text{SG}^{-0.05} Re_\text{SL}^{-0.38} Fr_\text{G}^{-1.6} \left(\frac{h}{D}\right)^{0.7} \quad (3\text{-}3\text{-}24)$$

4. Fukano 等模型

Fukano 等利用实验数据拟合了另一种公式。所使用的实验数据范围：管径为 10 mm、16 mm、26 mm，实验压力为 1.02~1.35 bar，表观气流速为 20~60 m/s，表观液流速为 0.06~0.1 m/s，表观液相雷诺数 Re_SL 为 67~2900，表观气相雷诺数 Re_SG 为 12720~99218。

$$f_\text{i} = f_\text{G}\left(1 + 8.53 \times 10^{-4} X^{2.82} \frac{Re_\text{SG}^2}{Re_\text{SL}}\right) \quad (3\text{-}3\text{-}25)$$

5. Henstock 和 Hanratty

Henstock 和 Hanratty 引用中间变量 F 来拟合气液界面摩擦系数计算式。实验管径为 50.8 mm、63.5 mm 和 25.4 mm，气相雷诺数 Re_SG 为 5000~255 000，液膜雷诺数 Re_lf 为 20~15 100。

$$f_\text{i} = f_\text{G}(1 + 1400F) \quad (3\text{-}3\text{-}26)$$

$$F = \frac{\gamma(Re_\text{lf})}{Re_\text{SG}^{0.9}} \frac{v_\text{L}}{v_\text{G}} \sqrt{\frac{\rho_\text{L}}{\rho_\text{G}}} \quad (3\text{-}3\text{-}27)$$

$$\gamma(Re_\text{lf}) = \left[(0.707 Re_\text{lf}^{0.5})^{2.5} + (0.0379 Re_\text{lf}^{0.9})^{2.5}\right]^{0.4} \quad (3\text{-}3\text{-}28)$$

三、模型评价

笔者收集了 12 篇文献中总计 414 个垂直管环状流的实验数据点。实验参数范围如下：表观液流速为 0.006~1 m/s、表观气流速为 10~122 m/s、实验压力为 0.9~1.4 bar、管径为 16~101.6 mm。各实验参数范围见表 3-3-1。

在这 414 个数据点中，Fore 和 Dukler 使用的甘油混合物的运动黏度为 6 mPa·s，Asali 使用的甘油混合物的运动黏度为 2~6 mPa·s，Fukano 和 Furukawa 等使用的甘油混合物运动黏度为 3.4~10 mPa·s。Zabaras 等使用的液体是 1 mol/L 的氢氧化钠、0.005 mol/L 的铁氰化钾和 0.005 mol/L 的亚铁氰化钾的混合溶液，该混合溶液的运动黏度值为 1.04 mPa·s。除了以上数据之外，大部分数据的介质为空气—水两相流。

表 3-3-1　各实验参数范围

模型	管径/mm	系统压力/MPa	L/D	表观液流速度/(m/s)	表观气流速度/(m/s)	数据点数
Fore & Dukler（1995）（空气—水）	50.8	0.1	69	0.006~0.06	16~36	35
Fore & Dukler（1995）（空气—50%甘油）	50.8	0.1	69	0.006~0.06	16~36	24
Aliyu 等（2017）	101.6	0.1~0.14	46	0.1~1	13~29	18
Skopich 等（2015）	50.8, 101.6	0.09~0.12	58~200	0.01~0.05	18~30	16
Shearer 和 Nedderman（1967）	16, 32	0.11	133~267	0.003~0.16	26~122	24
Wolf 等（2001）	31.8	0.238	343	0.01~0.12	23~50	28
Asali（1984）（空气—水）	42, 22.9	0.1~0.2	109, 213	0.001~0.1	20~60	116
Asali（1984）（空气—水—甘油）	42	0.1	109	0.001~0.1	20~60	66
Belt 等（2009）	50	0.1	120, 140	0.01~0.08	22~42	20
Fukano 和 Furukawa（1997）	26	0.103~0.117	133	0.04~0.3	10~50	24
Kaji 和 Azzopardi（2010）	19	0.12	300	0.03~0.1	12~35	28
Zabaras 等（1986）	50.8	0.14	31	0.006~0.06	15~38	15
总计	16~101.6	0.09~0.14	31~343	0.006~1	10~122	414

实验数据在 Hewitt 和 Roberts 流型图上的分布如图 3-3-1 所示。可以发现，本书所选取的所有数据点都处于环状流型区。

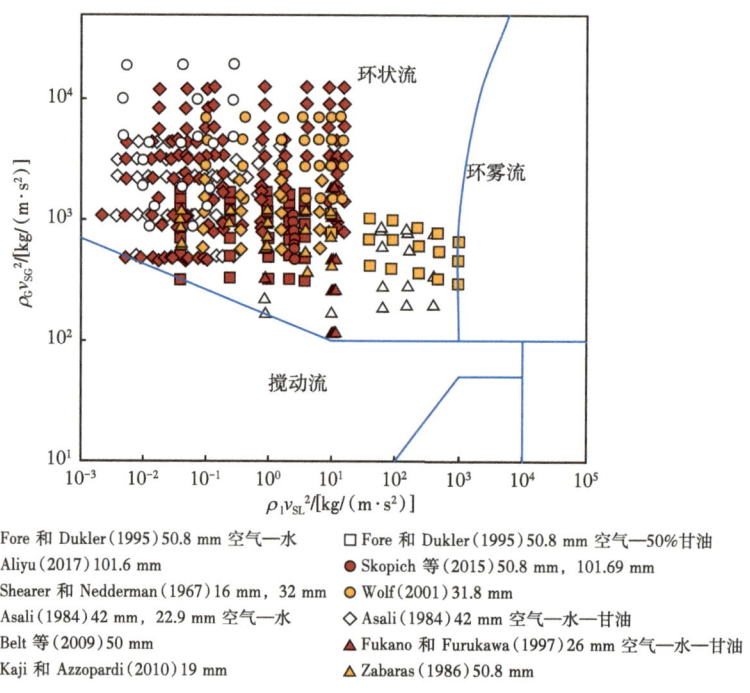

图 3-3-1　实验数据在 Hewitt 和 Roberts 流型图上的分布

利用收集的大量实验数据对以上的气液界面摩擦系数公式进行了评价，气液界面摩擦系数实验值与现有计算公式的计算值对比如图 3-3-2 所示。如图 3-3-2（a）至图 3-3-2（c）

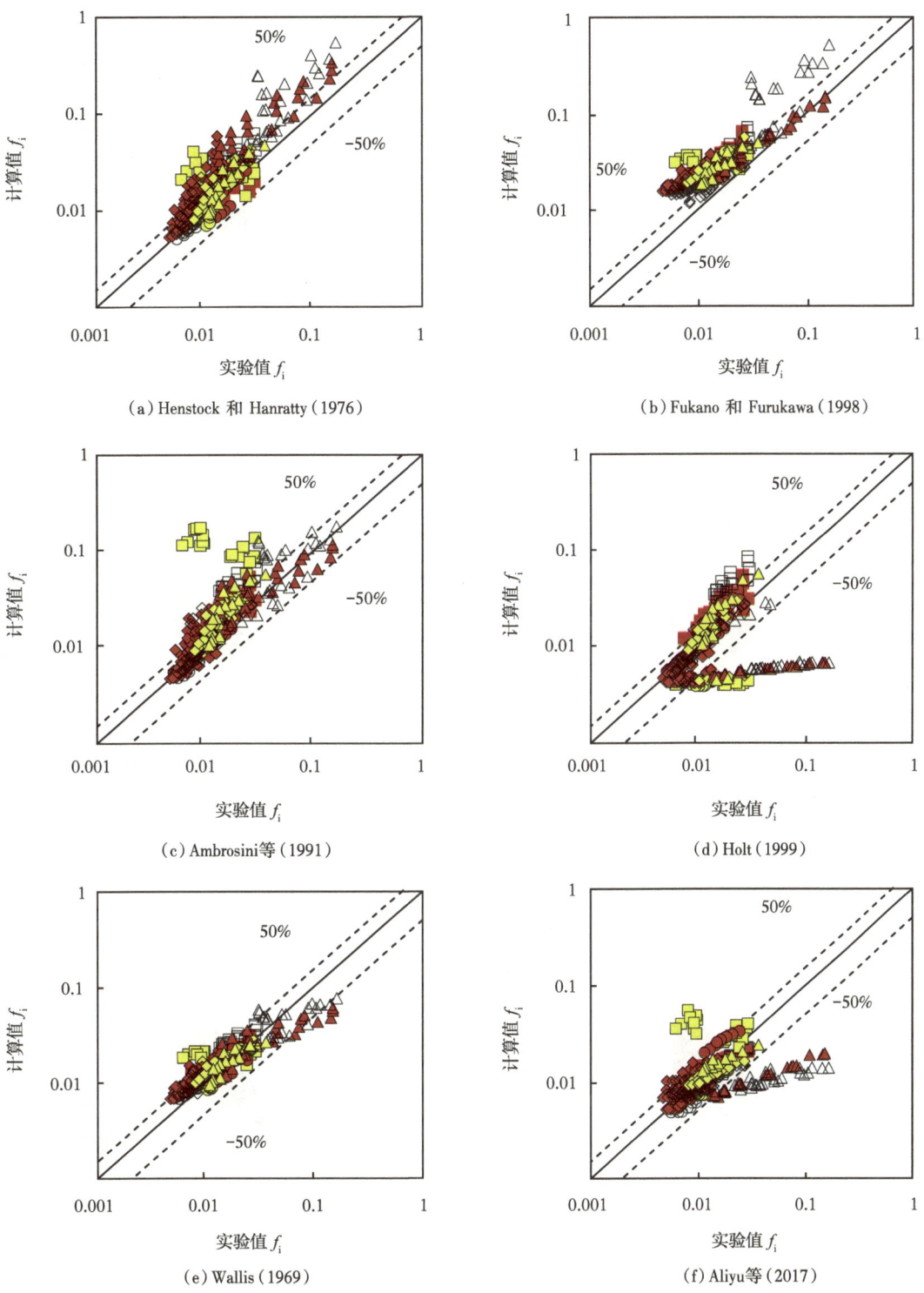

图 3-3-2 气液界面摩擦系数实验值与各种公式计算值的比较

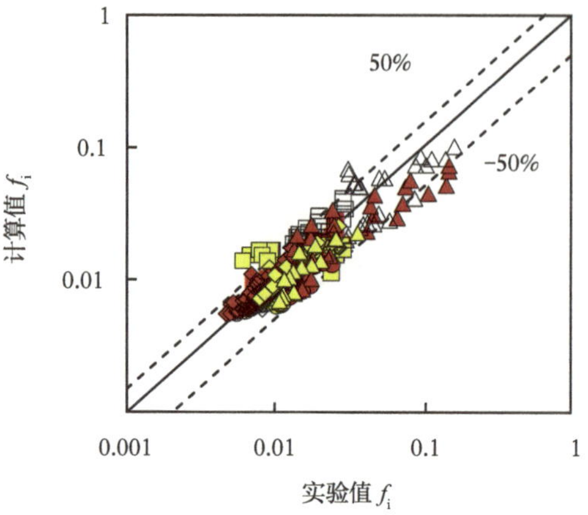

(g) Moeck(1970) 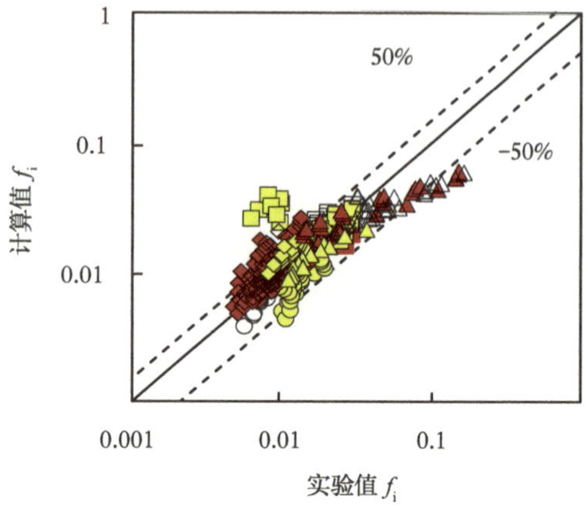　　　　　　　　　(h) Hori(1976)

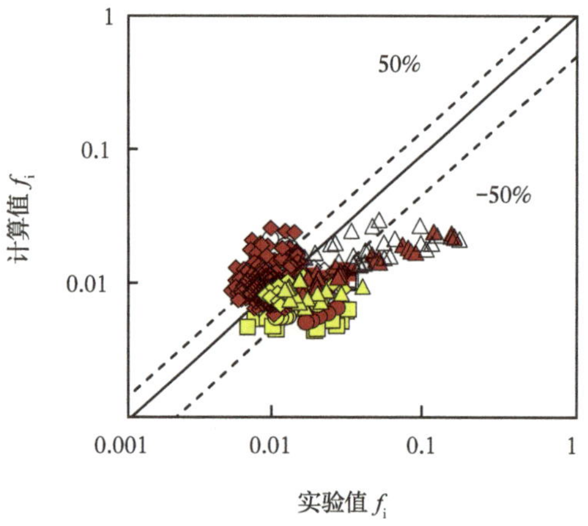

(i) Wongwises 和 Kongkiatwanitch(2001) 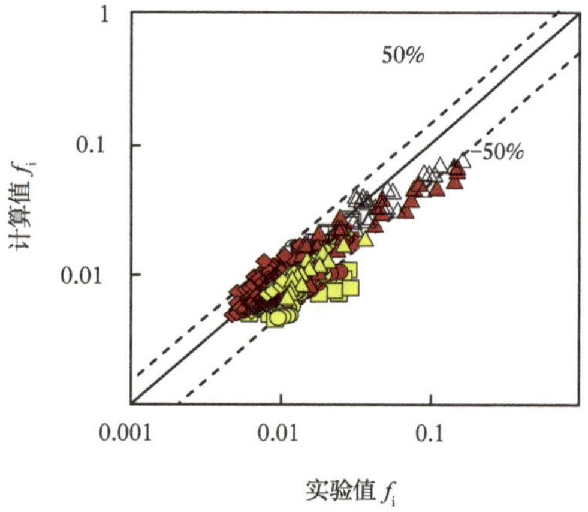　　　(j) Whalley 和 Hewitt(1978)

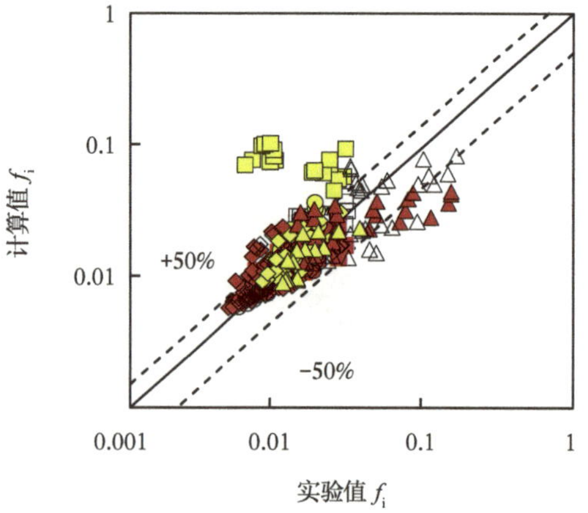

(k) Klausner 和 chao(1991) 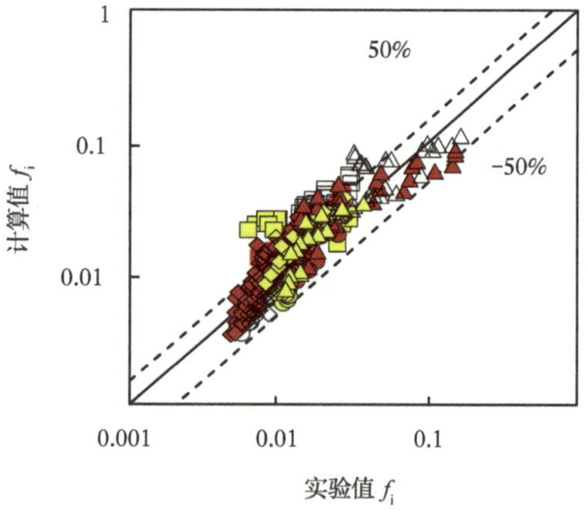　　　　　(l) Belt等(2009)

图 3-3-2　气液界面摩擦系数实验值与各种公式计算值的比较（续）

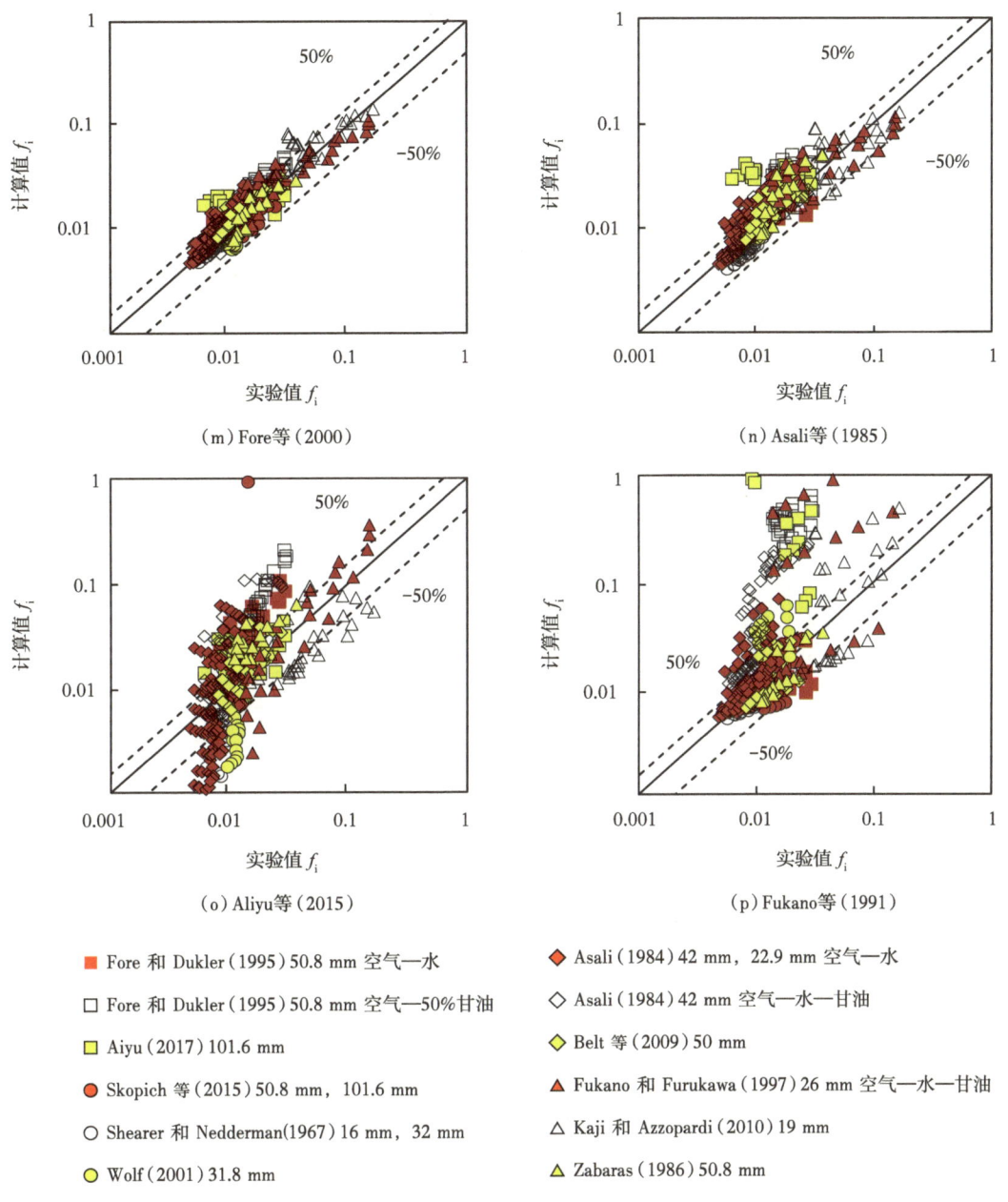

图 3-3-2 气液界面摩擦系数实验值与各种公式计算值的比较（续）

所示，Henstock 和 Hanratty、Fukano 和 Furukawa、Ambrosini 等的公式都高估了大部分实验数据的气液界面摩擦系数，这可能是因为他们没有考虑到气芯中夹带液滴的影响。如图 3-3-2（c）所示，Ambrosini 等的公式局限于有限的管径范围（10~50 mm），在计算大管径（大于 100 mm）的气液界面摩擦系数时误差较大。Holt 等对 Ambrosini 等关系式进行了修正，但如图 3-3-2（d）所示，修正后的关系式严重低估了气液界面摩擦系数。如图 3-3-2（e）至图 3-3-2（k）所示，Wallis、Aliyu 等、Moeck、Hori、Wongwises 和 Kongkiatwanitch、Whalley 和 Hewitt、Klausner 和 Chao 的公式有一个共同点是，对于高的气液界面摩擦系数它们都出现了低估的现象。高的气液界面摩擦系数对应于低的气体流速区域，同时该区域的液膜厚且粗糙，而当时的实验条件并没有覆盖这些区域。

利用模型计算值与测试值进行比较，统计了各模型的均方误差、平均绝对误差，见表 3-3-2。Henstock 和 Hanratty、Ambrosini 等、Fukano 等、Fukano 和 Furukawa、Aliyu 等有更高的平均绝对误差（大于 50%），而且较少计算值误差在 ±50% 范围。在这些现有的模型中，Moeck 公式的均方误差很小，超过 90% 的计算值误差在 ±50% 的范围内。但是从图 3-3-2（g）中可以看出，通过这种相关性计算出的较大的气液界面摩擦系数值相对较小。

表 3-3-2 各计算公式的误差统计

文献	平均绝对误差 / %	均方误差	误差在 ±50% 之间的比率 / %
Wallis（1969）	29.32	0.000 16	85.99
Fore 等（2000）	26.59	0.000 07	87.68
Henstock 和 Hanratty（1976）	56.22	0.001 69	67.63
Asali 等（1985）	38.57	0.000 14	78.02
Ambrosini 等（1991）	80.24	0.000 71	68.60
Belt 等（2009）	33.84	0.000 12	80.68
Fukano 等（1991）	961.32	0.277 00	50.80
Fukano 和 Furukawa（1998）	116.87	0.001 37	40.58
Aliyu 等（2015）	647.97	0.214 73	81.16
Aliyu 等（2017）	35.50	0.000 45	58.70
Moeck（1970）	21.40	0.000 13	90.72
Hori 等（1978）	31.97	0.000 19	84.78
Holt 等（1999）	42.36	0.000 56	60.14
Wongwises 和 Kongkiatwanitch（2001）	44.92	0.000 40	62.56
Klausner 和 Chao（1991）	49.78	0.000 39	81.88

四、界面摩擦系数影响因素分析

1. 气体速度和密度的影响

在以往的气液界面摩擦系数公式中，通常采用表观气体雷诺数来表征气流速的影响，因此利用 Asali 的数据绘制了不同压力和不同表观液流速下气液界面摩擦系数与表观气体雷诺数的关系，如图 3-3-3 所示。从图 3-3-3 可以看出，在相同的表观液流速下，气液界面摩擦系数随着表观气体雷诺数的减小而增大。同时，气液界面摩擦系数随着压力的减小而增大。这是因为气流速和气密度增加会增加气体惯性力，而气体惯性力的增加会使液膜厚度减小。

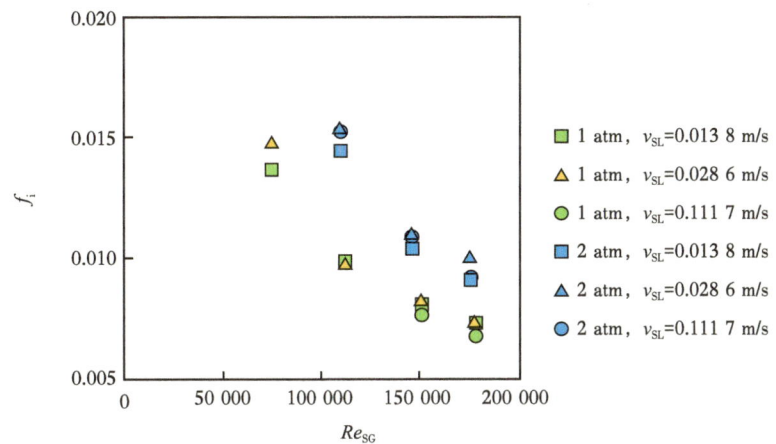

图 3-3-3　气液界面摩擦系数与表观气体雷诺数的关系（据 Asali，1984）

从图 3-3-3 可以看出，表观气体雷诺数的确可以表征气体流速的影响，但它却不能很好地拟合不同压力下的数据。由于压力变化实质上导致的是流体物理性质的变化，尤其是气体密度的变化，因此，可采用修正的韦伯数来考虑气体速度和气体密度的影响。

为了检验修正韦伯数对气液界面摩擦系数的影响，绘制了气液界面摩擦系数和修正韦伯数的关系图，如图 3-3-4 所示。从图 3-3-4 可以看出，在相同的表观液流速下，气液界面摩擦系数随 We'_G 的增大而减小。这是因为随着表观气流速的增加，液膜厚度减小，使得界面粗糙度减小。此外，在相同的表观液体流速下，1 atm 压力和 2 atm 压力下，气液界面摩擦系数与修正韦伯数的关系曲线几乎重合。这意味着气相密度对气液界面摩擦系数的影响可以用 We'_G 来更好地描述。

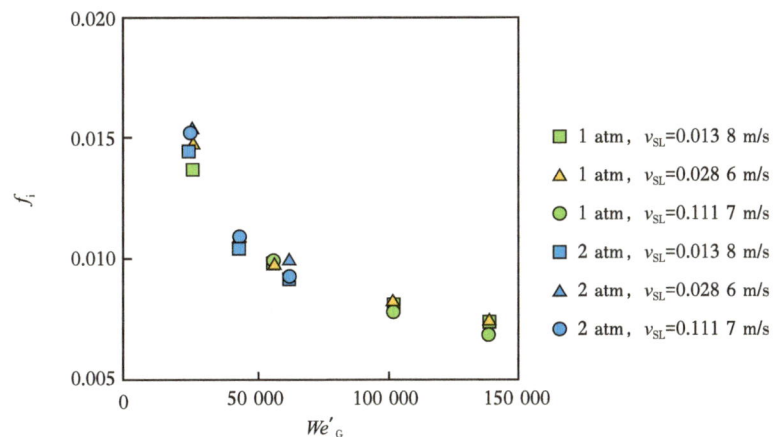

图 3-3-4　气液界面摩擦系数与修正韦伯数的关系（据 Asali，1984）

2. 液体速度的影响

不同表观液流速下的气液界面摩擦系数对比如图 3-3-5 所示。从图 3-3-5（a）至图 3-3-5（c）可以看出，在相同的表观液流速下，气液界面摩擦系数随着 We'_G 的增大而减

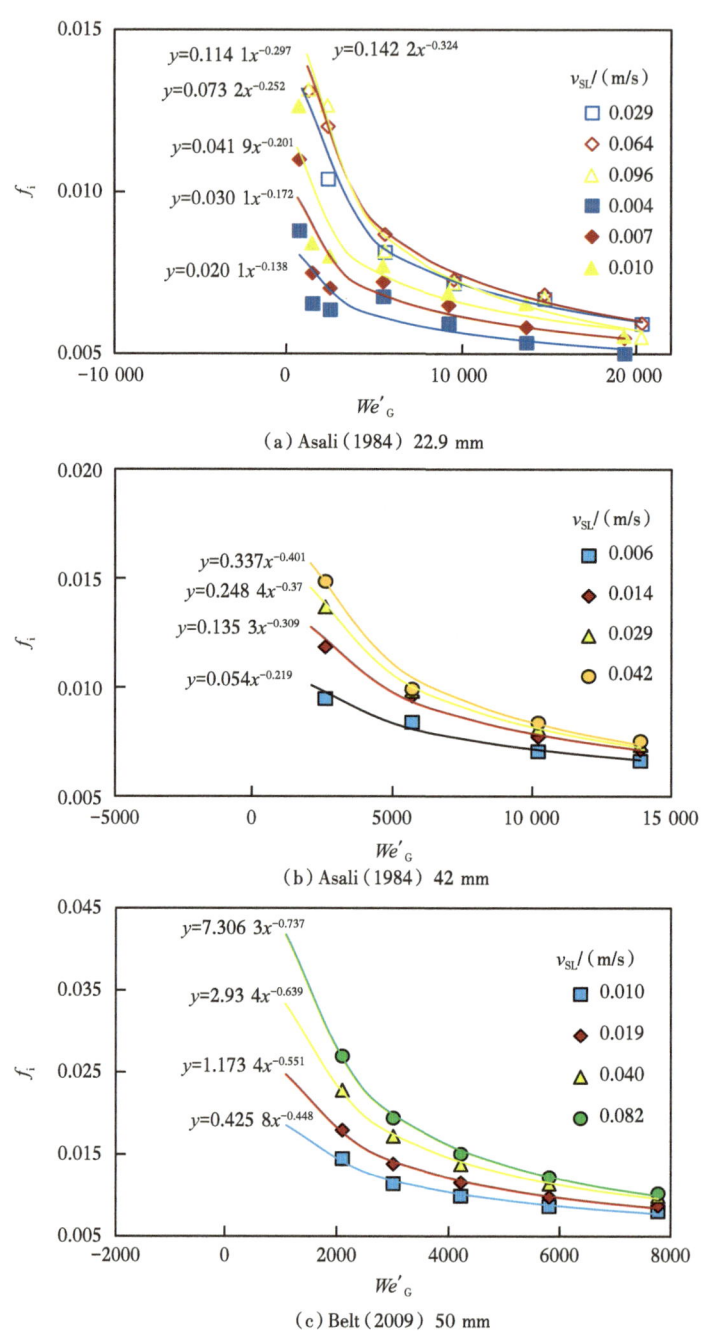

图 3-3-5 不同表观液流速下的气液界面摩擦系数

小，且气液界面摩擦系数与 We'_G 呈幂律关系。这是因为随着表观气流速度的增加，液膜厚度减小，并趋近于一个值。气液界面摩擦系数随液体表观液流速的增大而减小。这是由于在较高的表观液流速下，液膜厚度波动幅度较大，随着液膜厚度的增大，气液界面摩擦系数急剧增大。

3. 液体黏度的影响

液体黏度对气液界面摩擦系数的影响如图 3-3-6 所示。在相同的流动条件下，气液界面摩擦系数随着液体黏度的增大而增大。其原因是液膜厚度会随着液体黏度的增大而增大，而气液界面摩擦系数随着液体膜厚的增大而增大。

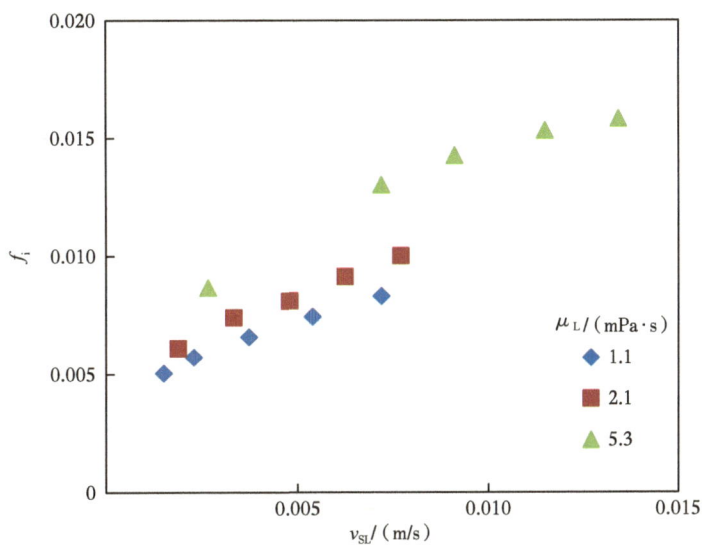

图 3-3-6　黏度对气液界面摩擦系数的影响（v_{SG}=30 m/s，据 Asali，1984）

第四章　环状流液滴形成机理

对液滴形成、变形和破碎机理的认识是研究液滴运动规律和气井携液规律的基础。本章首先介绍了液滴变形及破碎机理实验研究现状，介绍了新的实验测试方法及实验结果，分析了液滴尺寸及临界韦伯数的影响因素。

第一节　环状流界面波分类与液滴夹带产生方式

一、界面波分类

环状流气液界面最重要的特征就是分布着不同尺度的界面波，通常认为 Kelvin-Helmholtz 不稳定性是界面波产生的原因。界面波的产生对两相流传热、传质，以及阻力特性产生很大的影响[110]。

在不同气液流量条件下，界面波主要分为纹波（ripplewave）、扰动波（disturbancewave）和大波（hugewave，largewave，flooding-typewave）[111-113]。当液相流率较低时，界面波以纹波为主，纹波的波幅相对于液膜厚度而言很小，波长通常为几个毫米，存在时间短，且运动速度较低，因此气液界面较为平整[114]。扰动波是气液两相流内最为常见的界面波，波幅一般是液膜厚度的几倍，且运动速度较大，存在周期较长[115-117]。此外，气液界面上还存在一种界面波，它的波幅、波长及波速均大于扰动波，称为大波。大波通常存在于搅拌流和丝束环状流内，且伴随着扰动波的产生而产生。由于搅拌流和丝束环状流流动非常复杂，因此对大波的运动特性缺乏相关的研究。

二、夹带液滴产生机理

气液两相流内气相场通常携带一定数量的液滴。实验研究发现，液滴并不是在整个液膜上产生的，而与扰动波的运动有着密切的联系。Azzopardi 和 Whalley[118] 实验研究发现，当液膜流速低于某个临界值时，气液界面无扰动波产生。当仅注入少量液体后，观察到扰动波在实验段内出现，并伴随着少量液滴的产生。液滴随着扰动波的运动不断增多，当扰动波运动出实验段后，液滴消失。Azzopardi 和 Whalley 的实验为液滴是由界面波产生提供了直接的证据。

液滴产生过程通常叫作夹带,也叫雾化,是指液膜部分液体在气相场作用下以液滴形式离开液膜进入气相场的过程,而气相场中的液滴重新沉降到液膜表面的过程叫作沉积。液滴夹带与沉积都是气液两相质量、动量交换过程。Hanratty 和 Hershman、Hanratty 和 Engen[119]、Kulov 等[120]、Schadel 和 Hanratty[121]、Jepson 等[122],以及 Yun 等[123] 对液滴夹带的起始条件进行了研究,但应用最为广泛的还是 Ishii 和 Grolmes 提出的气液两相液滴夹带起始条件相关理论。图 4-1-1 是 Ishii 和 Grolmes[124] 获得的气液同向流动过程中夹带液滴产生的临界曲线。由图 4-1-1 可知,临界曲线被 A 点(临界气流速度 u_{cg})和 B 点(临界液膜雷诺数 Re_{fc})分为三个区域,即:最小雷诺数区、过渡区,以及粗糙湍流区。在过渡区内,由于气液两相存在动量交换,夹带的起始条件是临界液膜雷诺数 Re_{fc} 和临界气流速度 v_{cg} 的函数,而在最小雷诺数区和粗糙湍流区,夹带的起始条件是气速或液速的单值函数。

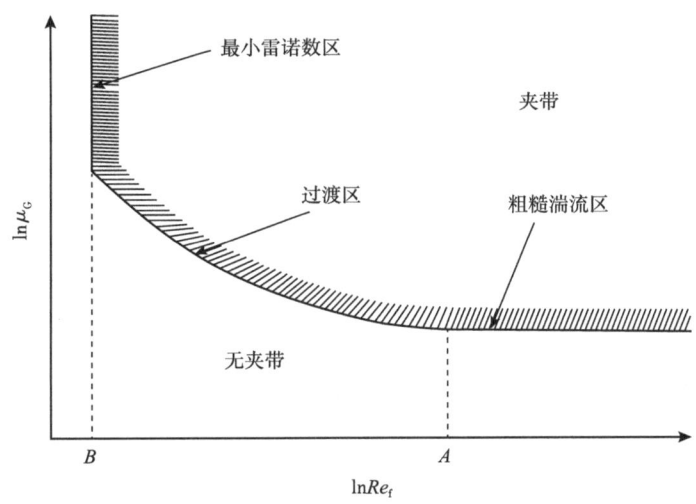

图 4-1-1　夹带产生起始条件

界面波在产生后首先需要克服气相场边界层的影响才能充分发展,气相场动能传递给液膜的能量可以用气相场边界层的厚度与液膜厚度的比来表示。因此,图 4-1-1 中 B 点对应的夹带产生的临界液膜雷诺数和 A 点对应的临界气速可以分别用式(4-1-1)和式(4-1-2)进行计算:

$$Re_{fc} = \left(\frac{y^+}{0.347}\right)^{\frac{3}{2}} \left(\frac{\rho_1}{\rho_2}\right)^{\frac{3}{4}} \left(\frac{\mu_G}{\mu_L}\right)^{\frac{3}{2}} \tag{4-1-1}$$

式中　Re_{fc}——临界液膜雷诺数;

　　　y^+——基于剪切速度分布离壁面的无量纲距离;

μ_G——气体黏性系数，Pa/s；

μ_L——液气黏性系数，Pa/s。

$$\frac{\mu_L v_{cg}}{\sigma}\sqrt{\frac{\rho_G}{\rho_L}} \geqslant \begin{cases} N_\mu^{0.8}, & N_\mu<1/15, Re_f>1635 \\ 0.1146, & N_\mu>1/15, Re_f>1635 \end{cases} \quad (4-1-2)$$

式中　v_{cg}——临界气速，m/s；

　　　Re_f——液膜雷诺数；

　　　N_μ——黏度数。

Ishii 和 Grolmes 建议 y^+ 取 10，而 Azzopardi 通过对实验结果进行分析，建议 y^+ 取 30。黏数 N_μ 可用式（4-1-3）计算：

$$N_\mu = \frac{\mu_L}{\left[\rho_L \sigma \left(\frac{\sigma}{g\Delta\rho}\right)^{\frac{1}{2}}\right]^{\frac{1}{2}}} \quad (4-1-3)$$

Ishii 和 Grolmes 根据 van Rossum[125] 的实验结果，获得了过渡区内夹带的临界条件：

$$\left(\frac{\mu_L v_{cg}}{\sigma}\right)\sqrt{\frac{\rho_G}{\rho}} \geqslant 1.5 Re_f^{-\frac{1}{3}} \quad (4-1-4)$$

此外，Owen 和 Hewitt[126] 考虑了液滴蒸发情况，修正了临界液相雷诺数 Re_{fc} 的表达式：

$$Re_{cf} = \exp\left[5.8504 + 0.4249(\mu_G/\mu_L)\sqrt{\rho_L/\rho_G}\right] \quad (4-1-5)$$

虽然以上公式在多数情况下可以较好地获得夹带液滴产生的临界条件，但仍然存在缺陷，例如：Willetts[127] 在实验中发现，表面张力对液膜临界雷诺数有着很大的影响，而式（4-1-1）和式（4-1-5）均忽略了表面张力的作用。Azzopardi[128] 认为，液体黏性及管径对液膜雷诺数也有很大的影响，而两者均忽略了管径的影响，且式（4-1-1）过度估计了液体黏性的影响，而式（4-1-5）又对黏性影响估计不足。

气液两相流内夹带液滴产生方式主要分为以下四种类型：界面波产生、气泡破裂产生、液滴撞击产生，以及液桥破裂产生。

1. 界面波产生

在不同气液流速条件下，界面波表现出不同的运动特性。因此，又可以将由界面波运动造成的液滴夹带方式分为以下三种情况：气流剪切夹带（shear-off）、界面波根切（under-cut），以及界面波碰撞夹带（wave coalescence），如图4-1-2所示。

界面波剪切夹带是气液两相流内最为常见的夹带液滴产生方式。当气速较高时，界面波波峰在气流作用下沿流动方向拉伸变形。作用于波峰处的气相场拖曳力大于表面张力时，波峰被气流剪切进入气相场形成液滴，如图4-1-2（a）所示。Azzopardi也将这种夹带液滴产生方式叫作带式破碎（ligament breakup），通常认为环状流内液滴产生方式主要为界面波剪切夹带。

Newitt[129]对液滴二次夹带现象进行研究发现，产生液滴二次夹带所需要的临界气速与Lane[130]将液滴置于高速气流中破碎所需要的临界气速相等。在此基础上，Hewitt和Hall采用高速摄影技术对界面波剪切夹带进行研究，基于高速气流中液滴破碎机理提出了界面波根切理论：气流作用于界面波根部使得界面波波峰液量较多而根部液量较少，形成类似于口袋状。最终在气流的作用下界面波从根部断裂形成较大的液块，然后破裂形成小液滴，如图4-1-2（b）所示。Azzopardi也将这种夹带液滴产生方式叫作袋式破碎（Bag breakup），由于搅拌流内夹带液滴粒径较大，通常猜测搅拌流内液滴产生方式主要是袋式破碎。

Hall等[131]实验研究发现，在相邻两个界面波碰撞合并过程中会有液滴产生，如图4-1-2（c）所示。Wilkes等[132]基于这一理论发展了扰动波碰撞模型，并基于大量实验数据获得了夹带份额的计算公式。

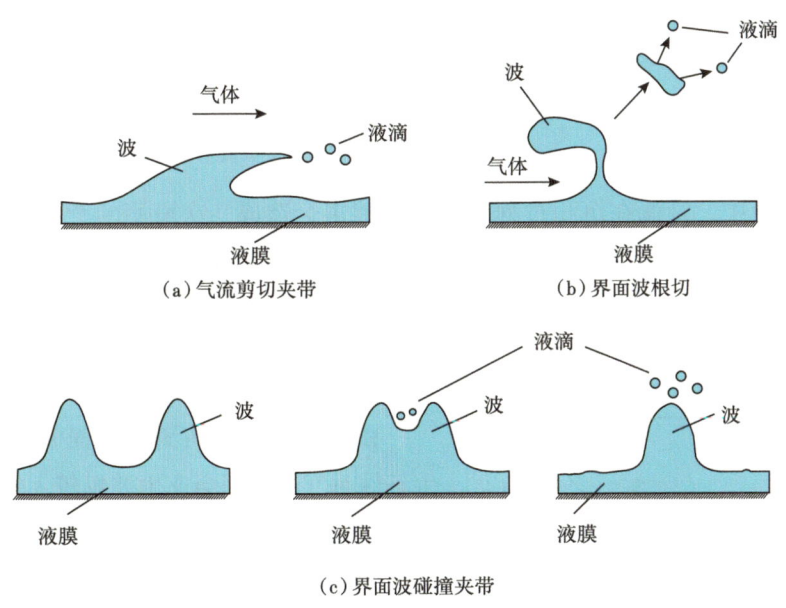

图4-1-2　界面波夹带产生方式

2. 气泡破裂产生

当气液两相流量较大，部分气体在界面波作用下注入液膜或液膜内发生核态沸腾现象时，液膜内均会产生气泡。气泡运动至气液界面处破裂并形成夹带液滴，如图 4-1-3 所示。Newitt 等[154]采用可视化手段对气泡破裂夹带现象进行了研究，认为气泡在运动至气液界面时，首先在气液界面形成隆起的半球形顶盖。顶盖处液体在气泡内压强的作用下不断被液膜抽吸而逐渐变薄，随后顶盖破裂形成许多微小液滴。气泡破裂后在液膜形成的空腔获得额外的动量后诱发液体射流形成较大的液滴，液滴直径通常在 0.1 cm 左右。Garner[133]研究发现，当气泡直径大于 0.5 时，液膜射流现象消失，液滴产生方式仅为气泡破裂。Hewitt 等[134]也通过实验观察到液膜内液滴破碎产生的夹带。

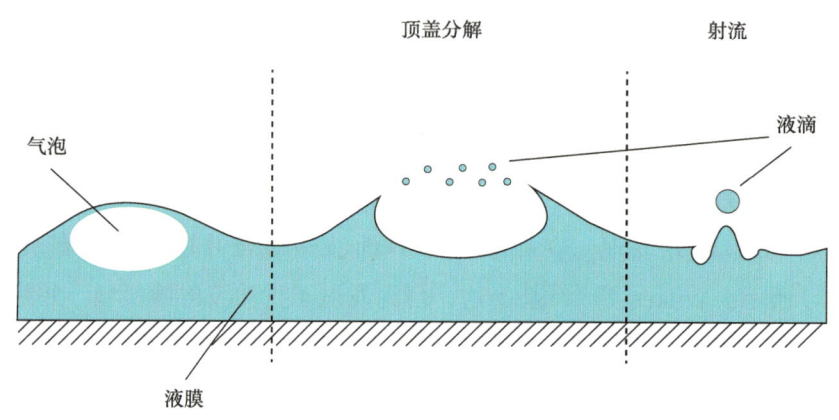

图 4-1-3　气泡破裂机理

3. 液滴撞击产生

气液两相流中，液滴在沉积过程中与液膜撞击会造成二次液滴的产生，此外，界面波在较大气速下波峰向前翻滚过程中，波峰与液膜表面撞击也会产生夹带液滴，如图 4-1-4 所示。

4. 液泛夹带

在气液两相逆向流动过程中，当达到液泛产生条件时气液界面会产生波幅较大的大尺度波（大波）。Hinze[135]，Sevik 和 Park[136]，Sleicher[137] 等在液泛实验中发现，当大波波幅足够大以致形成液桥时，液桥在气流的作用下破裂形成较大的液块，然后液块破裂形成小液滴，如图 4-1-5 所示。

通常采用液滴夹带份额 E 和液滴夹带速率 m_e

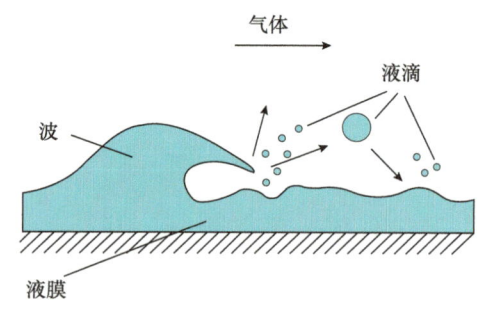

图 4-1-4　液滴撞击夹带

对液滴夹带现象进行描述。定义气相场中液滴的总质量占总液相质量流量的比叫作液滴夹带份额，单位时间单位面积上产生夹带液滴质量为液滴夹带速率。与环状流相似的是，搅拌流内液滴夹带份额和液滴夹带速率均随液相流量 G_l 的增大而增大；而与环状流不同的是，搅拌流内液滴夹带份额和液滴夹带速率均随气速的增大而减小，当无量纲气速 $v_G^* \approx 1$ 时，夹带份额和液滴夹带速率达到最小值[138-139]，如图 4-1-6 和图 4-1-7 所示。造成搅拌流与环状流内液滴夹带份额和夹带速率随气速变化趋势不同的原因主要是这两种流型内液滴夹带机理不同。

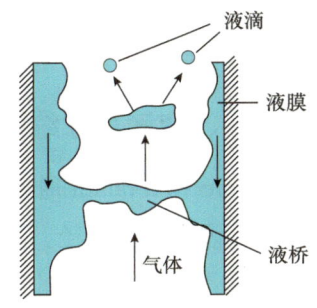

图 4-1-5 液泛夹带

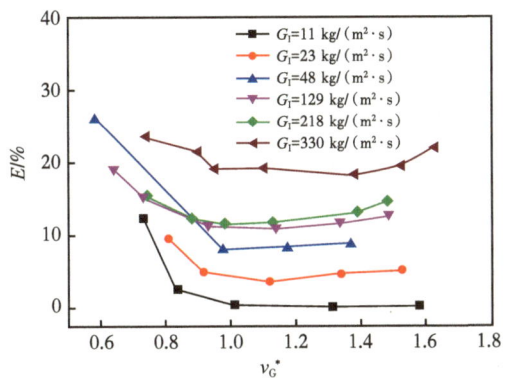

图 4-1-6 搅拌流—环状流内液滴夹带份额变化规律

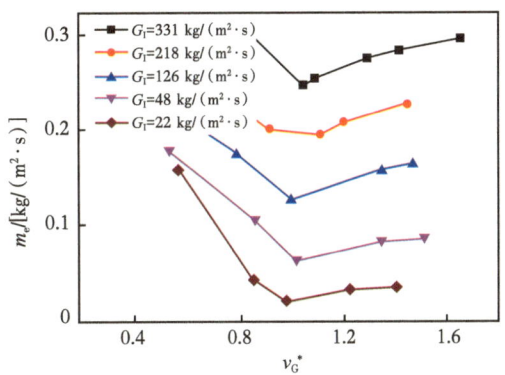

图 4-1-7 搅拌流—环状流内液滴夹带速率变化规律

三、夹带液滴实验测量技术

目前对夹带液滴尺寸的研究主要基于实验研究。常用的液滴测量方法包括：液膜抽吸法、探针法、冷冻法、浸渍法、激光光栅法、摄影法、激光衍射法，以及相位多普勒测速法等。表 4-1-1 列举了环状流内液滴直径测量部分实验研究情况。可以看出，在环状流内，夹带液滴直径较小，通常在 100 μm（SMD）左右。

表 4-1-1 部分液滴实验研究方法 [140-145]

研究者	d_T/mm	v_{SL}/(m/s)	v_{SG}/(m/s)	d/μm	介质	测试方法
Ribeiro	3.2	0.02~0.11	33~57	60~119（SMD）	空气—水	激光衍射
Zhang 和 Ishii	2.5	0.04	35, 60, 93	123~460（VMD）	空气—水	浸渍法
Azzopardi	6.5	0.11~0.16	18~25	200~350	空气—水	激光衍射
Simmons 和 Hanratty	9.53	0.016~0.09	51.9~134（SMD）	51.9~134（SMD）	空气—水	激光衍射
Al-Sarkhi 和 Hanratty	2.54	0.041~0.125	43~98.3（SMD） 71.1~163.6（VMD）	43~98.3（SMD） 71.1~163.6（VMD）	空气—水	激光衍射
Lee 等	3.71	0.025	158, 60.1（SMD）	158, 60.1（SMD）	空气—水	冷冻

第二节 液滴尺寸分布规律

一、液滴尺寸统计方法

Fore 和 Ibrahim 通过可视化实验装置测试了液滴尺寸分布规律。通常采用 Sauter 平均直径、体积平均直径。液滴尺寸概率密度函数表示液滴尺寸分布,将测量的液滴尺寸范围划分成若干个等宽度的尺寸区间,每个区间的宽度为 W,分别统计每个尺寸级别区间内的液滴数量。然后,将每个尺寸级别内的液滴数量除以液滴总数再乘以该区间宽度,从而得到液滴尺寸概率密度函数的估计值,其表达式为:

$$f_d(d_j) = \frac{N_j}{NW} \qquad (4-2-1)$$

其中 N_j 表示尺寸在 $d_j \pm W/2$ 范围内的液滴数量,N 表示液滴的总数。通过将连续函数离散化可计算体积概率密度函数和累积分布函数。而特定尺寸级别的概率密度函数,其准确性取决于该尺寸级别内液滴的数量。

忽略误差,离散尺寸概率密度函数中某点的标准误差取自 Bendat 和 Piersol(1986)的公式,具体为:

$$SE\left[\widehat{f_d(d_j)}\right] \approx \left[\frac{f_d(d_j)}{NW}\right]^{\frac{1}{2}} = \frac{f_d(d_j)}{\sqrt{N_j}} \qquad (4-2-2)$$

两个在估算的概率密度函数的正负方向上的标准误差表示 95% 的置信区间。这个等式清楚地表明了某一尺寸级别中样本数量的重要性。根据体积概率密度函数的离散化,那么相应的标准误差可以近似为:

$$SE\left[\widehat{f_v(d_j)}\right] = SE\left[\frac{d_j^3 f_d(d_j)}{W \sum_{k=1}^{N} d_k^3 f_d(d_k)}\right] = \frac{f_v(d_j)}{\sqrt{N_j}} \qquad (4-2-3)$$

在尺寸概率密度函数中,随着尺寸级别的增加,f_d 的值逐渐减小。因此,对于足够大的样本量来说,较大尺寸级别的绝对误差较小。然而,由于体积概率密度函数是按液滴尺寸的立方进行加权的,因此对于相同样本量下最大的尺寸级别,其绝对误差可能会非常大,而这些最大的尺寸级别也可能对应于 f_v 的最大值。图 4-2-1 提供了在相同条件下尺寸和体积的概率密度函数的样本图,其中采样的液滴数量超过了 2000 个。

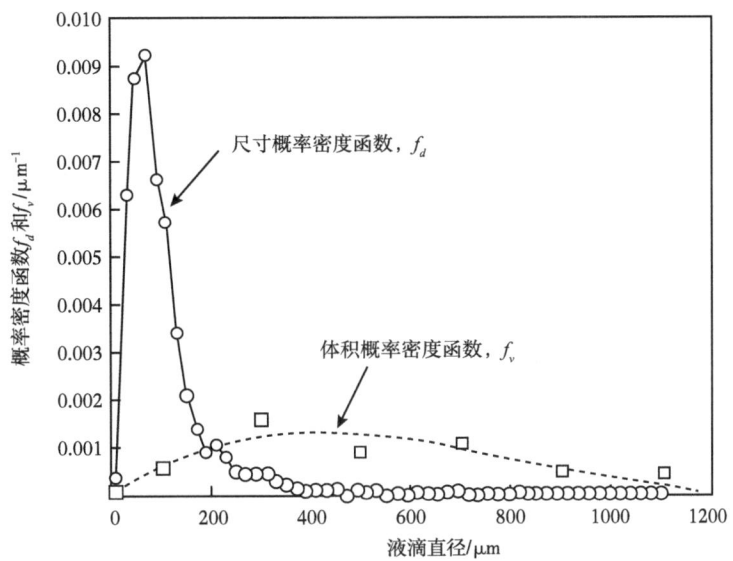

图 4-2-1　尺寸和体积的概率密度函数（表观液流速 =0.03 m/s；表观气流速 =18.8 m/s；压力 =3.6 atm）

液滴尺寸的累积分布函数由离散的概率密度函数计算为：

$$F_d(d_j) = W \sum_{k=1}^{j} f_d(d_k) \quad (4\text{-}2\text{-}4)$$

体积的累积分布函数也有类似的方程。使用误差传播分析来估计累积分布函数的标准误差为：

$$SE[F_d(d_j)] = SE\left[W \sum_{k=1}^{j} f_d(d_k)\right] = W \left(\sum_{k=1}^{j} \{SE[f_d(d_k)]\}^2 \right)^{\frac{1}{2}} \quad (4\text{-}2\text{-}5)$$

将标准误差的中间定义代入 f_d 之后，该表达式可以简化为：

$$SE[F_d(d_j)] = \sqrt{\frac{F_d(d_j)}{N}} \quad (4\text{-}2\text{-}6)$$

最大标准误差出现在 $F_d=1$ 时，并且它取决于分布液滴的总数。图 4-2-2 展示了与图 4-2-1 中相同数据集的累积尺寸分布和累积体积分布。与概率密度函数相比，累积体积分布的随机变化较小，这主要是由于标准误差的形式不同所导致的。

表 4-2-1 包含了每次运行的流动条件、平均压力梯度和计算出的平均液滴尺寸。在估算 Sauter 平均直径时，大液滴占据了很大的权重，小液滴几乎可以忽略不计。

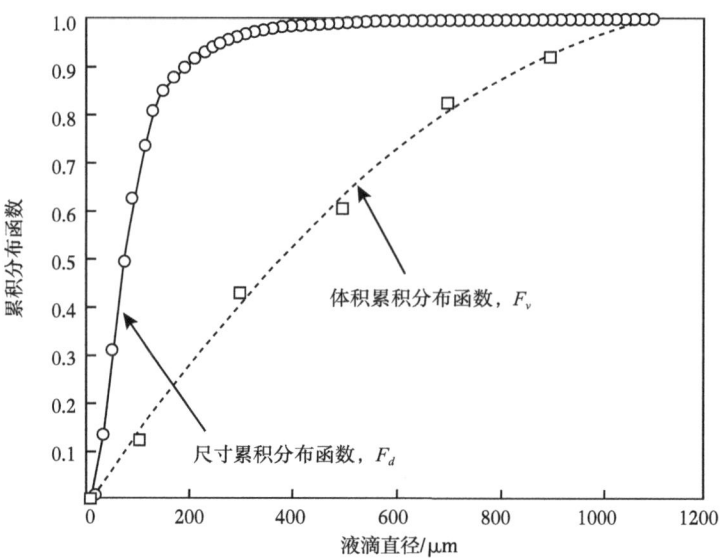

图 4-2-2 尺寸和体积的累积分布函数（表观液流速 =0.03 m/s；表观气流速 =18.8 m/s；压力 =3.6 atm）

表 4-2-1 平均液滴尺寸

v_{LS}/ m/s	v_{GS}/ m/s	p/ atm	T/ ℃	$-dp/dx$/ Pa/m	d_{10}/ μm	d_{20}/ μm	d_{30}/ μm	d_{32}/ μm	d_{vm}/ μm	d_{max}/ μm	样本数量
0.029	6.9	3.4	37	2300	268	361	457	728	858	1778	899
0.029	9.6	3.5	36	1510	236	313	390	601	706	1308	963
0.030	11.3	3.5	37	1653	134	195	280	572	723	1578	937
0.029	13.9	3.5	36	1797	109	149	205	386	534	1073	1420
0.030	16.1	3.5	37	2516	121	165	214	358	423	860	1003
0.030	18.8	3.6	37	2947	107	141	188	334	450	1083	2034
0.031	20.7	3.6	38	3558	111	143	183	298	365	754	1317
0.030	22.5	3.7	37	3882	123	157	195	300	351	888	1138
0.061	6.8	3.4	38	3127	288	376	466	714	888	1604	1191
0.061	9.3	3.5	38	2732	225	298	372	581	682	1495	1442
0.060	11.4	3.5	38	2840	231	295	357	522	595	1243	1284
0.062	13.7	3.6	38	3163	160	215	275	449	579	1048	1607
0.060	15.9	3.5	38	3522	155	204	255	400	464	967	1039
0.060	18.6	3.6	38	4098	185	225	266	370	415	871	1235

续表

v_{LS}/ m/s	v_{GS}/ m/s	p/ atm	T/ ℃	$-dp/dx$/ Pa/m	d_{10}/ μm	d_{20}/ μm	d_{30}/ μm	d_{32}/ μm	d_{vm}/ μm	d_{max}/ μm	样本数量
0.122	6.9	3.4	38	4026	280	365	462	739	871	2651	1257
0.121	9.3	3.5	38	4205	275	348	431	658	746	2198	1761
0.123	11.6	3.5	38	4565	255	324	392	575	651	1721	1132
0.245	6.8	3.5	38	5427	319	412	515	806	972	2175	1084
0.246	9.1	3.6	39	5859	251	321	391	581	682	1674	1614
0.030	4.6	17.3	38	1977	202	340	482	967	1120	2190	1018
0.030	6.9	17.3	37	2300	138	204	289	575	811	1347	1130
0.031	9.2	17.4	37	3379	165	229	296	492	568	1213	1047
0.030	11.3	17.6	37	4385	141	202	260	432	491	967	1071
0.061	4.5	17.4	39	2804	307	436	563	973	1113	2502	796
0.060	6.8	17.3	38	3271	236	339	456	823	1140	2104	1092
0.062	9.1	17.4	38	4277	254	331	411	635	738	1537	1094
0.063	11.4	17.6	38	6146	199	262	320	473	507	1196	1141
0.122	4.6	17.4	38	4313	380	512	653	1060	1242	3078	1074
0.122	6.9	17.4	38	4996	325	428	538	851	996	2657	1115
0.123	9.1	17.4	38	5859	333	417	500	718	801	2169	1207

二、液滴尺寸计算式

许多研究人员对环状流中各种平均液滴尺寸的计算式进行了研究。Tatterson 等结合自己的数据，以及 Wicks 和 Dukler、Cousins 和 Hewitt 的数据，建立了一个计算式。Tatterson 等的计算式将体积中位直径与流动变量、物理特性，以及水力直径 D 相关联，表达式为：

$$\frac{d_{vm}}{D} = 0.016 \left(\frac{\rho_G v_G^2 f_G D}{2\sigma} \right)^{-\frac{1}{2}} \qquad (4\text{-}2\text{-}7)$$

式中　ρ_G——气体密度；

　　　v_G——气体速度；

　　　f_G——单相气体摩擦系数；

　　　σ——表面张力。

该关系式可以通过使用气体雷诺数 $Re_G=\rho_G v_G D/\mu_G$、单相摩擦因子相关性 $f_G=0.046/Re_G^{0.2}$ 和气体韦伯数 $We_G=\rho_G v_G^2 D/\sigma$ 重新排列成以下形式：

$$\frac{d_{vm}}{D} = 0.106 We^{-\frac{1}{2}} Re_G^{\frac{1}{10}} \tag{4-2-8}$$

实验数据与关系式计算值比较如图 4-2-3 所示。此次对比中包含了 Fore 和 Dukler[146-147]、Cousins 和 Hewitt，以及 Wicks 的数据，见表 4-2-2。

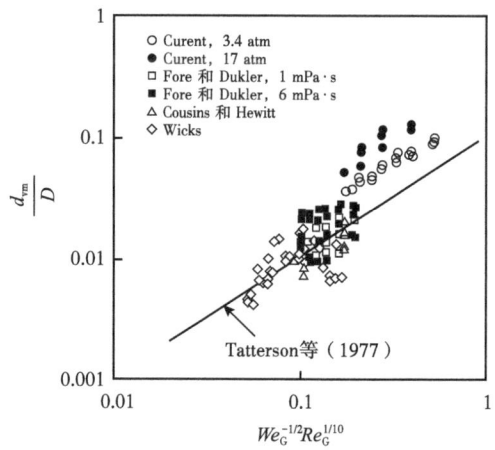

图 4-2-3　液滴体积中值与 Tatterson 等相关性的比较

表 4-2-2　实验数据参数比较

数据集	几何形状	流体系统	ρ_L/ρ_G	μ_L/μ_G
Fore 和 Ibrahim, 3.4atm	101.6 mm × 5.08 mm 方管	氮气—水	250	37
Fore 和 Ibrahim, 17atm	101.6 mm × 5.08 mm 方管	氮气—水	50	37
Fore 和 Dukler（1995），1 mPa·s	50.8 mm 圆管	空气—水	800	56
Fore 和 Dukler（1995），6 mPa·s	50.8 mm 圆管	空气—水/50% 甘油	860	333
Cousins 和 Hewitt（1968）	9.53 mm 圆管	空气—水	410	56
Wicks（1967）	152.4 mm × 19.05 mm 方管	空气—水	848	56

Kataoka 等根据 Cousins 和 Hewitt，以及 Wicks 和 Dukler 的数据，从 Ishii 和 Grolmes 的夹带机理出发建立了新关系式。该关系式将体积中值直径的韦伯数与气体雷诺数、液体雷诺数、液体密度和液体黏度联系起来，计算式为：

$$\frac{\rho_G v_G^2 d_{vm}}{\sigma} = We_{vm} = 0.028 Re_L^{-\frac{1}{6}} Re_G^{\frac{2}{3}} \left(\frac{\rho_G}{\rho_L}\right)^{-\frac{1}{3}} \left(\frac{\mu_G}{\mu_L}\right)^{\frac{1}{2}} \tag{4-2-9}$$

该关系式也可以用气体韦伯数来表示：

$$\frac{d_{vm}}{D} = 0.028 We_G^{-1} Re_L^{-\frac{1}{6}} Re_G^{\frac{2}{3}} \left(\frac{\rho_G}{\rho_L}\right)^{-\frac{1}{3}} \left(\frac{\mu_G}{\mu_L}\right)^{\frac{2}{3}} \qquad (4-2-10)$$

Kocamustafaogullari 等采用了 Sevik 和 Park 的湍流液滴破碎理论，建立了关于环状流中最大液滴尺寸的相关式：

$$\frac{d_{max}}{D} = 2.609 C_w^{-\frac{4}{15}} We_G^{-\frac{3}{5}} \left(Re_G^4 / Re_L\right)^{\frac{1}{15}} \left[(\rho_G/\rho_L)(\mu_G/\mu_L)\right]^{\frac{4}{15}} \qquad (4-2-11)$$

其中：

$$\begin{cases} C_w = 0.028 N_\mu^{-\frac{4}{5}}, & N_\mu \leqslant \frac{1}{15} \\ C_w = 0.25, & N_\mu > \frac{1}{15} \end{cases}$$

黏度值 N_μ 的计算公式为：

$$N_\mu = \frac{\mu_L}{\left[\rho_L \sigma (\sigma/g\Delta\rho)^{\frac{1}{2}}\right]^{\frac{1}{2}}} \qquad (4-2-12)$$

Kocamustafaogullari 等假定液滴大小遵循 Wicks 和 Dukler 等提出的上限对数正态分布，建立了 Sauter 平均直径的相关式：

$$\frac{d_{32}}{D} = 0.65 C_w^{-\frac{4}{15}} We_G^{-\frac{3}{5}} \left(Re_G^4 / Re_L\right)^{\frac{1}{15}} \left[(\rho_G/\rho_L)(\mu_G/\mu_L)\right]^{\frac{4}{15}} \qquad (4-2-13)$$

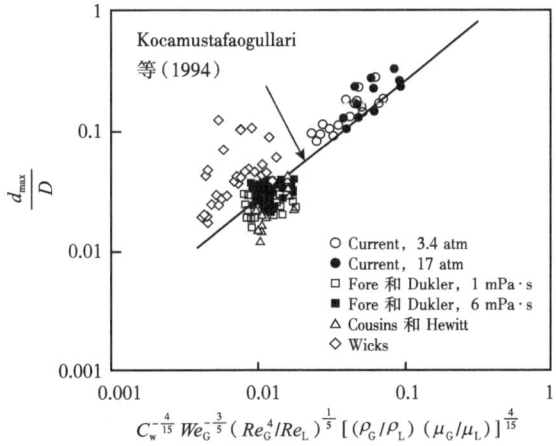

图 4-2-4 最大液滴尺寸测试值与 Kocamustafaogullari 等计算值对比

三、液滴变形及破碎机理实验研究进展

在环状流状态下，液滴颗粒在气流中的变形和破碎是一个相当复杂的气液相互作用过程。许多学者针对气流场中液滴变形及破碎机理进行了深入而仔细的实验研究和理论分析。研究表明，平行气流场中的液滴在两种力的作用下变形或破碎，一是促使液滴变形及破碎的速度压力（$\rho_G u_G^2$），ρ_G 为气体密度，u_G 为气流速；二是维持液滴为球形的表面力（σ/d），σ 为界面张力，d 为液滴直径。速度压力与表面力之比称为韦伯数，用符号 We 表示，液滴刚好破碎的韦伯数称为临界韦伯数 We_{crit}。对于给定的气流速，若液滴尺寸超过某一临界值，液滴会破碎；对于给定的液滴尺寸，若气流速超过某一临界值，液滴也会破碎。因此临界韦伯数成为计算最大液滴直径或液滴相对于气流最终速度的无量纲量。

Hinze 等[148]研究指出，液滴的变形有三种基本的类型，即椭球状、雪茄状和不规则变形，而平行气流中的液滴易发生椭球状变形；对于静止气流中下落的液滴，临界韦伯数在 22~30 之间变化；突然进入高速气流场中的液滴，临界韦伯数为 13。之后，Krzeezkowski、Wierzba、Liu 等也同样观察到平行气流中的液滴先由圆球状变形为椭球状，随后发生断裂破碎、袋状破碎、过渡破碎、网状破碎等模式。Wierzba 实验研究发现，韦伯数不同，各种破碎模式所占比例不同；椭球体变形程度决定后续的破碎模式，当 d/d_o（d_o 和 d 分别为变形前后液滴迎风面的直径）和 d/h（h 为椭球体高度）较小时，液滴发生椭球体变形但不破碎；当 d/d_o 和 d/h 逐渐增大，液滴变形达到最大后发生断裂破碎、袋状破碎、过渡破碎等模式。同时，Wierzba 对液滴最终变形程度进行了实验测试，如图 4-2-5 所示。对于椭球体变形但不破碎的情况，$d/d_o=1.32$、$d/h=2.84$，如图 4-2-5（a）所示；对于断裂破碎的情况，$d/d_o=1.5$、$d/h=3.8$，如图 4-2-5（b）所示；对于袋状破碎的情况，$d/d_o=1.59$、$d/h=4.2$，如图 4-2-5（c）所示；对于过渡破碎的情况，$d/d_o=1.62$、$d/h=4.6$，如图 4-2-5（d）和图 4-2-5（e）所示。但 Wierzba 只对临界韦伯数在 11~14 之间的液滴变形程度进行了实验测试。Liu 等实验研究发现，同一气流场，液滴大小不同，韦伯数不同，液滴最大变形程度不同。大小不同的液滴，若韦伯数相等，最大变形程度相同；液滴的变形主要受韦伯数的控制，雷诺数的影响很小。

Ibrahim 等[149]从能量守恒的角度，导出了描述椭球状液滴变形及破碎过程的数学模型（DDB 模型）。

临界韦伯数是根据液滴与气流之间相对速度计算的，因此临界韦伯数的研究有两种方法：

方法一：用滴管将给定尺寸的液滴滴入气流场中，测取液滴破碎时刻的液滴/气相对速度，再根据韦伯数定义式计算临界韦伯数。

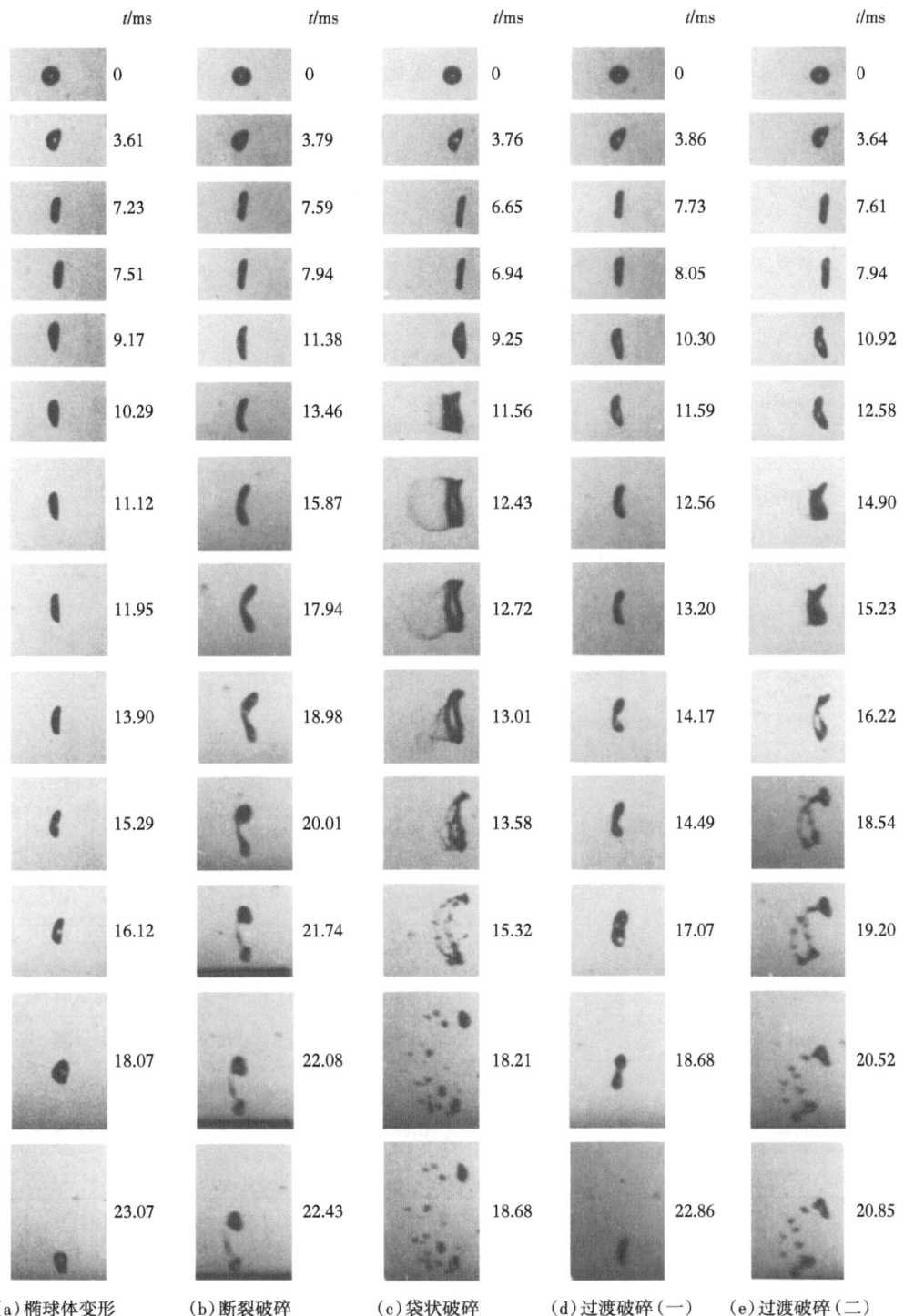

(a)椭球体变形　　(b)断裂破碎　　(c)袋状破碎　　(d)过渡破碎（一）　　(e)过渡破碎（二）

图 4-2-5　不同类型的变形及破碎（据 Wierzba，1990）

表 4-2-3 列举了方法一的实验研究状况。从表 4-2-3 可知，实验测得的临界韦伯数 We_{crit} 相差较大，在 2~99 之间变化，主要受流体的黏度、气流速及实验测试方法的影响。低黏度流体液滴临界韦伯数 We_{crit} 在 2~31 之间变化。

方法二：测取给定环状流场中最大悬浮液滴的尺寸，再根据韦伯数定义式计算临界韦伯数。方法二的研究手段有摄像法、衍射分析法和多普勒成像技术。

表 4-2-3 实验测得临界韦伯数（方法一）[150-156]

研究者	We_{crit}	实验	备注
Merrington 和 Richardson	15.4~29.8	FF	由 Hinze（1948）计算
Lane 等	10.8	VWT	由关系式 $v_{cr}^2 d=c$ 计算
Volynskii 等	11~15.8	HWT	平均值为 14
Buhman 等	2.2~3.6	HWT	水在 2.6~3.5 之间
Hinze 等	13	HWT	实验介质为油
Krzeczkowski 等	11~38	HWT	水为 11
Wierzba 等	14	HWT	实验介质为水
Isshiki 等	9.26~29	SO	水在 11~14.6 之间，为液滴尺寸的函数
Haas 等	11.2	SO	水银
Naida 等	8.4~12.1	SO	锡的平均值为 10.9
Yoshida 等	10~48	SO	水在 10~31 之间，为液滴尺寸的函数
Hanson 等	7.2~47.6	HST	水在 7~14.3 之间，为液滴尺寸的函数
Simpkins 等	13	HST	实验介质为水
Gelfand 等	10~50	HST	水为 10
Simpkins 和 Bales	14	HST	实验介质为水
Gelfand 等	10	HST	实验介质为水和煤油
Reichman 和 Temkin	7	HST	由关系式 $u_{cr}^2 d=c$ 计算
Lopariev 等	14.6~99.6	VS	低黏液体为 14.6~21
Borisov 等	40~60	HST	实验介质为水和煤油
Wierzba 等	11~14	HST	随 We_{crit} 增加，袋状破碎比例增加

注：FF 代表自由落体实验；VWT 代表竖直风洞实验；HWT 代表水平风洞实验；SO 代表液滴加载在进风口实验；HST 代表能快速加载液滴的水平管实验；VS 代表液滴加载在文丘里管喉部的实验。

（1）1968 年，Cousins 和 Hewit 实验：实验压力约为 0.2 MPa，管径为 9.53 mm，实验介质为空气—水。实验首先移除环流中管壁上的液膜，然后通过管壁薄的液膜拍摄液滴，实验观测到液滴尺寸属中等范围，最大液滴尺寸约为 400 μm，与气流速和液流速有关。

(2)1978 年，Andreussi 等实验：实验是在高速的气—水下降管流中完成的，由于气液混合物流速较大，所以流动方向对液滴尺寸测量结果影响不大。实验首先移除液膜，然后让夹杂着液滴的气体流经一个小腔室时被拍摄。实验的压力接近大气压，实验测得的最大液滴尺寸为 745 μm。

（3）1978 年，Lindsted 等实验：实验是在接近大气压力的条件下进行的，实验管径为 32 mm，实验介质为空气—水，实验采用了轴向摄影技术（轴向摄影技术是指迎气流方向拍摄）。实验观测到流场中液滴的数量在 18~740 滴之间变化，实验流动条件接近搅动流。实验中气流速给定，通过改变液流速测取索特平均直径，再计算最大液滴直径，实验求取的最大液滴直径为 5170 μm。

（4）1980 年，Azzopardi 等实验：实验研究了 0.15 MPa 压力下 32 mm 管径中气水两相环状流场的液滴尺寸分布，实验测试的液滴尺寸范围较大。

（5）1983 年，Azzopardi 等实验：实验采用衍射方法测试了压力为 0.1 MPa、管径为 125 mm、介质为空气—水、环状流场的液滴尺寸分布，测取的最大液滴尺寸为 575 μm。

（6）1985，Lopes 和 Dukler 实验：实验是在近大气压力条件下完成的，实验管径为 50 mm，实验介质为空气—水，实验使用了激光多普勒技术测量液滴的直径，实验观测到流场中液滴的数量在 500~700 滴之间变化，拍摄的最大液滴尺寸为 2725 μm。

（7）1988 年，Jepson 等实验：实验采用衍射方法测试了压力为 0.1 MPa、管径为 10 mm、介质为氦气—水、环状流场的液滴尺寸分布，测取的最大液滴直径为 442 μm。

（8）1988 年，Teixeira 等实验：实验使用衍射方法，研究了 0.15 MPa 空气—水在 32 mm 管径中的流动情况。该实验的结果和 Azzopardi 等的实验结果接近。

（9）1989 年，Jepson 等实验：实验采用衍射方法测试了压力为 0.15 MPa、管径为 10 mm、介质为空气—水、环状流场的液滴尺寸分布，测取的最大液滴尺寸为 890 μm。

（10）1989 年，Jepson 等实验：实验采用衍射方法测试了压力为 0.15 MPa、管径为 10 mm、介质为空气—1，1，3- 三氯乙烯、环状流场的液滴尺寸分布，测取的最大液滴尺寸为 265 μm。

（11）1991 年，Azzopardi 等实验：实验采用衍射方法测试了压力为 0.15 MPa、管径为 20 mm、介质为空气—水、环状流场的液滴尺寸分布，测取的最大液滴尺寸为 538 μm。

（12）1994 年，Azzopardi 实验：实验是在 0.15 MPa 压力下完成的，管径为 50 mm，实验介质为空气—水，实验采用了相位多普勒成像技术，实验观测到最大液滴直径为 1074 μm。

表 4-2-4 列举了各实验根据方法二，采用摄像、衍射分析法和多普勒成像技术测得环状流场中最大液滴对应的临界韦伯数。Azzopardi 等统计发现，气液两相流中最大液滴

尺寸在 77~4770 μm 之间变化，临界韦伯数在 2~60 之间变化，Azzopardi 将这种差异归因于气流速和液流速，以及气液表面张力等的影响。

表 4-2-4　实验测得临界韦伯数（方法二）[167-168]

研究者	液滴最大直径 / μm	压力 /bar	观测方法	临界韦伯数	实验介质
Cousins 和 Hewitt	308~828	2	摄像	16~42	空气—水
Hewitt 等	386~874	1.05	摄像	6.6~58	空气—水
Andreussi 等	77~745	1.0	摄像	4.5~24.8	空气—水
Linstead 等	1375~5190	1.05	摄像	4~28	空气—水
Lopes 和 Dukler	1595~2725	1.05	多普勒	12.1~38.2	空气—水
Azzopardi 等	457~1074	1.5	多普勒	5.2~17	空气—水
Jepson 等	235~425	1.5	衍射	26~35	空气—水
Jepson 等	92~442	1.05	衍射	2.5~18.2	氦气—水
Jepson 等	70~266	1.5	衍射	18.6~45.3	空气/1, 1, 3-三氯乙烯
Azzopardi 等	187~575	1.05	衍射	12.5~17.2	空气—水
Azzopardi 等	187~538	1.5	衍射	12.5~17.2	空气—水
Teixeira 等	300~540	1.5	衍射	16.6~50.5	空气—水
Azzopardi 等	339~576	1.5	衍射	9.5~12.4	空气—水

第三节　环状流液滴最大尺寸测试

为了准确观察液滴的形状特征和尺寸大小，本书建立了环状流液滴特征实验装置，测试了液滴最大尺寸及临界韦伯数[179]。

一、实验方法

实验回路如图 4-3-1 所示。实验回路由注气子系统、注水子系统、垂直举升管、图像采集系统、数据采集系统、水计量系统、实验用光源、背景板构成。注气子系统由压缩机、储气罐、气体涡街流量计、阀门、注气管线、调压蝶阀、球阀、压力表、数据采集模块组成；注水子系统由压力储水灌、注水管线、调压蝶阀、球阀、机械压力表组成；垂直举升管由底座、注气口、注水口、有机透明玻璃管、压力传感器、差压传感器组成；图像采集系统由图像采集模块、数据处理单位、计算机、数据线组成。实验用光由两盏 1000 W 的卤钨灯提供。背景板为厚度为 4 mm 的橡胶板材，表面光滑，吸光能力好，无反射。实验用水在实验前由进水口引入压力储水罐。实验过程中压力储水罐和高压储气罐相互连通，为注水管线提供动力，确保注水压力和注气压力匹配。

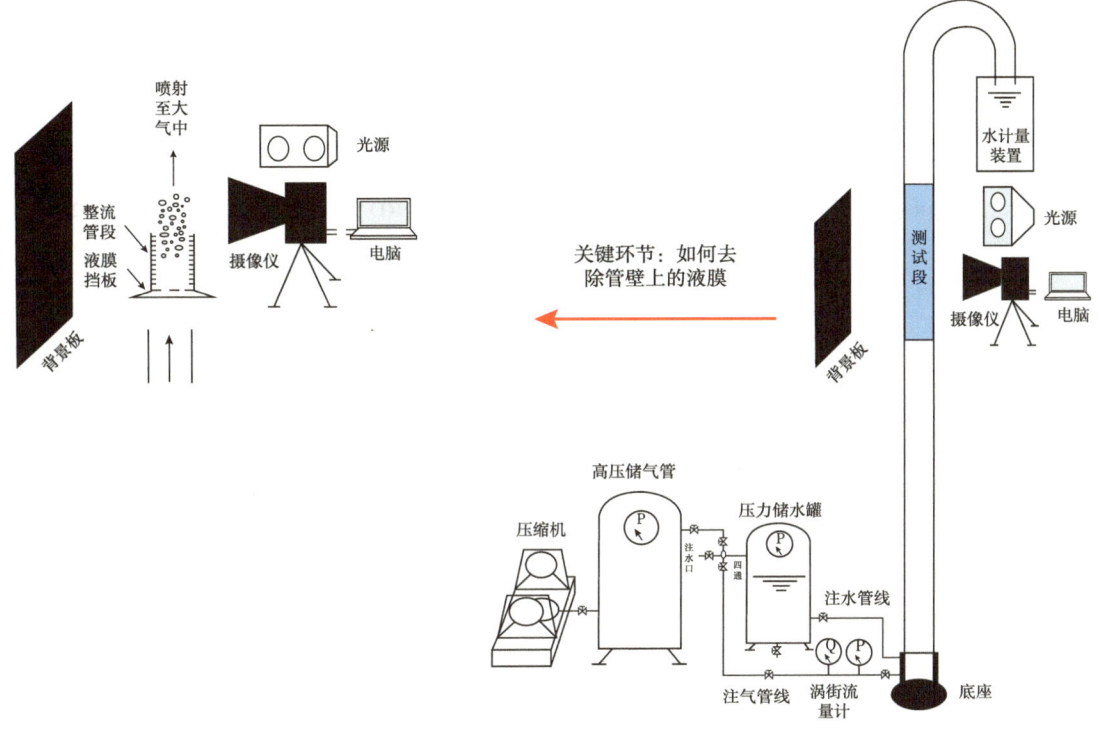

图 4-3-1　液滴微观实验回路

由于气流速度较大，而液滴很小，其尺寸在几十微米到几毫米范围内；同时管壁上流动的液膜降低了气流中夹带的液滴清晰度，使得液滴很难被清楚观察到。实验过程中尝试了多种方法，最后选取的测试段结构是先除去液膜，让分散相液滴喷射至大气中，在出口观察液滴。实验过程采用美国 Fastcam 公司 Ultima APX 高速摄像机，该摄像机图像最高采集速度为 20 000 帧/s；最高像素为 1024×1024，最小像素为 54×54。为了判读液滴的尺寸和形状，在拍摄区域放入了已知尺寸的标准丝作为参照物。液滴尺寸标定的思路是利用图片中参照物的尺寸对液滴尺寸进行读取。实验采用了直径分别为 0.2 mm、0.72 mm 两种标准丝。

二、液滴变形及破碎

实验中观察到小液滴形状几乎不变，或变形很小，而大液滴在其迎风侧和背风侧气流速差异下变形,如图4-3-2所示。实验观测到的液滴形状为椭球状。

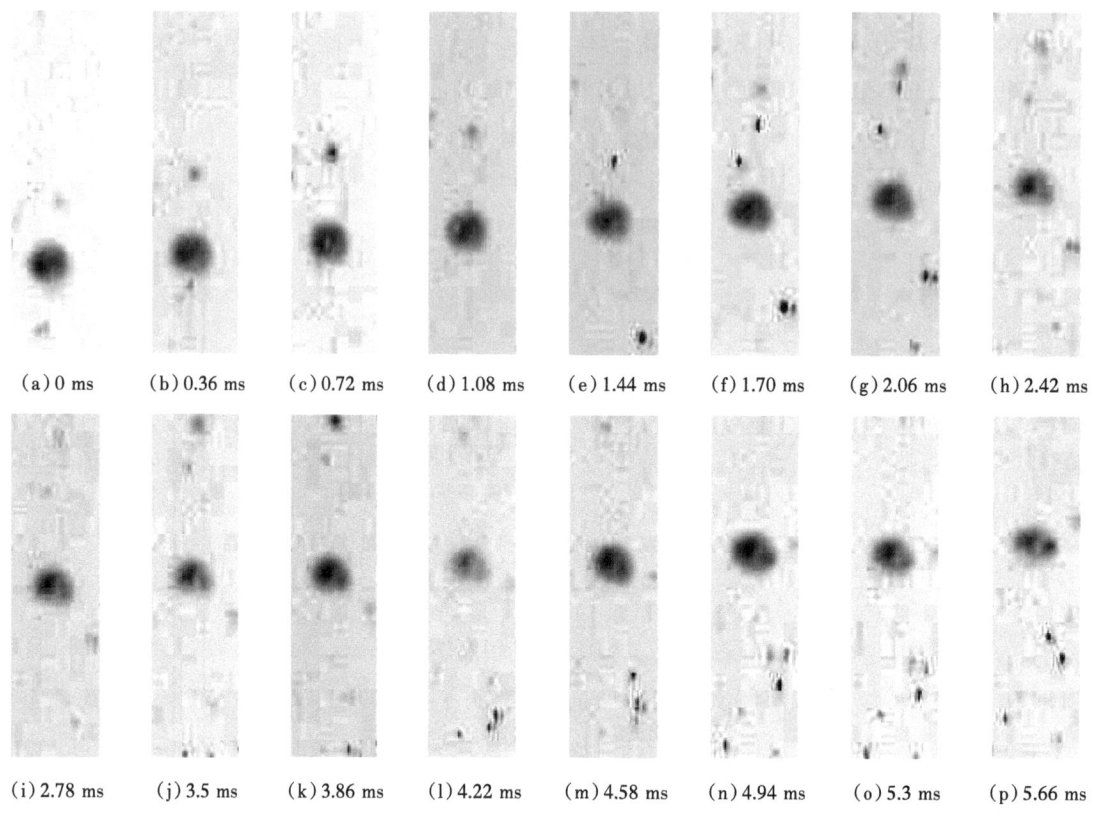

图4-3-2 液滴变形过程

液滴的破碎包含破碎前的变形和破碎两个阶段。

1. 破碎前的变形

平行气流中的液滴形状受液滴表面压力分布差异的影响。在液滴变形达到平衡的条件下,液滴表面任何一点的内压力与液滴的动压力和表面力平衡。但是当稳定气流绕过液滴后,液滴表面的压力分布不均匀性发生变化。在液滴赤道处,气流速最大,而在液滴背风面的极点附近位置,速度最小。根据伯努利定律知,液滴极点附近位置气流压力最大,赤道处气流压力最小。由于液滴表面压力分布的差异,液滴逐渐变形为扁平状,成为一个椭球体,如图4-3-3(a)至图4-3-3(d)所反映的过程。在气流速较大的情况下,赤道处的伯努利分布不均衡性进一步增加,液滴形状发展为盘状,以抵抗伯努利压力。同时在液滴变形过程中,液滴表面变得褶皱不光滑,以增大表面积抵抗伯努利压力分布的不均匀性。液滴变形是否达到均衡状态取决于抵抗伯努利压力与表面力的关系。在液滴变形未达到平衡状态前,将进一步变形直到液滴破碎。

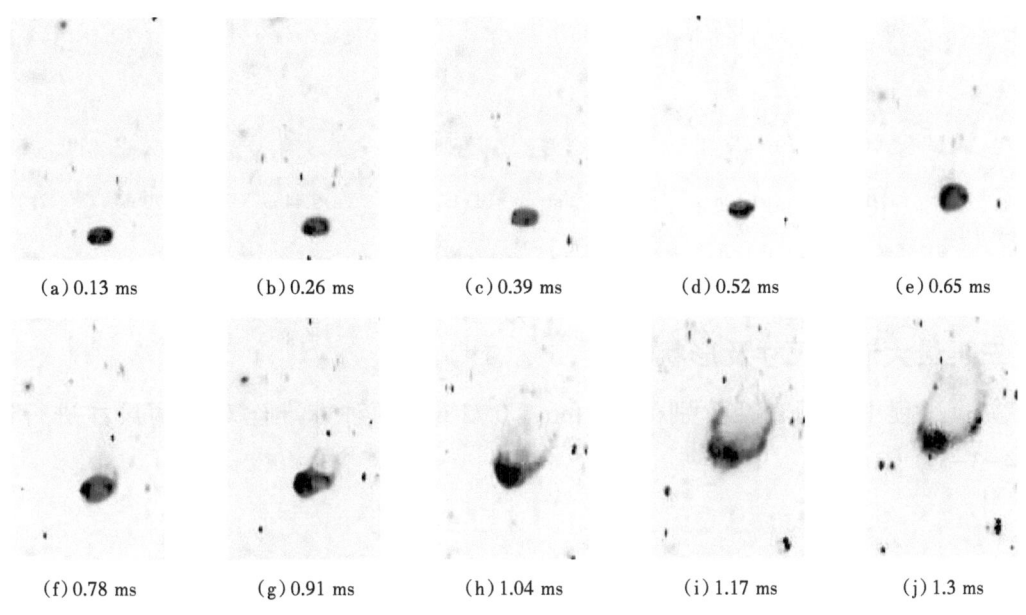

图 4-3-3　袋状破碎过程

2. 液滴的破碎

液滴破碎方式主要有断裂破碎、袋状破碎、过渡破碎、片状脱落、起皱脱落、突发性破碎。液滴破碎的方式由韦伯数决定。韦伯数不同，液滴的破碎方式不同。由于所开展的环状流实验气流速较小，相应的韦伯数较小，实验仅观察到断裂破碎和袋状破碎两种方式。

1）袋状破碎

袋状破碎过程如图 4-3-3（e）至图 4-3-3（j）所示。当液滴椭球状变形到一定程度后，其形状近似为盘状，气流中的液滴变得越来越扁平。当气流速增加到某一临界值时，盘状液滴进一步变薄，液滴极点区域表面被吹成"凹透镜"状，"凹"状迅速向液滴内部发展，其形状类似于中空的袋状（也称为球帽状），边缘成圆环状，厚度较大。袋状在气流方向逐渐拉伸开，变得越来越大。当气流速相对较小时，盘状液滴发展成一个中空袋状。气流越大，动压力越大，带状口径越大。液滴破碎时，先是薄的袋子顶部破碎，形成边缘厚度不等的环状，其中包含了初始液滴 70% 的体积，接着桥连液丝断裂成细小的液滴，最后含绝大部分体积的液环撕裂成大量小液滴。

2）断裂破碎

当椭球状液滴变得很薄时，液滴迎风面的中心在气流作用下，变成"凹"状，"凹"状迅速向液滴内部发展。当"凹"状深度达到一定程度后，由于液滴中轴线上厚度小强度低而发生断裂，大液滴断裂成两个大小相近的液滴，如图 4-3-4 所示。

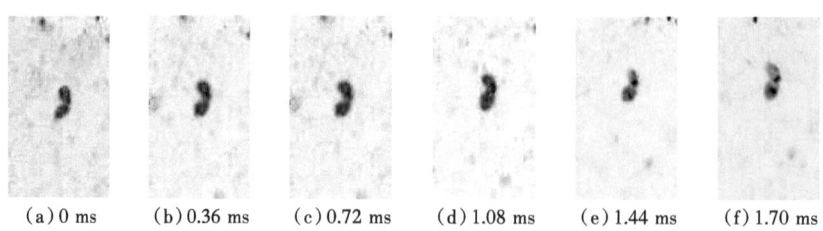

(a) 0 ms　　(b) 0.36 ms　　(c) 0.72 ms　　(d) 1.08 ms　　(e) 1.44 ms　　(f) 1.70 ms

图 4-3-4　断裂破碎过程

三、最大液滴尺寸及形状特征

实验过程中采用直径分别为 0.2 mm、0.72 mm 两种标准丝对液滴尺寸进行读取（图 4-3-5）。

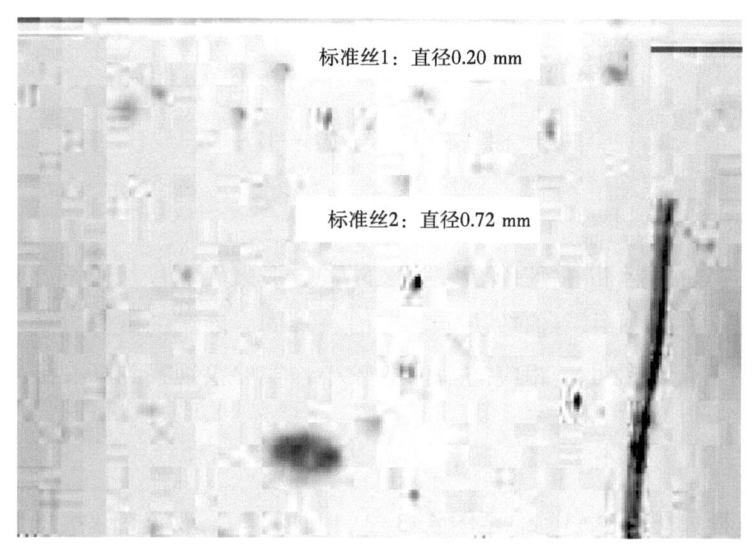

标准丝1：直径0.20 mm

标准丝2：直径0.72 mm

图 4-3-5　标准丝

液滴的标定在 Visio 软件中进行，标定过程如下：

（1）利用线宽功能对标准丝进行判读。经判读，0.72 mm 的标准丝的宽度与 4.2 pt 的线条等宽，即 1 pt 代表 0.167 mm。

（2）利用不同粗细的线条对液滴的长和宽进行判读，如图 4-3-6 所示。

（3）根据液滴体积守恒原理，即 $\pi d^2 h/6 = \pi d_0^3/6$（$d_0$ 为液滴的初始直径，d 为变形后液滴直径，即液滴宽度），化简后得到液滴的初始直径 $d_0 = d^{0.667} h^{0.333}$（$h$ 为椭球体高度）。通过判读的液滴长和宽对液滴的初始直径进行计算。

由图 4-3-6 可知，同一气流速场中，液滴越小，液滴变形程度越小，椭球度越小；相近尺寸的液滴，气流速越大，变形程度越大。

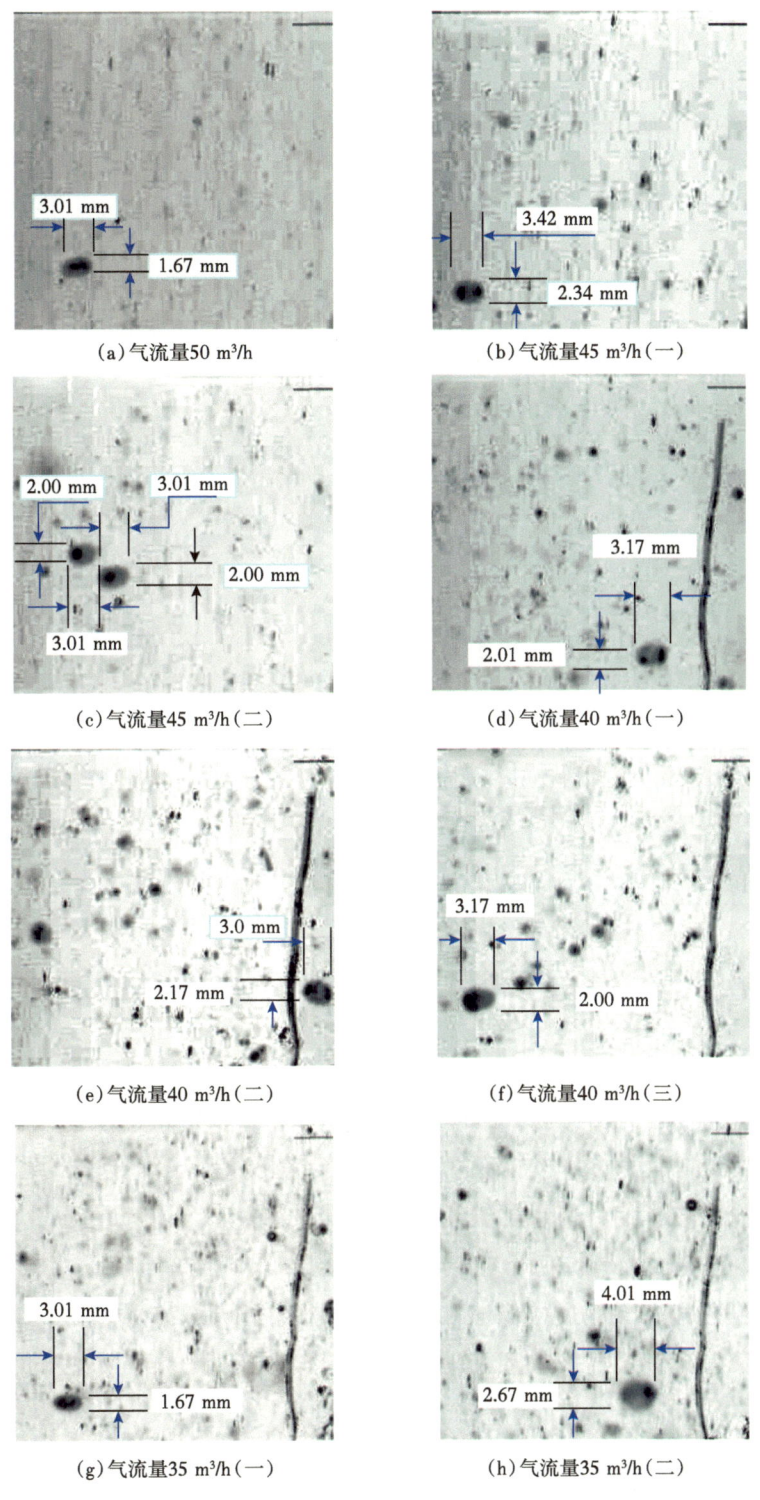

图 4-3-6 最大液滴尺寸及形状标定

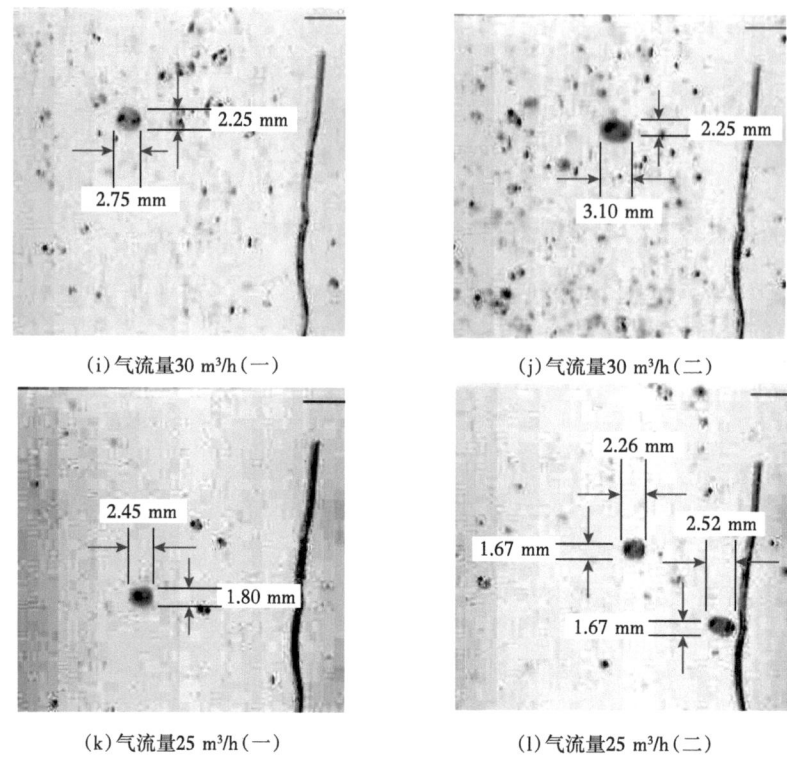

(i) 气流量30 m³/h(一)　　　　　　(j) 气流量30 m³/h(二)

(k) 气流量25 m³/h(一)　　　　　　(l) 气流量25 m³/h(二)

图 4-3-6　最大液滴尺寸及形状标定（续）

第四节　最大液滴尺寸及临界韦伯数影响因素分析

利用公开实验数据和本次实验数据分析了环状流场中的最大液滴尺寸及临界韦伯数的影响因素，如气流速、液流速及表面张力。对于给定气流量，由于气流速受压力影响较大，同时压力对气体密度的影响也较大，为了综合考虑气流速和气体密度对最大液滴尺寸和对应临界韦伯数的影响，引入了气相动量通量（$\rho_G v_G^2$）。气相动量通量在流体力学中又称为速度压力，速度压力是促使液滴变形及破碎的力。

收集的实验数据主要通过摄像法和衍射法测得。由于实验原理不同，实验结果也相差较大，所以最大液滴尺寸及临界韦伯数影响因素分析时，相同方法的实验数据应分组比较。

一、气流速的影响

图 4-4-1 是 Cousins 和 Hewitt 等采用高速摄像法测得的最大液滴直径与气相动量通

量的关系。从图 4-4-1 可知，气相动量通量越大，最大液滴直径越小。结合气相动量通量的物理意义可知，在相同压力、温度条件下气流速越大，这说明气流对液滴的破碎力越大，液滴在气流速作用下破碎越彻底，所以气相动量通量越大，最大液滴直径越小。

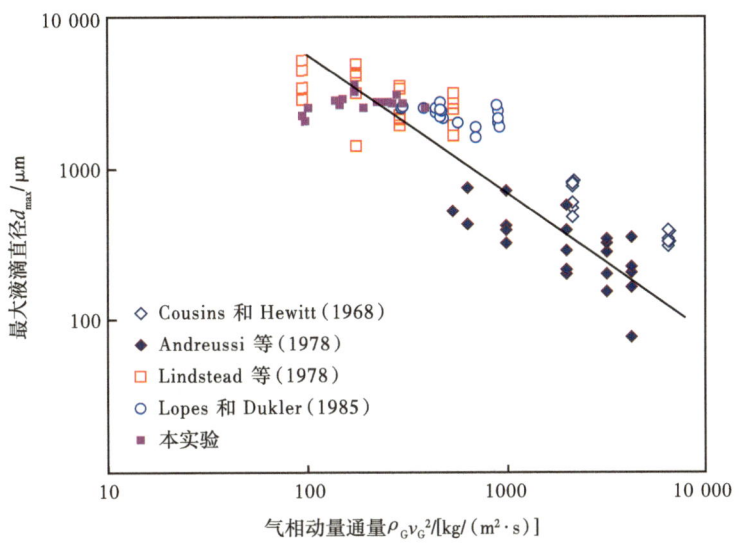

图 4-4-1　最大液滴直径与气相动量通量的关系（摄像法）

图 4-4-2 是临界韦伯数与气相动量通量的关系。由图 4-4-2 可知，气相动量通量越大，临界韦伯数越大，说明给定压力温度条件下，气流速越大，临界韦伯数越大。

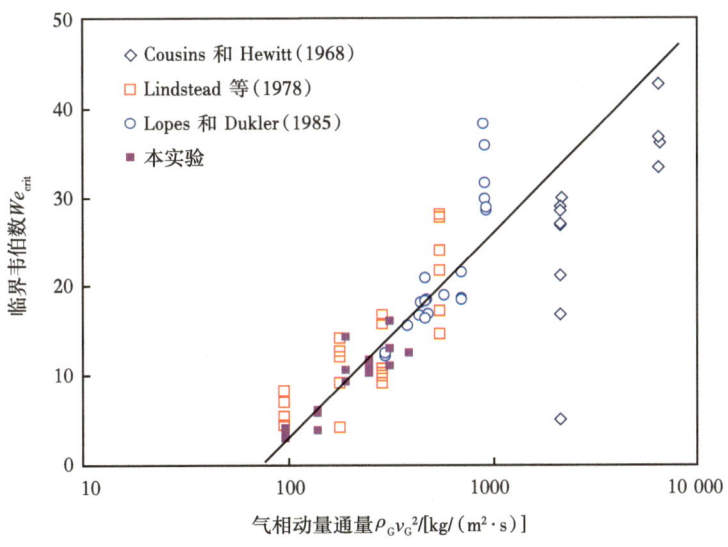

图 4-4-2　临界韦伯数与气相动量通量的关系（摄像法）

图 4-4-3 是 Jepson 等采用衍射分析法测得的气相动量通量与最大液滴直径的关系。从图 4-4-3 可知，气相动量通量越大，最大液滴直径越大，衍射分析法测得的最大液滴尺寸在 1000 μm 内。对比图 4-4-1 和图 4-4-3 可知，在相同的条件下，衍射法测得的最大液滴尺寸比直接摄影法得到的最大液滴尺寸小很多。而本次实验研究测得的液滴尺寸更接近于 Cousins & Hewitt 等采用摄像法测得的结果。

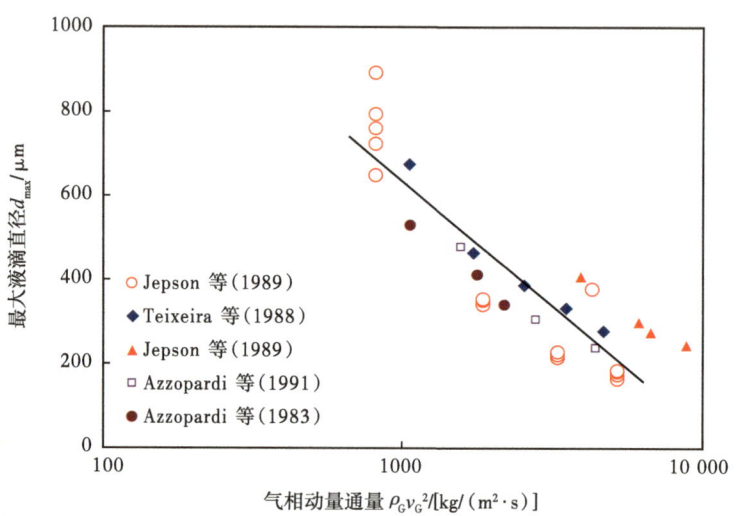

图 4-4-3　最大液滴直径与气相动量通量的关系（衍射法）

图 4-4-4 是临界韦伯数与气相动量通量的关系。从图 4-4-4 可知，气相动量通量越大，临界韦伯数越大，与摄像法测得的趋势相近。

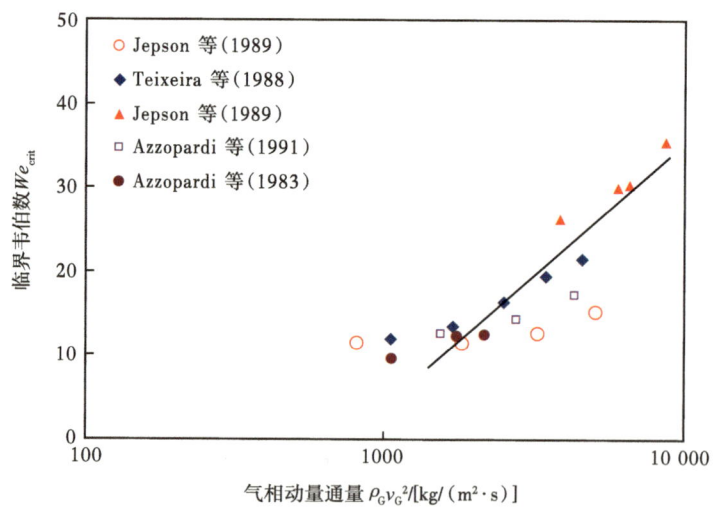

图 4-4-4　临界韦伯数与气相动量通量的关系（衍射法）

二、液流速的影响

图 4-4-5 是 Hewitt 等测得的空气—水在不同液流速下的最大液滴直径。从图 4-4-5 可知，在相同气相动量通量下，液流速越大，最大液滴直径越大。分析原因是液流速越大，液滴之间聚并形成大液滴概率越大，所以最大液滴尺寸越大。

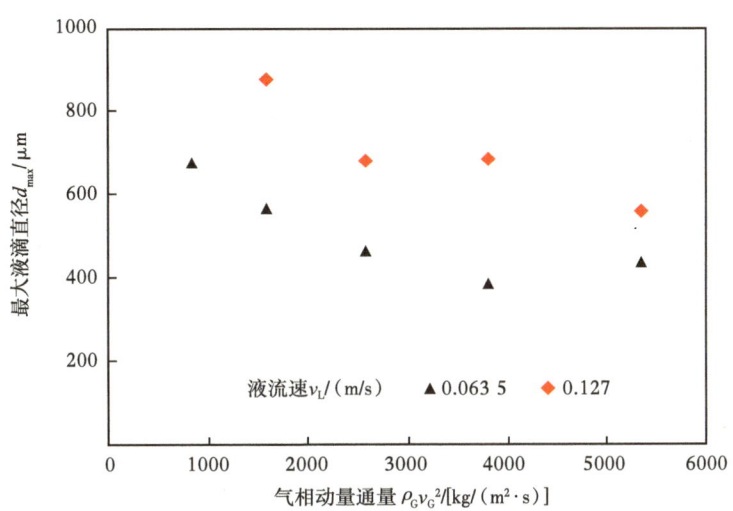

图 4-4-5　液流速对最大液滴直径的影响

图 4-4-6 是临界韦伯数与液流速的关系。从图 4-4-6 可知，在相同气相动量通量下，液流速越大，液滴的临界韦伯数越大。

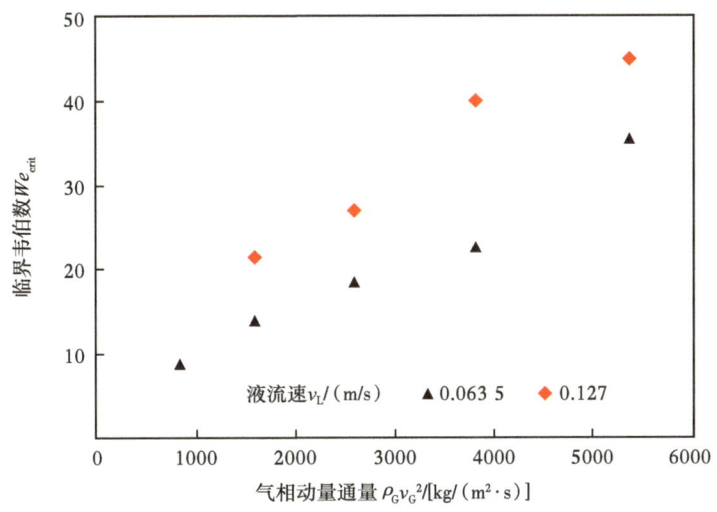

图 4-4-6　液流速对临界韦伯数的影响

三、表面张力的影响

图 4-4-7 是 Jepson 等采用衍射法测得的空气—水和空气—1，1，3-三氯乙烯在不同气相动量通量下的最大液滴直径。从图 4-4-7 可知：在相同气相动量通量下，空气—水体系的液滴直径大于空气—1，1，3-三氯乙烯体系的液滴直径，而空气—水的表面张力是空气—1，1，3-三氯乙烯表面张力的 5 倍，这说明表面张力越大，最大液滴直径越大。

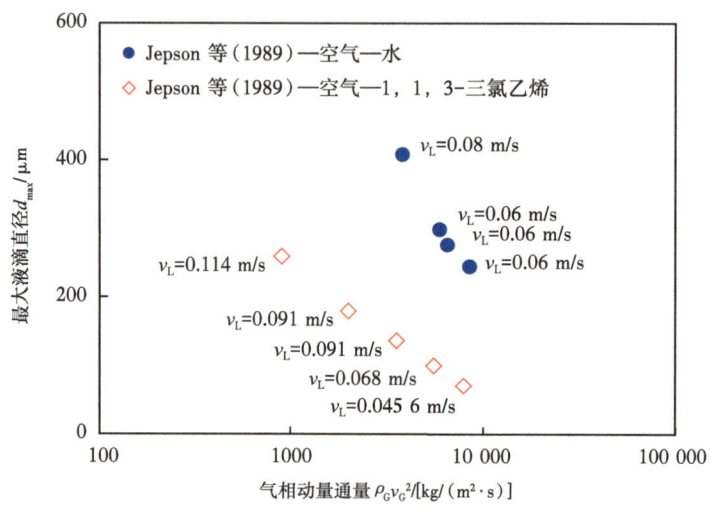

图 4-4-7　表面张力对最大液滴尺寸的影响

图 4-4-8 是空气—水体系和空气—1，1，3-三氯乙烯体系在不同气相动量通量和液流速下的临界韦伯数。从图 4-4-8 可知，若排除液流速对临界韦伯数的影响，空气—水

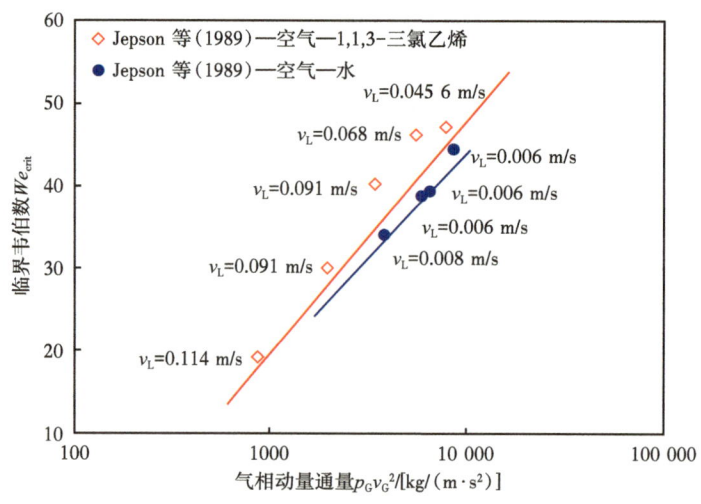

图 4-4-8　表面张力对临界韦伯数的影响

体系的临界韦伯数趋势线与空气—1，1，3-三氯乙烯体系的临界韦伯数趋势线基本重合，这说明表面张力对临界韦伯数的影响很小，可忽略不计。

Azzopardi 和 Hewitt 研究指出，管径对最大液滴尺寸影响很小，可忽略不计。同时 Azzopardi 和 Hewitt 研究指出，压力越大，气体密度越大，液滴直径越大，相应临界韦伯数越大。此处不再重复分析。

第五章 液滴椭球度预测理论

液滴椭球度是计算曳力、液滴加速度和环状流分散相压力梯度的重要基础参数。本章对 Flachsbart 压力分布计算方法进行了修正，建立了液滴表面停滞压力计算方法；在其基础之上，根据质量和能量守恒建立了平行气流场中低黏度液滴椭球度预测理论模型。

第一节 现有模型

液滴椭球度是计算曳力、液滴加速度和环状流分散相压力梯度的重要基础参数。大量实验（Wierzba[180]、Hinze[181]、Azzopardi 等）研究表明，液滴进入气流场后将变形或破碎，较大尺寸的液滴从初始圆球状变形为椭球状并迅速破碎，而较小尺寸的液滴仅变形但不会破裂，液滴变形达到稳定后为椭球状。液滴变形程度可用椭球度来定量表征。液滴最大椭球度是指液滴变形达到稳定后迎风侧的最大直径 d_{max} 与液滴变形前初始直径 d_o 的比值。

环状流场中部分液体以液滴的形式携带到井口，准确预测液滴椭球度、相应的曳力是计算液滴携带临界气流速的关键参数[182]。同时，液滴椭球度是计算环状流中液滴轴向速度和分散相压力梯度的重要参数，也是计算液滴在气柱中自由下落终极速度的基础参数，是分离器高度设计的重要参数。同时，在雾化领域，液滴最大椭球度也是计算液滴破碎时间的重要参数。

对于液滴变形和破裂的预测，目前有几种数学模型。这些模型分为半解析模型、Taylor 类比模型[183]和经验关系式。半解析模型通过理论分析方法求解 Navier-Stokes 方程和质量守恒方程，如 Gonor 和 Zolotova[184]提出的方法。Taylor 类比模型借用了弹簧—质点系统的振荡理念来模拟液滴变形，弹簧的回复力类似于表面张力；质点的重力类似于气流的压力。Taylor 类比模型可以分为经验方法，比如由 Rourke 和 Amsden[185]提出的 TAB（Taylor 类比分解）模型，以及近似解析模型，如 Clark 模型[186]和由 Ibrahim 等提出的 DDB（Drop Deformation and Breakup）模型。上述模型强调变形过程中椭球度变化规律的预测。但目前缺少理论预测液滴破碎条件下的液滴最大椭球度。Ibrahim 等假定液滴在 $d_{max}/d_o=2$ 时将破碎。

Hsiang 和 Faeth[187]根据他们的实验数据提出经验相关系数。液滴表面静压力与液滴附近气流的静压力之差称为停滞压力，停滞压力作用在液滴表面，促使液滴变形及破碎。在 Hsiang 和 Faeth 模型中，假定停滞压力与气流的动压力 $p_G v_G^2/2$ 成比例，表面张力作用于椭球状液滴边缘线上，长度为 πd_{max}，气流动压力作用于液滴侧向，面积为 $\pi d_{max} d_{min}$，根据表面张力与气流动压力平衡原理：

$$2\sigma\pi d_{max} = C_f \pi d_{max} d_{min} \rho_G v_G^2 / 2 \qquad (5-1-1)$$

式中　d_{min}——液滴变形达到稳定或变形最大时的高度，m；

d_{max}——液滴变形达到最大时迎风侧的直径，m；

C_f——经验系数，用于修正压力分布计算。

基于液滴体积守恒原理，Hsiang 和 Faeth 给出液滴椭球度经验式为：

$$d_{max}/d_o = 1 + 0.19 We^{\frac{1}{2}}, \quad Oh < 0.1, \quad We < 102 \qquad (5-1-2)$$

式中　d_o——液滴初始直径，m。

第二节　液滴椭球度预测新模型

一、液滴表面压力分布

液滴表面停滞压力分布计算有 3 种方法[188-189]，见表 5-2-1。一是根据伯努利原理提出的算法，停滞压力分布在液滴整个背风侧，垂直于液滴表面，平行于气流方向，大小均等，即 $\Delta p = p_G v_G^2/2$，如 Ibrahim 等及 Li[190]等研究中用到的算法。二是在 Hsiang 和 Faeth 研究中，停滞压力 $\Delta p = p_G v_G^2/2$ 分布在液滴侧向区域，垂直于液滴周向，与气流方向垂直。另一种方法是 Flachsbart[191]给出的公式，停滞压力分布在液滴背风侧部分区域，停滞压力平行于气流方向，在 $0° \leq \theta \leq 42°$ 区域，停滞压力随偏角 θ 逐渐减小，在极轴点即 0° 区域达到最大值，并逐渐降低到零，停滞压力不是常数，在 $42° \leq \theta \leq 90°$ 区域 $\Delta p = 0$。

由于液滴表面停滞压力分布的不确定性，为此根据 Flachsbart 的计算方法，对液滴表面上的停滞压力分布进行了 4 种假设，假设 2 为 Flachsbart 的计算方法，见表 5-2-1。红色箭头指向表示停滞压力方向，指向液滴表面表示液滴受挤压，指向外部表示液滴受抽吸膨胀，红线的长度表示停滞压力的大小。表 5-2-1 还列出了液滴变形的示意图。蓝色箭头方向表示液滴变形过程质点位移方向，蓝色线长度代表质点位移量。当停滞压力方向与位移方向一致时表示气流对液滴做功。当停滞压力与位移方向相反时，液滴对气流做功。

表 5-2-1 液滴变形及液滴表面停滞压力分布示意图

序号	文献	停滞压力 Δp	物理模型	液滴变形
1	Ibrahim 等（1993）	$\frac{1}{2}\rho_G v_G^2$, $0 \leqslant \theta \leqslant \pi/2$		
2	Li 等（2001）	$\frac{1}{2}\rho_G v_G^2$, $0 \leqslant \theta \leqslant \pi/2$		
3	Hsiang 和 Faeth（1992）	$\begin{cases} \frac{1}{2}\rho_G v_G^2, & \theta_1 \leqslant \theta \leqslant \pi/2 + \pi - \theta_1 \\ 0, & 0 \leqslant \theta \leqslant \theta_1, \pi - \theta_1 \leqslant \theta \leqslant \pi \end{cases}$		
4	假设 1	$\begin{cases} \frac{1}{2}\rho_G v_G^2\left(\frac{9}{4}\cos^2\theta - \frac{5}{4}\right), & 0° \leqslant \theta \leqslant 42° \\ 0, & 42° \leqslant \theta \leqslant 90° \end{cases}$		

续表

序号	文献	停滞压力,Δp	物理模型	液滴变形
5	Flachsbart（1946）假设 2	$\begin{cases} \Delta p(\theta) = \dfrac{1}{2}\rho_G v_G^2 \left(\dfrac{9}{4}\cos^2\theta - \dfrac{5}{4}\right), \\ \quad 0 \leqslant \theta \leqslant \pi/3 \\ \Delta p(\theta) = -\dfrac{11}{32}\rho_G u_G^2, \\ \quad \pi/3 \leqslant \theta \leqslant \pi/2 \end{cases}$	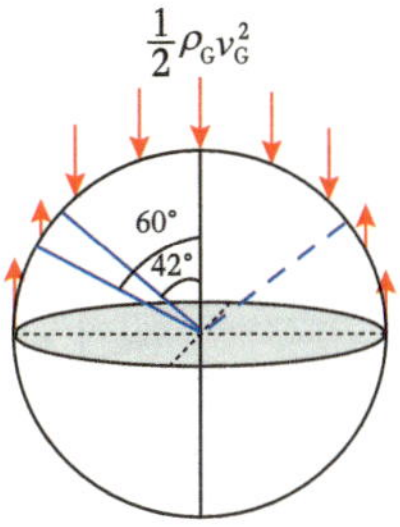	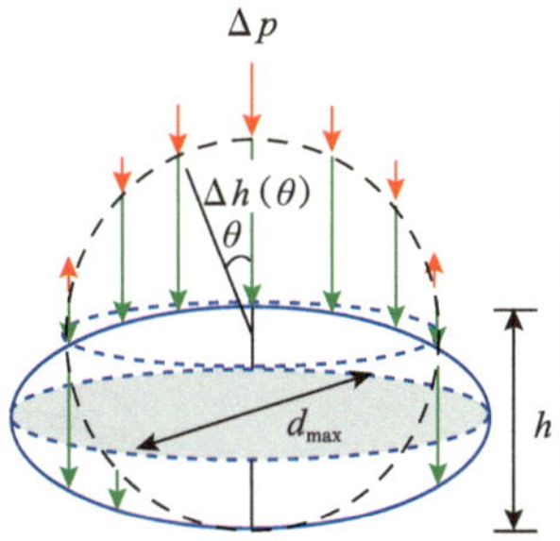
6	假设 3	$\begin{cases} \dfrac{1}{2}\rho_G v_G^2, & 0° \leqslant \theta \leqslant 42° \\ 0, & 42° \leqslant \theta \leqslant 90° \end{cases}$	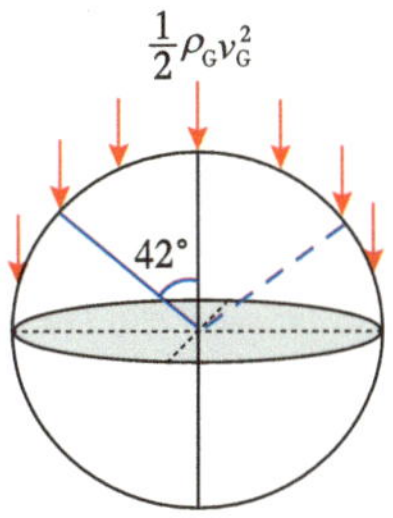	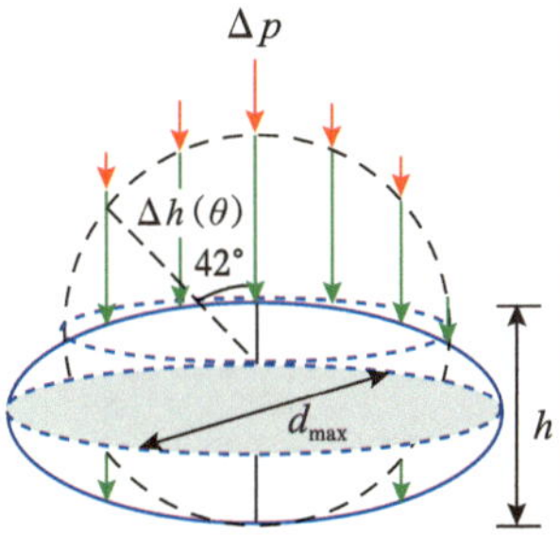
7	假设 4	$\dfrac{1}{2}\rho_G v_G^2,\ 0 \leqslant \theta \leqslant \pi/2$	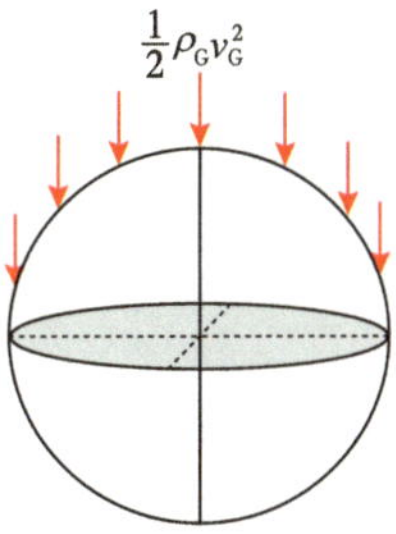	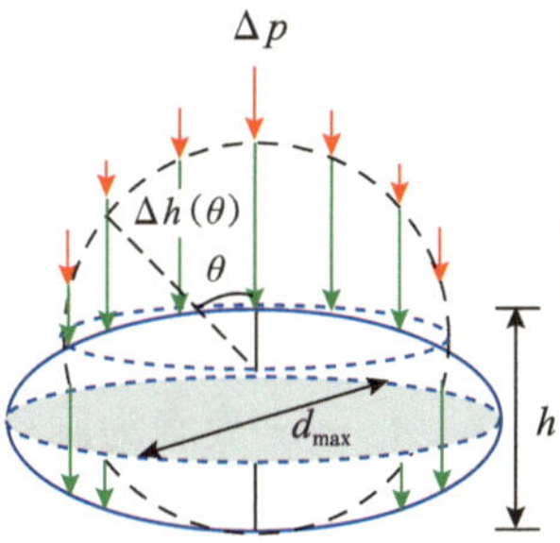

二、新模型推导

模型推导过程中的假设条件如下：

（1）流场为单液滴，忽略水滴间的碰撞和合并。

（2）忽略液滴和气流之间发生的传热与传质。

（3）液滴变形过程中，液滴表面停滞压力分布满足修正的 Flachsbart 规律，停滞压力指向液滴表面表示液滴在停滞压力作用下受挤压，停滞压力背离液滴表面表示液滴受气流的抽吸作用向外拉伸，如图 5-2-1（a）所示。

（4）水滴变形后为规则的椭球状，迎风面为圆形，椭球表面光滑。

（5）液滴变形量以水平面成对称分布，相同 θ（微元面偏离液滴竖直方向的夹角）的微元面位移量 Δh 相同，液滴表面微元径向位移量如图 5-2-1（b）所示。

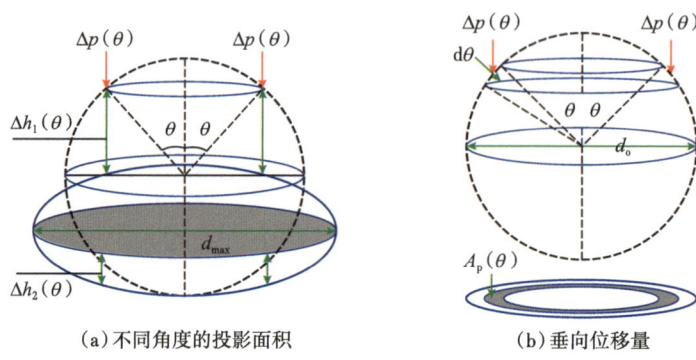

(a) 不同角度的投影面积　　(b) 垂向位移量

图 5-2-1　液滴变形情况

根据能量守恒原理，液滴从初始的圆球状变为椭球状的能量方程可表示为：

$$\Delta E + \Delta W = 0 \quad (5\text{-}2\text{-}1)$$

式中　ΔE——液滴的内能变化，J；

　　　ΔW——液滴变形过程对外所做的功，J。

液滴从初始的圆球状变形为椭球状后，表面积增加，表面能增加，在该过程中将消耗液滴的内能，液滴内能的变化量等于表面能的变化量：

$$\Delta E = \sigma \Delta A_s = \sigma (A_{s2} - A_{s1}) \quad (5\text{-}2\text{-}2)$$

式中　A_{s1}——液滴为圆球状的表面积，m^2；

　　　A_{s2}——液滴变形为椭球状后的表面积，m^2。

悬浮在气流中的液滴，由于迎风面和背风面各点气流速分布不等，液滴表面压力与气流之间的差压不等，在这样的情况下，液滴将发生变形并做功。所做总功量可通过对整个液滴表面积分得到：

$$\Delta W = \int_0^\pi \Delta p(\theta) A(\theta) \Delta h(\theta) \mathrm{d}\theta \quad (5\text{-}2\text{-}3)$$

式中　θ——微元面偏离液滴竖直方向的夹角，rad；

　　　$A(\theta)$——液滴表面微元面面积，m^2；

　　　$\Delta p(\theta)$——液滴微元表面的滞止压力或抽吸压力，Pa；

　　　$\Delta h(\theta)$——微元表面的径向位移量，m。

Flachsbart 研究认为，当 1000＜Re＜200000 时，气流绕流球体表面的滞止压力分布满足：

$$\begin{cases} \Delta p(\theta) = \dfrac{1}{2}\rho_{\mathrm{G}}u^2\left(\dfrac{9}{4}\cos^2\theta - \dfrac{5}{4}\right), & 0 \leqslant \theta < \pi/3 \\ \Delta p(\theta) = -\dfrac{11}{32}\rho_{\mathrm{G}}u^2, & \pi/3 < \theta \leqslant \pi \end{cases} \quad (5\text{-}2\text{-}4)$$

由式（5-2-4）可知，液滴的背风面 $0°\leqslant\theta\leqslant 42°$ 的区域，$\Delta p(\theta)>0$，液滴表面受到挤压作用而发生压缩变形；而 $42°\leqslant\theta\leqslant 180°$ 的区域，$\Delta p(\theta)<0$，液滴将受到拉伸作用而向外扩张变形。

但是，根据 Ibrahim 等、Liu 和 Reitz 等的研究，当气流绕流液滴时，在液滴赤道面附近区域，气流速最大，在液滴的两极气速度为零，根据伯努利方程，气流压力在液滴的两极最大，在液滴赤道面附近最小，液滴受压缩。同时根据 DDB 模型，Ibrahim 等指出在液滴背风面极轴区域，气流的压力远小于 $\rho_{\mathrm{G}}v_{\mathrm{G}}^2/2$，为此，在 Flachsbart 提出的关系式基础之上，对液滴表面压力分布进行了修正，见式（5-2-5）：

$$\begin{cases} \Delta p(\theta) = \dfrac{1}{2}\rho_{\mathrm{G}}v_{\mathrm{G}}^2\left(\dfrac{9}{4}\cos^2\theta - \dfrac{5}{4}\right), & 0°\leqslant\theta<42° \\ \Delta p(\theta) = 0, & 42°<\theta\leqslant 180° \end{cases} \quad (5\text{-}2\text{-}5)$$

为简化计算，假设液滴以赤道面成对称变形，如图 5-2-1（b）所示。椭球体投影面直径为 d，且 $d=kd_{\mathrm{o}}$，根据液滴变形前后体积相等知，$\pi d^2 h/6 = \pi d_{\mathrm{o}}^3/6$，可导出椭球体高度 $h=d_{\mathrm{o}}/k^2$。因此，液滴变形过程中微元面径向位移量 $\Delta h(\theta)$ 为：

$$\Delta h(\theta) = \Delta h_1(\theta) + \Delta h_2(\theta) = d_{\mathrm{o}} - \dfrac{d_{\mathrm{o}}}{k^2} \quad (5\text{-}2\text{-}6)$$

将式（5-2-5）、式（5-2-6）代入式（5-2-4）中，计算得到液滴变形过程气流对液滴做功量：

$$\Delta W = \dfrac{1}{16}C_{\mathrm{f}}\rho_{\mathrm{G}}v_{\mathrm{G}}^2\pi d_{\mathrm{o}}^3\left(5.27 - \dfrac{5.27}{k^2}\right) \quad (5\text{-}2\text{-}7)$$

式中 C_{f}——液滴表面平均压力与液滴滞止压力的比值。

$$C_{\mathrm{f}} = \dfrac{\int_0^{\pi/2} p(\theta)A_{\mathrm{p}}(\theta)\mathrm{d}\theta}{\rho_{\mathrm{G}}v_{\mathrm{G}}^2\pi d_{\mathrm{o}}^2/8} = \dfrac{1.50}{5.27} \quad (5\text{-}2\text{-}8)$$

变形后的液滴表面积为：

$$A_{s2} = 2\pi\left[\left(\frac{d}{2}\right)^2 + \left(\frac{h}{2}\right)^2\right] = \frac{1}{2}\pi\left(k^2 + \frac{1}{k^4}\right)d_o^2 \quad （5-2-9）$$

引入韦伯数：

$$We = \frac{d_o \rho_G u_G^2}{\sigma} \quad （5-2-10）$$

整理式（5-2-7）、式（5-2-9）、式（5-2-10）得：

$$We\left(1.50 - \frac{1.50}{k^2}\right) = 25.1\left(k^2 + \frac{1}{k^4} - 2\right) \quad （5-2-11）$$

从式（5-2-11）可知，液滴的最大变形量取决于液滴的韦伯数。

第三节 模型准确性评价及分析

一、模型评价

采用 Wierzba、Krzeczkowski[192]、Hsiang 和 Faeth、Chou 和 Faeth[193] 等的实验结果对新建模型、DDB 模型、Hsiang 和 Faeth 经验模型预测的液滴最大椭球度进行了评价，模型预测值与测试值对比列于图 5-3-1 和表 5-3-1。这些实验数据的流体介质为水，$Oh < 0.1$，属于低黏度液体。模型评价结果见表 5-3-1，新模型计算值与测试值吻合，平均绝对误差为 9.53。Hsiang 和 Faeth 经验模型的平均绝对误差为 6.83%，DDB 模型的平均绝对误差为 31.8%。新模型、Hsiang 和 Faeth 经验模型比 DDB 模型的准确性好。考虑到 Hsiang 和 Faeth 经验模型是根据这些数据进行拟合得到的，这次评价又使用相同的数据进行评价，准确性自然会很好。另外，新模型是通过能量守恒和质量守恒建立的算法，属于机理模型，适用范围宽。

为简单起见，本模型在推导过程中忽略了质心横向运动和黏性耗散引起的能量耗散，这导致预测值略大于实测值，特别是对于韦伯数和液滴变形量较大的情况。但是，如果将质心横向运动和黏性耗散引起的能量耗散考虑进去，模型建立将非常复杂，并且难以得到解析式。

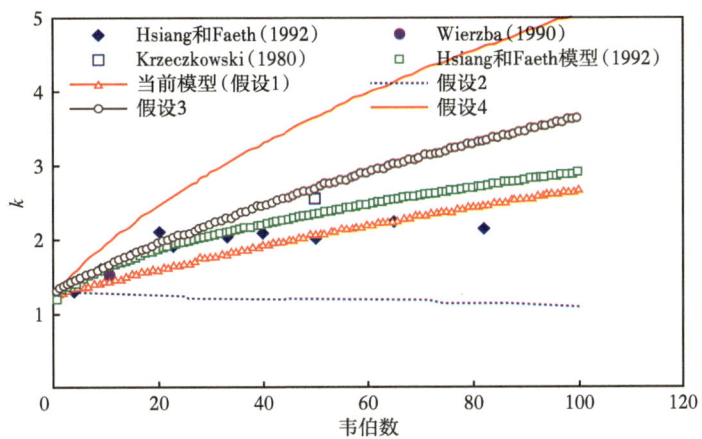

图 5-3-1　模型预测值与测试值对比

表 5-3-1　椭球液滴高宽度预测值与测试值对比

数据源	We	测试 d_{max}/d_o	DDB 模型（1993）	Hsiang 和 Faeth 模型（1992）	新模型
Hsiang 和 Faeth（1992）	4.0	1.30	—	1.38	1.33
	9.0	1.59	—	1.57	1.42
	14.5	1.78	—	1.72	1.54
	20.0	2.08	1.06	1.85	1.60
	23.0	1.92	1.22	1.91	1.66
Chou 和 Faeth（1998）	33.0	2.06	1.75	2.09	1.81
	40.0	2.10	2.12	2.20	1.93
	50.0	2.00	2.65	2.34	2.05
	65.0	2.23	3.45	2.53	2.26
Wierzba（1990）	11.0	1.50	0.58	1.63	1.45
Krzeczkowski（1980）	50.0	2.53	2.65	2.34	2.05
平均绝对误差 /%			31.80	6.83	9.53

二、停滞压力计算方法的影响

在模型建立过程中，对于 $0°\leqslant\theta\leqslant42°$ 的区域，停滞分布压力计算采用了 Flachsbart 方法。对于液滴的整个背风侧，即 $0°\leqslant\theta\leqslant90°$ 的区域，停滞压力计算都使用 Flachsbart 的计算方法，即假设 2，则预测的最大椭球度远低于测量值，平均误差为 39.9%

（图5-3-1、表5-3-2）。其主要原因是气流对液滴所做总功是负值，表明液滴变形过程液滴反而对气流做功，不遵循能量守恒原理。这也表明整个液滴表面上平均停滞压力大于Flachsbart公式计算的平均值。同时，还给出了假设3和假设4的预测结果。两种假设情况下的预测结果都比测量值大得多，特别是在液滴韦伯数和液滴变形较大时，原因之一是整个背风面的平均停滞压力远低于极点的停滞压力$p_G v_G^2/2$。造成这一结果的另一个原因可能是对黏性耗散的忽略。但是，Rourke、Amsden和Clark指出，在液滴破碎临界条件，液滴动能和黏性耗散都可以忽略不计。这说明本书中采用的滞止压力分布计算方法，即假设1是可接受的。为了更准确预测平行气流中液滴最大椭球度，需进一步深入研究停滞的压力分布规律。

表 5-3-2　液滴表面压力分布规律对模型准确性的影响

滞止压力分布	假设1	假设2	假设3	假设4
C_f 值	0.285	−0.032	0.680	1.000
平均绝对误差 /%	9.53	39.90	15.40	50.30

第六章　气井井筒单液滴动力学特征

气井携液液滴模型认为井内最大液滴回落是导致气井积液的首要因素。气井井筒条件下环状流场中液滴的动力学特征，尤其是液滴形状特征、曳力系数及其破碎条件是研究液滴携带规律的重要基础。这些参数可通过实验测量，也可通过建模计算。气井井筒高温高压下的实验测试成本高、难度大，数值模拟方法为其研究提供了手段[194]。

本章介绍了液滴动力学特征的数值模型和求解方法，模型中采用流体体积函数法（VOF）模拟液滴表面的结构，利用直接数值模拟方法（DNS）模拟液滴周围气体的湍流场；根据数值模拟结果，揭示了不同韦伯数下的液滴形状特征、曳力系数及液滴破裂的临界韦伯数，分析了曳力系数的构成；在其基础之上建立了单液滴携带临界气流速预测模型，并与现有模拟进行了对比，说明了模型的准确性。

第一节　数值模型及求解方法

一、基本方程

模拟流场由两种不可压缩且不混溶的流体组成，代表液相和气相。施加在流体上的力包括重力、表面张力和黏度应力。描述不可压缩、黏性、不混溶流体的控制方程如下所述：

$$\nabla \cdot \boldsymbol{U} = 0 \qquad (6-1-1)$$

$$\frac{\partial(\rho \boldsymbol{U})}{\partial t} + \nabla \cdot (\rho \boldsymbol{U} \boldsymbol{U}) = -\nabla p + \nabla \cdot \left\{ \mu \left[\nabla \boldsymbol{U} + (\nabla \boldsymbol{U})^{\mathrm{T}} \right] \right\} + f_{\mathrm{Sur}} + \rho g + F_{\mathrm{B}} \qquad (6-1-2)$$

式中　$\boldsymbol{U}$——笛卡儿坐标系中的速度矢量；

p——压力，Pa；

t——时间，s；

$\nabla \cdot$——矢量散度算子；

∇——标量梯度算子；

f_{Sur}——界面处由表面张力引起的体积力，N；

ρ——密度，kg/m^3；

μ——黏度，$Pa·s$；

F_B——以源项形式添加的体积力，N；

g——重力加速度，m/s^2；一般取9.8。

气液界面的研究是目前研究的重点，使用了流体体积函数法（VOF）研究气液界面结果。对于相分布计算，在空间中采用指示函数 α 来识别网格中的组分。定义如下：对于充满气相的网格单元，$\alpha_L=0$；对于气液界面处的单元，$0<\alpha_L<1$；对于充满液相的单元，$\alpha_L=1$。

由于数值扩散，气液界面分辨率降低，因此，对流项的离散化是最重要的。为了保证气液界面的分辨率，Weller[195]和Chen等[196]在相分数方程中增加了一个人工对流项：

$$\frac{\partial \alpha_L}{\partial t}+\nabla\cdot(\alpha_L \boldsymbol{U}_L)+\nabla\cdot[v_c\alpha_L(1-\alpha_L)]=0 \quad (6-1-3)$$

其中 $\nabla\cdot[v_c\alpha_L(1-\alpha_L)]$ 是一个额外的人工对流项，也称压缩项。数值扩散可以通过增加附加对流项来限制或逆转，而 ∇ 保证守恒，$\alpha_L(1-\alpha_L)$ 保证有界性。人工对流项可以包含在相分数方程中以通过选择接口压缩等效值 v_c 的形式来捕获界面：

$$v_c=n_f\min(c_f|v|,\max|v|)\frac{\nabla\alpha_L}{|\nabla\alpha_L|} \quad (6-1-4)$$

其中，$\max(|v|)$ 在任何域中都是 $|u|$ 的最大返回值，$|v|$ 由压力—速度耦合算法确定，c_f 是压缩常数。n_f 是界面区域中一个单元面上的单位法向流量，它由使用内插到单元面的相分数梯度计算：

$$n_f=\frac{(\nabla\alpha_L)_f}{[(\nabla\alpha_L)_f+\delta_n]}\boldsymbol{S}_f \quad (6-1-5)$$

式中 $\boldsymbol{S}_f$——单元面上的表面法向矢量；

δ_n——一个稳定因子，用于说明网格的不均匀性。

$$\delta_n=\frac{\varepsilon}{\left(\sum_{i=1}^n V_i/n\right)^{1/3}} \quad (6-1-6)$$

式中 n——单元数量；

V_i——单元体积；

ε——参数，在本书中设为 10^{-8}。

计算单元中的混合物理性质可以由体积分数的值计算：

$$\rho = \rho_G(1-\alpha_L) + \rho_L\alpha_L \tag{6-1-7}$$

$$\mu = \mu_G(1-\alpha_L) + \mu_L\alpha_L \tag{6-1-8}$$

气液表面的表面张力会产生一个额外的压力梯度力，使用 CSF 模型对每个单位单元体积进行评估：

$$f_{\text{Sur}} = \frac{\sigma\rho k \nabla \alpha_L}{(\rho_L + \rho_G)/2} \tag{6-1-9}$$

其中自由表面的平均曲率由式（6-1-10）确定：

$$k = -\nabla \cdot \left(\frac{\nabla \alpha_L}{|\nabla \alpha_L|} \right) \tag{6-1-10}$$

液滴在其自身重力和曳力的作用下加速或减速，作用于液滴的曳力可以通过式（6-1-2）的 N-S 方程在液滴体积上积分获得。根据高斯定理，体积积分可以转化为表面积分。在目前的研究中，空气沿 y 方向流动（从下到上），由于气泡周围的空气场呈对称分布，曳力方向被认为在垂直方向上。所以 y 方向上的曳力可以通过式（6-1-11）进行积分：

$$F_{D,y} = \iiint_\Omega \rho_L \frac{\partial v}{\partial t} d\Omega + \iint_\Gamma \left\{ \rho_L \left(vun_x + vvn_y + vwn_z \right) + pn_y \right. \\ \left. -\mu \left[\left(2n_y \frac{\partial v}{\partial y} \right) + n_x \left(\frac{\partial v}{\partial x} + \frac{\partial u}{\partial y} \right) + n_z \left(\frac{\partial w}{\partial y} + \frac{\partial v}{\partial z} \right) \right] \right\} d\Gamma \tag{6-1-11}$$

式中 Ω——液滴控制体；

Γ——Ω 的表面；

n_x，n_y，n_z——垂直于表面的单位矢量；

u，v，w——x，y，z 方向的速度分量。

由式（6-1-11）可知，总曳力系数由四部分组成或产生四种作用。一是液滴加速，二是液滴内部循环，由于液滴内部速度梯度使得液滴变形和内部循环，三是不同压差，来自液滴迎风面和背风面之间的压差，最后是克服液滴表面摩擦的黏滞阻力。后三项是通过对液滴表面单元进行微分来计算的。在式（6-1-11）中，$n_x\Gamma_{\text{cell}}$、$n_y\Gamma_{\text{cell}}$、$n_z\Gamma_{\text{cell}}$（Γ_{cell} 是表面单元面积大小）实际是液滴表面在 x、y、z 方向上的投影面积，可以通过相分数梯度和单元体积计算得到。

液滴前后压差产生的曳力可以简化为：

$$F_{\Delta p} = \sum_{\substack{j\in(0<\alpha(j)<1)\\ \cap\alpha(j^{\text{down}})=0}} p_j A_j - \sum_{\substack{i\in(0<\alpha(i)<1)\\ \cap\alpha(i^{\text{up}})=0}} p_i A_i \qquad (6\text{-}1\text{-}12)$$

式中　$p_j A_j$——施加在液滴迎风面的单元 j 上的压力，N；

　　　$p_i A_i$——施加在液滴背风面单元 i 上的压力，N；

　　　i^{up} 或 j^{down}——液滴表面单元的上方或下方单元，对于该单元，相分数 $\alpha=0$。

式（6-1-12）中的曳力实际上是具有相同形状的刚性颗粒的曳力。该方程是沿液滴表面积分得到，从体积力计算液滴的总曳力系数，如下：

$$C_D = \frac{2F_B}{\rho v^2 A_{\text{front}}} \qquad (6\text{-}1\text{-}13)$$

式中　A_{front}——基于球形液滴初始直径 D 的面积。

$$A_{\text{front}} = \pi D^2 / 4 \qquad (6\text{-}1\text{-}14)$$

对液滴施加体积力以使其保持在恒定的位置，可以在每个计算时间步骤中从牛顿第二定律计算：

$$F_{B,t} + m_{\text{drop}}g - F_D = m_{\text{drop}} a_{\text{drop},t} = m_{\text{drop}} \left(v_{\text{drop},t} - v_{\text{drop},t-\Delta t} \right) / \Delta t \qquad (6\text{-}1\text{-}15)$$

式中　m_{drop}——液滴质量，kg；

　　　$a_{\text{drop},t}$——当前时间 t 在体力 $F_{B,t}$ 作用下的加速度，m/s²；

　　　$v_{\text{drop},t}$，$v_{\text{drop},t-\Delta t}$——当前时刻 t 和之前计算时间 $t-\Delta t$ 的液滴质心速度，m/s。

由于每个计算时间步长的液滴质心速度等于零，因此，式（6-1-15）中 $v_{\text{drop},t-\Delta t}$ 等于零，则式（6-1-15）可以简化为：

$$F_{B,t} = m_{\text{drop}} v_{\text{drop},t} / \Delta t = m_{\text{drop}} \left(y_{\text{drop},t} - y_{\text{drop},0} \right) / \Delta t + F_D - m_{\text{drop}} g \qquad (6\text{-}1\text{-}16)$$

$y_{\text{drop},0}$ 是 y 方向上的初始质心，$y_{\text{drop},t}$ 是当前时间 y 方向的质心并由式（6-1-17）计算得：

$$y_{\text{drop},t} = \sum_{i\in 0<\alpha(i)\leq 1} V_i y_i \alpha_{i,t} \qquad (6\text{-}1\text{-}17)$$

式中　V_i——单元 i 的体积，m³；

　　　y_i——单元 i 在 y 方向上的质心，m。

事实上，F_D 未知，因此，质心中心 $y_{\text{drop},t}$ 是体力 $F_{B,t}$ 的隐式函数：

$$y_{\text{drop},t} = f(F_{\text{B},t}) \qquad (6-1-18)$$

牛顿迭代求根方法被用来计算体积力，计算式如下：

$$F_{\text{B},t} = F_{\text{B},t,\text{old}} - \frac{y_{\text{drop},t}}{\text{grad}(y_{\text{drop},t})_{F_{\text{B},t}}} \qquad (6-1-19)$$

$y_{\text{drop},t}$ 是质心在上一体积力 $F_{\text{B},t,\text{old}}$ 条件下的根，$F_{\text{B},t,\text{new}}$ 是当前体积力的根，$\text{grad}(y_{\text{drop},t})$ 是液滴质心位置 $y_{\text{drop},t}$ 对体积力的变化梯度。

在获得体积力后，瞬态曳力可以由式（6-1-20）计算：

$$F_{\text{D},t} = F_{\text{B},t} + m_{\text{drop}}g \qquad (6-1-20)$$

当前时间的瞬态曳力系数为：

$$C_{\text{D},t} = \frac{2F_{\text{D},t}}{\rho v^2 A_{\text{front}}} \qquad (6-1-21)$$

根据 Prahl[197] 等的研究，施加这种人为体积力项对液滴变形和破裂的影响可以忽略不计。

二、求解方法

式（6-1-1）和式（6-1-2）使用基于单元中心的有限体积法进行离散化。瞬态项和源项使用中心差分进行离散化并沿单元体积进行积分。应用高斯定理将扩散项和对流项差分转化为单元体表面积分，单元面的值利用 van Leer 通量限制求解[198]。通过面积分来计算单元体的值，单元面的值通过插值计算。为了保证解的有效范围，Jasak[199]、Waterson 和 Deconinck[200] 的求解方案被用于对流项的离散化。此外，时间微分项使用隐式 Euler 方法进行离散，该方法无条件稳定，一阶时间准确，并保证解的有界性。

相函数式（6-1-3）也使用基于单元中心的有限体积法进行离散化处理，并对整个单元体积和时间进行积分。时间导数项使用隐式 Euler 方法进行离散化。基于归一化变量图（NVD）的方案用于单元面插值。插值面值可以从相邻计算点的变量值中获得。

整个求解过程基于 PIMPLE 算法，总结如下：

（1）在每个计算时间步骤之前保存所有初始场，包括速度 v^0、压力 p^0、体积分数 α^0；
（2）求解相分数方程式（6-1-3）获得更新的体积分数场；
（3）通过式（6-1-7）和式（6-1-8）更新流体性质；
（4）通过 PIMPLE 动量压力耦合算法更新速度和压力场；
（5）用牛顿迭代程序计算体力：

①从 v^0、p^0、α^0 三个初始场参数恢复初始场；
②使用 PIMPLE 算法计算新的速度和压力场作为步骤（4）；
③根据之前的曳力修正曳力 $F_{t,\text{old}}$；
④计算旧体力下的质心中心 $y_{\text{drop},t,\text{old}}$；
⑤重复步骤①和②直到 $y_{\text{drop},t}$ 满足预定的公差。
（6）根据式（6-1-16）计算体力；
（7）利用式（6-1-20）和式（6-1-21）计算曳力和曳力系数；
（8）返回步骤（1）并计算下一个新计算时间步的新场。

第二节 几何模型及参数设置

一、几何模型

在连续均匀速度场中放置一个液滴，计算域是一个边长为 $64D$ 的立方体，如图 6-2-1 所示。将液滴置于该区域的中心，即 $(x,y,z)_{\text{drop}}=(32D,32D,32D)$。通过施加体积力将液滴保持在恒定位置，这是从式（6-1-16）计算出来的。最初，液滴是直径为 D 的球形，并且液滴质心的速度在整个计算时间内为零。均匀气流被引入作为入口边界条件，出口是相对压力边界条件，其值为零。网格用七级局部细化，最大网格长度等于计算域最外面液滴直径，最小网格长度在液滴邻近区域，大小为液滴直径的 1/32 倍。

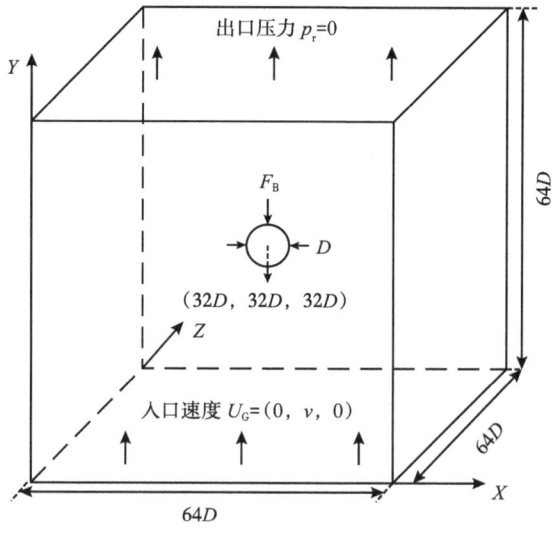

图 6-2-1 运动气体流动中的液滴示意图

在本书中使用液滴纵横比来量化液滴的变形量,一些学者将其称为变形因子。雷诺数和韦伯数是基于气体的流速来定义的,因为液滴始终保持为零。

$$k = \frac{a}{b}, \quad Re_d = \frac{\rho_G v D_d}{\mu_G}, \quad We_d = \frac{\rho_G v^2 D_d}{\sigma} \qquad (6-2-1)$$

式中 k——变形因子;

　　a——液滴高度,m;

　　b——变形液滴的横向直径,m;

　　v——自由气流速度,m/s;

　　ρ_G——气体密度,kg/m³;

　　D_d——初始液滴直径,m;

　　μ_G——气体动力学黏度,Pa·s;

　　σ——表面张力,N/m。

为了利用 Reinhare[201] 的实验数据来验证模拟结果,在本模拟中使用了表 6-2-1 中的参数。液体与气体的黏度比为 833,液体与气体的密度比为 12。

表 6-2-1　模拟条件及参数

σ/(N/m)	D_d/mm	μ_L/(Pa·s)	μ_G/(Pa·s)	ρ_G/(kg/m³)	ρ_L/(kg/m³)	U_G/(m/s)	Re_P
0.07	4	2.0×10⁻⁴	1.67×10⁻⁵	1.2	1000	4.0	1150
0.07	4	2.0×10⁻⁴	1.67×10⁻⁵	1.2	1000	8.0	2300
0.07	4	2.0×10⁻⁴	1.67×10⁻⁵	1.2	1000	10.0	2874
0.07	4	2.0×10⁻⁴	1.67×10⁻⁵	1.2	1000	13.2	3794

二、网格尺寸优选

为了研究网格分辨率对模拟结果的影响,测试了三种局部加密方案。网格局部加密方案如图 6-2-2 所示。框代表不同分辨率的网格加密级数;从最外层到内层,网格尺寸逐级减半。本书中模拟了三套网格方案对结果的影响,三套方案分别采用 5 级、6 级、7 级网格加密,最细的网格尺寸分布为液滴尺寸的 1/16、1/32 和 1/64。

在 $We=1.1$ 和 $Re=1150$ 的情况下,首先测试了网格加密对曳力系数的影响。图 6-2-3 显示了曳力系数随时间的变化。显然,随着网格局部加密级数的增加,曳力变得更加连续和稳定。六级加密方案结果与七级加密方案结果之间的差异很小。因此,本书的所有案例都采用了六级网格局部加密方案。

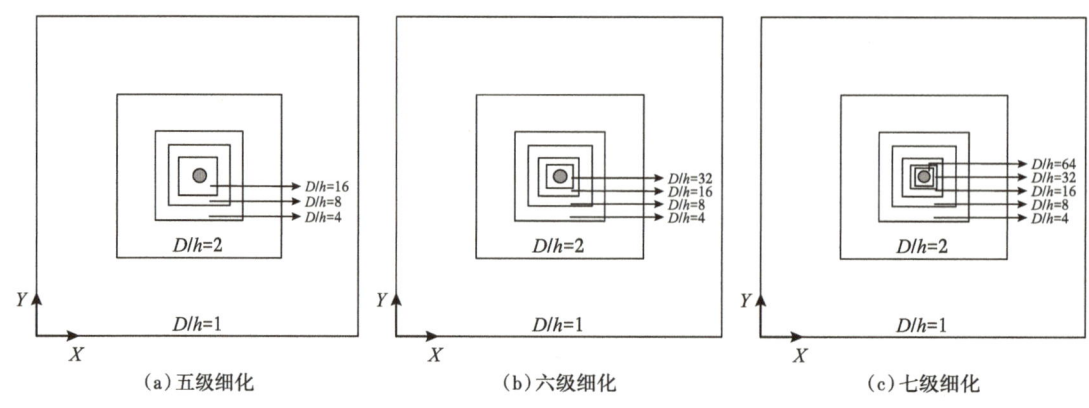

图 6-2-2 网格细化方案

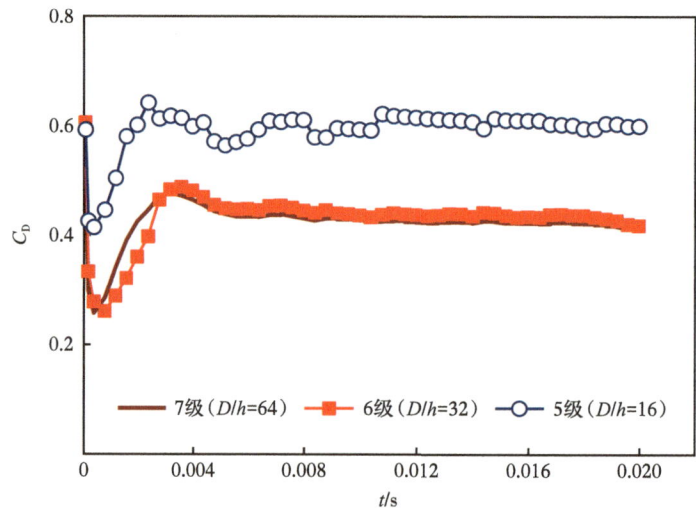

图 6-2-3 曳力系数 C_D 和椭球度 R 随网格层数和分辨率的变化（$We=1.1$，$Re=1150$）

第三节 模拟计算及分析

一、准确性评价

Reinhare 测量了大气中下落水滴终极曳力系数和高宽比。Loth[202] 对 Reinhare 实验数据进行拟合，提出了两个经验关系式计算了曳力系数和高宽比：

$$E = 1 - 0.75 \tanh(0.11We), \quad We < We_{crit} \quad (6-3-1)$$

$$C_D = 2.25\Delta C_D^* + 0.42 \tag{6-3-2}$$

式中 ΔC_D^*——曳力系数增量。

$$\Delta C_D^* = 1.05 / \left[1 + 46.3\exp\left(-0.005 We Re_P^{0.2}\right)\right]^2 \tag{6-3-3}$$

在模型的评价中，采用式（6-3-1）和式（6-3-3）计算的结果值作为相应实验测试值。

数值模拟得出的曳力系数和高宽比与经验关系式计算值对比见表 6-3-1。曳力系数的平均绝对百分误差为 9.98%，高宽比的平均绝对百分误差为 11.45%。除韦伯数为 12 以外，模拟得到高宽比 0.24 远小于实验测量值 0.32，其他模拟高宽比均与实验测量值吻合。然而，Quan 等和 Helenbrook[203] 等在韦伯数为 12 条件下高宽比模拟值为 0.2，与当前模拟值非常接近。

表 6-3-1 模拟结果与实测值做对比

模拟参数（无量纲）			经验式计算结果（无量纲）		当前数值模拟结果（无量纲）		百分误差 /%	
U_G	Re_P	We	C_D	E	C_D	E	C_D	E
4.0	1150	1.10	0.46	0.91	0.40	0.90	−13.00	−1.09
8.0	2300	4.39	0.64	0.66	0.70	0.74	9.37	11.50
10.0	2874	6.86	0.86	0.52	0.95	0.53	10.47	1.59
13.2	3794	11.95	1.70	0.35	1.82	0.24	7.06	−31.60
平均绝对百分误差 /%							9.98	11.45

图 6-3-1 对比了实验测试的空气中下落水滴的形状和数值模拟的液滴形状。从图 6-3-1 可知，模拟的液滴形状与测量的液滴形状非常吻合。

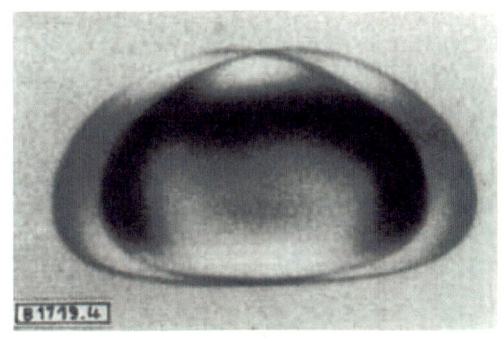
(a) 测量的液滴形状

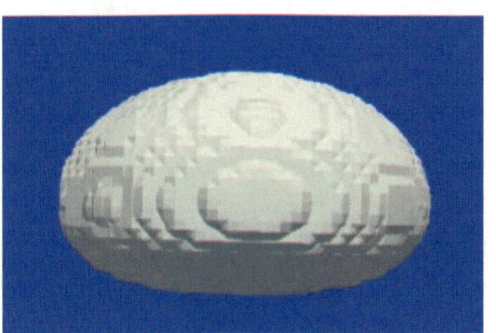
(b) 模拟的液滴形状（$We = 6.86$, $t = 0.0172$ s）

图 6-3-1 测量液滴形状与模拟液滴形状做对比

二、液滴的形状特征

图 6-3-2 至图 6-3-5 中显示了韦伯数为 1.1、4.39、6.86 和 11.95 情况下的液滴变形过程。在保持其他参数相同的情况下，通过增加气流速来增加液滴的韦伯数。从图 6-3-2 至图 6-3-5 可知，气流速在液滴赤道区域具有最大值，在液滴前滞点附近具有最小值，液滴后滞点附近的压力有一定程度的增加。根据伯努利定律，液滴的前部和后部压力最高，两侧压力最低。这又会使液滴从其初始球状变形成椭球状，液滴在垂直于气流的径向方向膨胀，在流动方向上受压缩。从图 6-3-5 可知，在韦伯数为 1.1 的情况下，液滴的变形较明显。比较图 6-3-2 至图 6-3-5 可知，随着韦伯数增加，液滴越来越扁平，液滴的椭球度越来越大。

对于韦伯数为 1.1，液滴正面和背面关于赤道面对称性压缩，液滴为透镜状。而对于韦伯数为 5 和 8 的情况，液滴的背风面是半透镜状，而液滴前表面相对较平坦。当韦伯数增加到液滴破裂的临界值时，液滴变薄，然后逐渐发展成内凹，如图 6-3-5 所示。模拟中发现的液滴破碎的临界韦伯数约 12，该值略微小于小雷诺数条件下实验测试或数值模拟值。

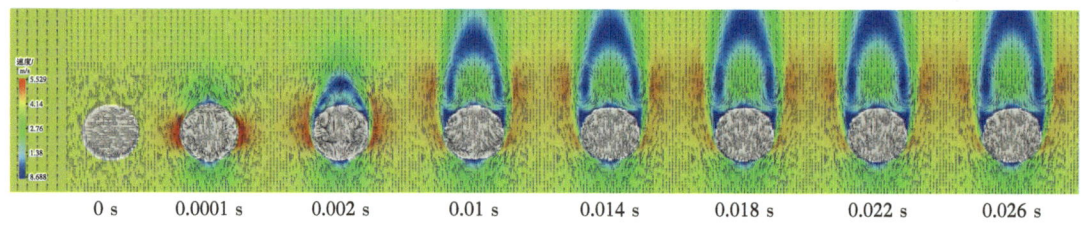

图 6-3-2　变形（U_G=4 m/s，We=1.1，Re=1150）

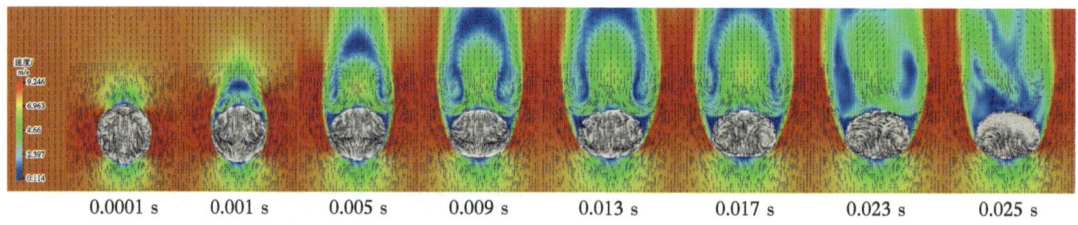

图 6-3-3　变形（U_G=8 m/s，We=4.39，Re=2300）

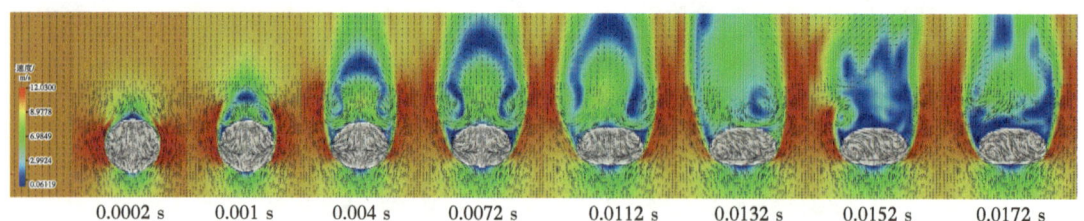

图 6-3-4　变形（U_G=10 m/s，We=6.86，Re=2874）

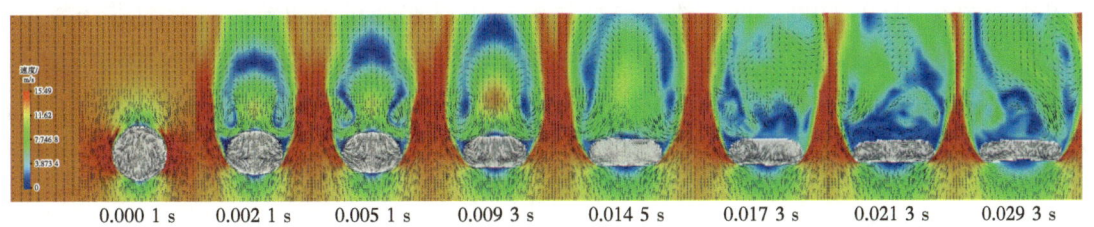

0.000 1 s　　0.002 1 s　　0.005 1 s　　0.009 3 s　　0.014 5 s　　0.017 3 s　　0.021 3 s　　0.029 3 s

图 6-3-5　在临界破裂点附近的变形和断裂起始（U_G=13.2 m/s，We=11.95，Re=3794）

图 6-3-2 至图 6-3-5 也显示了液滴内的速度矢量。在液滴表面上，流动方向与气流相同，而中心与液滴的气流方向相反。当液滴变形达到稳定后，液滴的左侧和右侧逐渐出现两个规则的内循环圆圈，类似于猫眼。

三、液滴周向压力分布特征

图 6-3-6 显示了液滴周围的动压力分布及其液滴界面，在液滴的前后有一个高压区，在液滴的赤道附近有一个低压区。最大压力位于迎风面，最低压力位于赤道区域，液滴背部区域压力有一定程度的恢复。当液滴雷诺数为 1150，压力分布关于液滴中心线对称，这是因为液滴处于层流流场。但是，当液滴雷诺数增加到 2300 时，压力分布变得不规则，这是因为液滴附近区域产生了湍流场。因此，根据目前的研究，可以判定从层流到湍流的

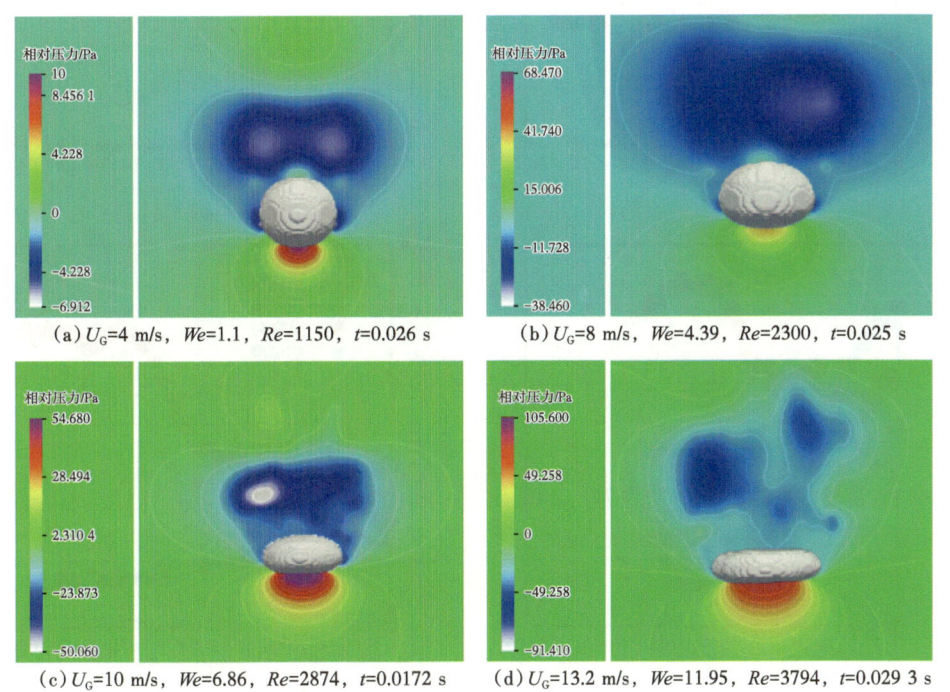

(a) U_G=4 m/s，We=1.1，Re=1150，t=0.026 s

(b) U_G=8 m/s，We=4.39，Re=2300，t=0.025 s

(c) U_G=10 m/s，We=6.86，Re=2874，t=0.017 2 s

(d) U_G=13.2 m/s，We=11.95，Re=3794，t=0.029 3 s

图 6-3-6　液滴形状和动态压力轮廓

临界雷诺数在 1150~2300 之间，通过改变气流速可以准确找到向湍流过渡的雷诺数。根据 Loth 所做的文献综述，气流中未被污染水滴的临界雷诺数是 1800。随着雷诺数的增加，湍流变得越来越强烈。从图 6-3-6 中可以清楚地看到，在液滴背面上的不平衡压力分布作用下，液滴在赤道面上稍微倾斜。

四、曳力系数构成

图 6-3-7 给出了对应韦伯数条件下液滴的高宽比和曳力系数随时间的变化。从图 6-3-7 可以看出，韦伯数等于 1 时，液滴变形明显，韦伯数增加时液滴具有更大的变形和更小的高宽比。另外，液滴早期变形较快，后期变形较慢。这是由于液滴变形后，表面张力抑制变形的作用越来越显著，表面张力抑制了液滴变形速度。液滴高宽比随时间的变化与 Quan 等的模拟结果相似。

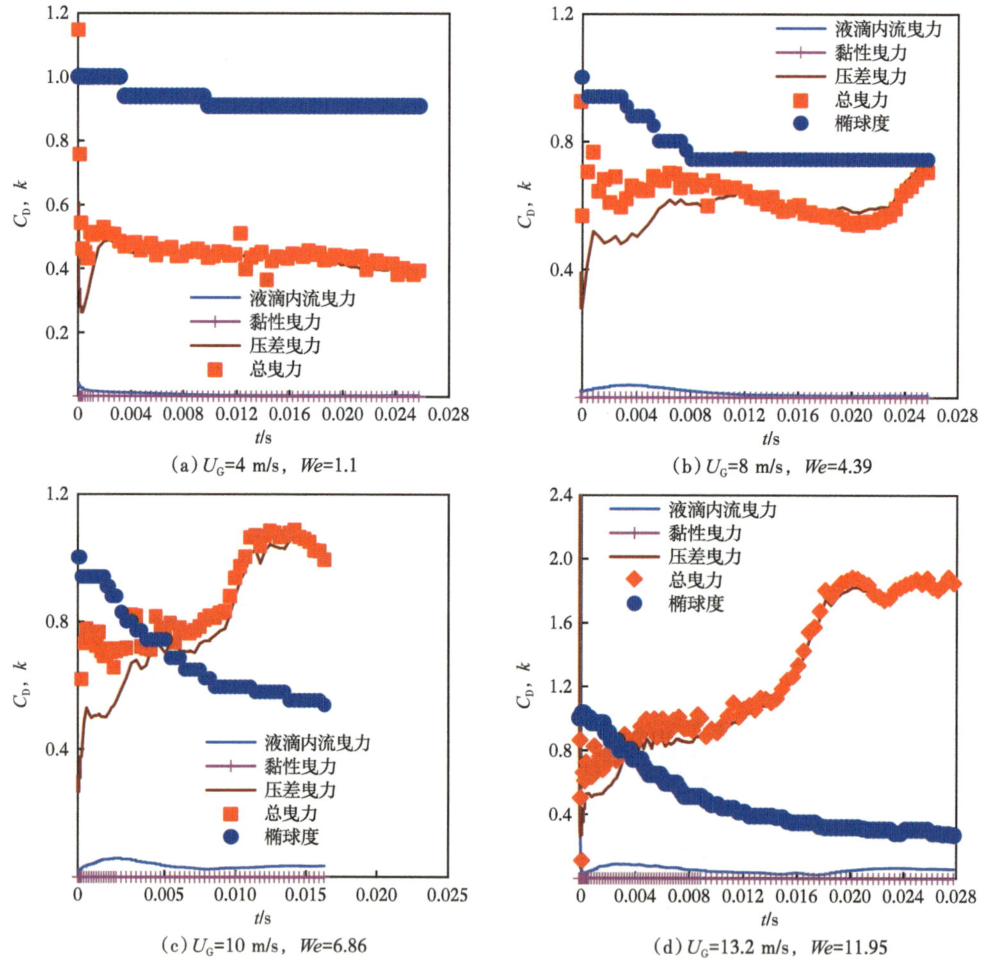

(a) U_G=4 m/s，We=1.1　(b) U_G=8 m/s，We=4.39

(c) U_G=10 m/s，We=6.86　(d) U_G=13.2 m/s，We=11.95

图 6-3-7　液滴椭球度 k 和曳力系数 C_D 随时间的变化

图 6-3-7 还给出了总曳力系数的构成，压力差产生的曳力随韦伯数增加而增加，总曳力系数也随韦伯数增加而增加。液滴内部循环阻力和黏滞阻力非常小，与总曳力系数相比可以忽略不计，总曳力系数主要来自压差产生的曳力系数。

在第一阶段，总曳力系数比压差产生的曳力系数大，这是因为液滴背面上的压力几乎等于液滴前表面上的压力，液滴前后压力差很小。随着时间的推移，压力场和速度场得到充分发展，压差产生的曳力系数逐渐接近总曳力系数。在后一阶段，总曳力系数几乎等于压差产生的曳力系数。

此外，对于韦伯数分别为 4.39、6.86 和 11.95 三种情况，总曳力系数分别在 0.017 s、0.0112 s 和 0.0093 s 开始迅速增加，然后停止在某个值。这是因为在这个时间点之后湍流效应迅速增加。雷诺数越大，湍流产生的时间越早。对于雷诺数为 1150 的情况，液滴背面的流场保持对称，没有湍流产生。对于雷诺数为 3794 的情况，液滴背风侧的气流场变得越来越不规则，在液滴背风面的不平衡压力作用下液滴开始倾斜。因此，对比低雷诺数条件下的层流，雷诺数增加，曳力系数增加，湍流将会增加曳力系数。

根据标准曳力系数[204]，即不变形固体颗粒的曳力系数，当 $Re_{Drop} > 1000$ 时，固体球体的曳力系数为 0.424，与在韦伯数 1.1 条件下模拟得到的值吻合很好。同时，根据 Rodi 和 Fueyo[205] 提出的加速液滴的曳力系数计算式，$Re_{Drop} > 1530$ 时的曳力系数为 2.62，远大于当前数值模拟的曳力系数 1.82。这里，标准曳力系数 0.424 既不包含加速度作用也不包含液滴变形作用对曳力系数的影响，而 2.62 包括了这两种作用的影响，而本次数值模拟仅包括液滴变形作用的影响。因此，对于韦伯数低于临界韦伯数的情况，拟稳定液滴的曳力系数介于标准曳力系数和加速液滴曳力系数之间，液滴加速将使曳力系数增加。

由于液滴内部循环和黏度对总曳力的影响非常小，变形液滴曳力的增加主要是由于液滴迎风面的增加。

五、气井井筒液滴动力学特征

为了解释气井井筒条件下单液滴动力学特征，利用开发的模拟器进行了模拟研究[206]。井底流体压力为 4 MPa、温度为 353 K。根据高温高压物性计算方法，气液表面张力取 0.05 N/m，液滴尺寸取 4 mm，液体黏度取 3.6×10^{-4} Pa·s，气体黏度取 1.24×10^{-5} Pa·s，液体密度取 972 kg/m³，气体密度取 27.1 kg/m³。气流速分别取 0.68 m/s、1.36 m/s、1.78 m/s、2.36 m/s，对应的韦伯数为 1、4、6.8、12.1。

图 6-3-8 至图 6-3-11 中展示了不同气流速对应不同韦伯数条件下的液滴变形过程。与前面模拟结果相似，在韦伯数为 1 时，可观察到比较显著的变形。随韦伯数增加，液滴变形程度增加，液滴椭球度增加，逐渐变形为扁平体。

当韦伯数增加到 12 时，扁平体在纵向上变得很薄，发展成类似于"馕饼"的形状；由于气流的作用,"馕饼"向内凹陷,并发展成中空的袋状,最后破碎。模拟中发现液滴破碎的临界韦伯数约12,该值与低雷诺数条件下实验测试或数值模拟值接近,为此,气井井筒条件下液滴破裂的临界值可取12。

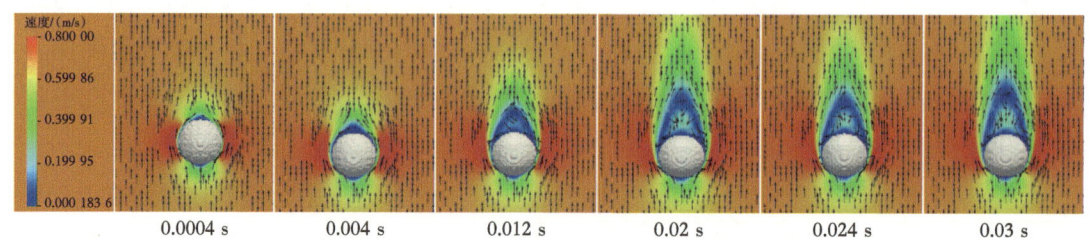

图6-3-8 变形（U_G=0.68 m/s,We=1）

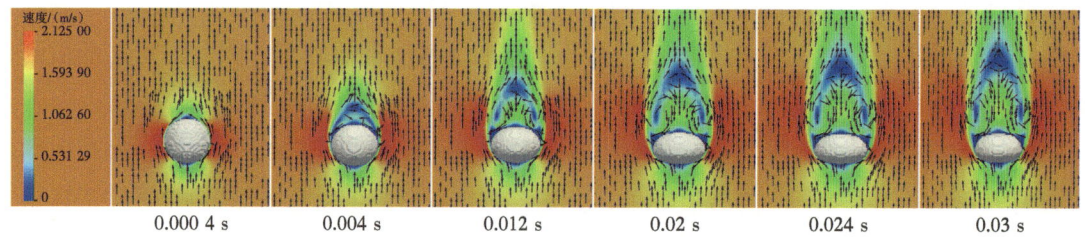

图6-3-9 变形：（U_G=1.36 m/s,We=4）

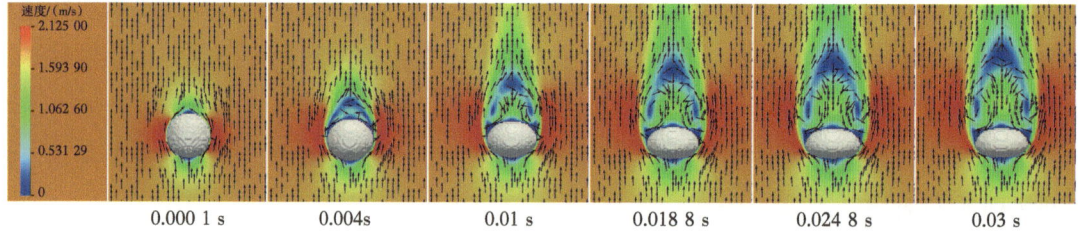

图6-3-10 变形：（U_G=1.78 m/s,We=6.8）

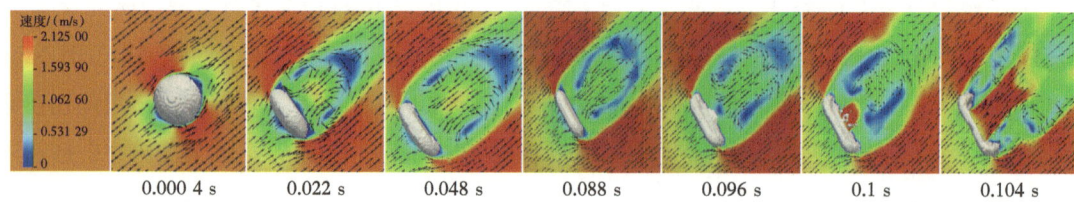

图6-3-11 临界韦伯数下的变形和破碎：（U_G=2.36 m/s,We=12.1）

图6-3-12给出了对应韦伯数条件下液滴曳力系数及椭球度随时间的变化过程。从图6-3-12可以看出,韦伯数等于1时,液滴的曳力系数从0.42逐渐增加,最后稳定在

0.57。韦伯数等于 4 时，液滴的曳力系数从 0.36 逐渐增加，最后稳定在 0.76。韦伯数等于 6.8 时，液滴的曳力系数从 0.39 逐渐增加，最后稳定在 0.97。对于韦伯数等于 12.1 的情况，最大曳力系数在液滴破碎时刻，此时液滴迎风面积达到最大，气流所施加的曳力最大。对于韦伯数略小于 12 的液滴，液滴仅变形但不破碎，根据图 6-3-12（d）中曳力系数随液滴变形程度的变化规律，建议曳力系数取 1.3，曳力系数稳定在 1.3 附近，代表变形达到稳定阶段。液滴变形达到稳定后，最终的曳力系数随韦伯数增加而增加。从椭球度随时间的变化过程来看，液滴早期变形较快，后期变形较慢。这是由于液滴变形后，表面张力抑制变形的作用越来越显著，表面张力抑制了液滴变形速度。

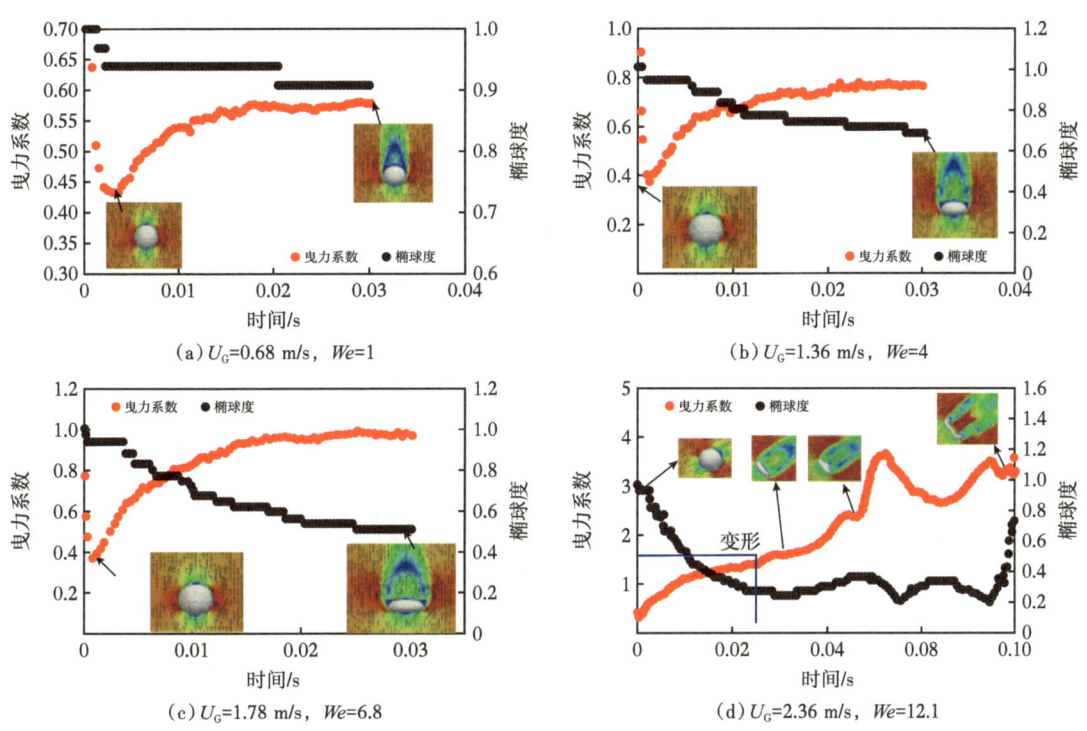

图 6-3-12　液滴曳力系数和椭球度随时间的变化

第七章　气井井筒液滴相互作用下的动力学特征

当气井产液量较高时，气井井筒环状流场中液滴数量大、液滴间距小、液滴相互作用明显；现有气井携液液滴模型是建立在单液滴模型基础之上的，没有考虑液滴相互作用对液滴形状特征、曳力系数及其破碎条件的影响，导致单液滴携液模型在较高产液量气井中处于携液临界气流量时准确性下降，适应性变差。目前气井环状流场中串联双液滴相互作用机制及液滴相互作用对液滴携带临界气流速的影响规律的研究尚属空白[207]。

本章介绍了双液滴动力学特征的数值模型及求解方法，开发了双液滴动力学特征模拟模拟器；利用该模拟器研究了气流场中串联双液滴相互作用下的动力学特征，揭示了液滴间距、气流速或液滴韦伯数对液滴的形状特征、破碎条件及曳力系数的影响规律。根据数值模拟结果，提出了串联双液滴曳力系数计算式。

第一节　数值模型及求解方法

一、基本方程

将气体考虑为不可压缩性流体，同时假设气、液不相溶。控制方程描述如下：

$$\nabla \cdot \boldsymbol{U} = 0 \tag{7-1-1}$$

$$\frac{\partial (\rho \boldsymbol{U})}{\partial t} + \nabla \cdot (\rho \boldsymbol{U}\boldsymbol{U}) = -\nabla p + \nabla \cdot \left\{ \mu \left[\nabla \boldsymbol{U} + (\nabla \boldsymbol{U})^{\mathrm{T}} \right] \right\} + f_{\mathrm{Sur}} + \rho g + F_{\mathrm{B}} \tag{7-1-2}$$

式中　$\boldsymbol{U}$——笛卡儿坐标系中的速度矢量；

p——压力，Pa；

t——时间，s；

$\nabla \cdot$——矢量散度算子；

∇——标量梯度算子；

f_{Sur}——界面处由表面张力引起的体积力，N；

ρ——密度，kg/m³；

μ——黏度，Pa·s；

F_B——以源项形式添加的体积力，N；

g——重力加速度，m/s²，一般取 9.8 m/s²。

二、求解方法

式（7-1-1）和式（7-1-2）使用有限体积法进行离散；瞬态项和源项使用中心差分进行离散并沿单元体积进行积分。应用高斯定理将扩散项和对流项差分转化为单元体表面积分，单元面的值利用 van Leer 通量限制求解。通过面积分计算单元体的值，单元面的值通过插值计算求取。采用 Jasak、Waterson 和 Deconinck 的求解方法对对流项进行离散处理。此外，时间微分项使用隐式 Euler 方法进行离散，该方法无条件稳定，一阶时间准确，并保证解的有界性。

基于 PIMPLE 算法进行求解，计算过程如下：

（1）在每个计算时间步骤之前保存所有初始场，包括速度 v^0、压力 p^0、体积分数 α^0；

（2）求解相函数获得新的相分数分布场；

（3）更新流体性质；

（4）通过 PIMPLE 动量压力耦合算法更新速度和压力场；

（5）用牛顿迭代程序计算人为体积力：

①读取速度 v^0、压力 p^0、体积分数 α^0 等参数恢复初始场；

②使用 PIMPLE 算法计算新的速度和压力场（步骤4）；

③计算两个旧体积力 $F_{1B,t,old}$ 和 $F_{2B,t,old}$ 作用下的两个液滴在 y 方向的质心 $y_{1drop,t}$，$y_{2drop,t}$；

④迭代获取该液滴所需要的体积力，然后用新的体积力 $F_{B,t,new}$ 替换旧体积力 $F_{B,t,old}$；

⑤将新的体积力施加给对应的液滴，使该液滴受力达到平衡；

⑥重复步骤①~⑤，直到前后两次计算液滴质心位置（$y_{1drop,t}$，$y_{2drop,t}$）满足精度要求。

（6）计算曳力和曳力系数；

（7）返回步骤（1），并计算下一新的计算时间步的流场信息。

基于以上算法开发了双液滴动力学特征模拟模拟器。

第二节 模拟计算及分析

一、串联双液滴相互作用机制

串联双液滴几何模型参数设置如图 7-2-1 所示。

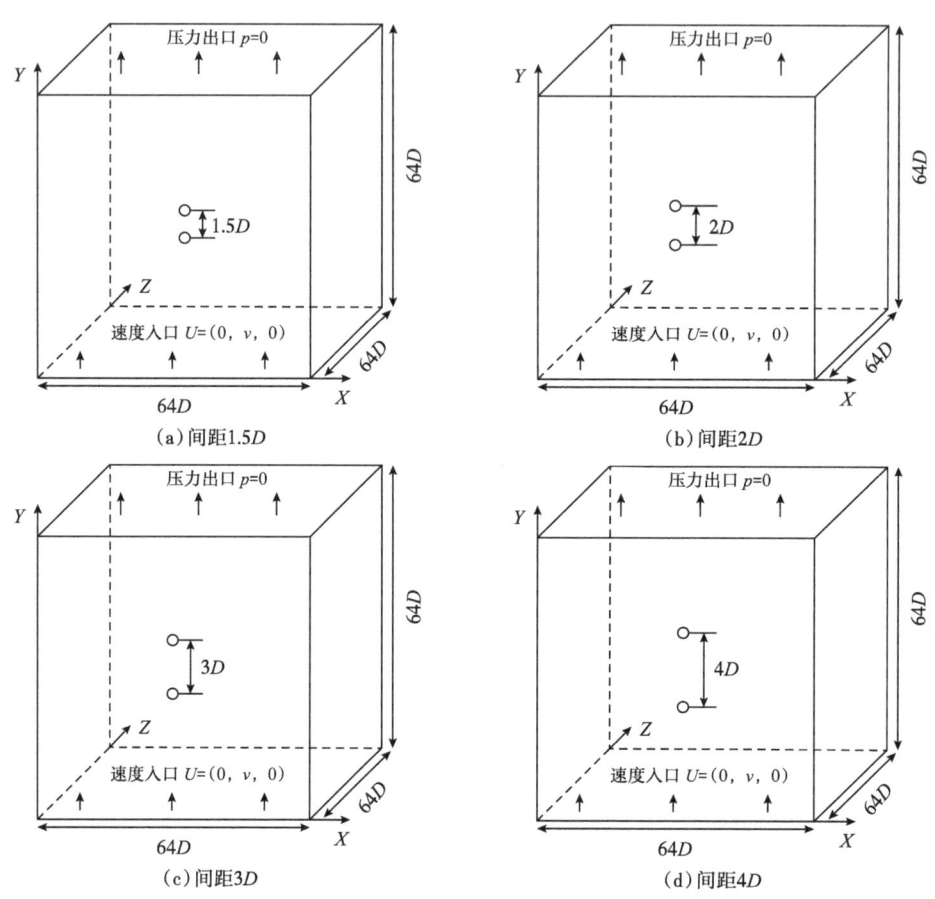

图 7-2-1 串联液滴模拟示意图

1. 1.5D 间距液滴动力学特征及曳力系数

图 7-2-2 是间距为 1.5D 时串联双液滴在不同韦伯数下的模拟结果。从图 7-2-2 可知，迎风侧液滴与单液滴变形规律类似，迎风侧液滴受背风侧液滴的影响较小；但是背风侧液滴受迎风侧液滴的影响较大；对比图 7-2-2（a）至图 7-2-2（c）可知，迎风侧液滴韦伯数越大，液滴变形程度越大；而背风侧液滴基本不变形，或者变形程度很小。对比图 6-3-11 和图 7-2-2（d）可知，迎风侧液滴破碎的临界韦伯数与单液滴破碎的临界韦伯数保持一致，均为 12.1。但是背风侧的液滴变形很小，仍保持为近似球状。从图 7-2-2

发现一个有趣的现象，由于迎风侧液滴"尾窝效应"，在后部形成低压区，该低压区产生向下的抽吸力，促使液滴向下变形，形成"向下的陀螺状"。

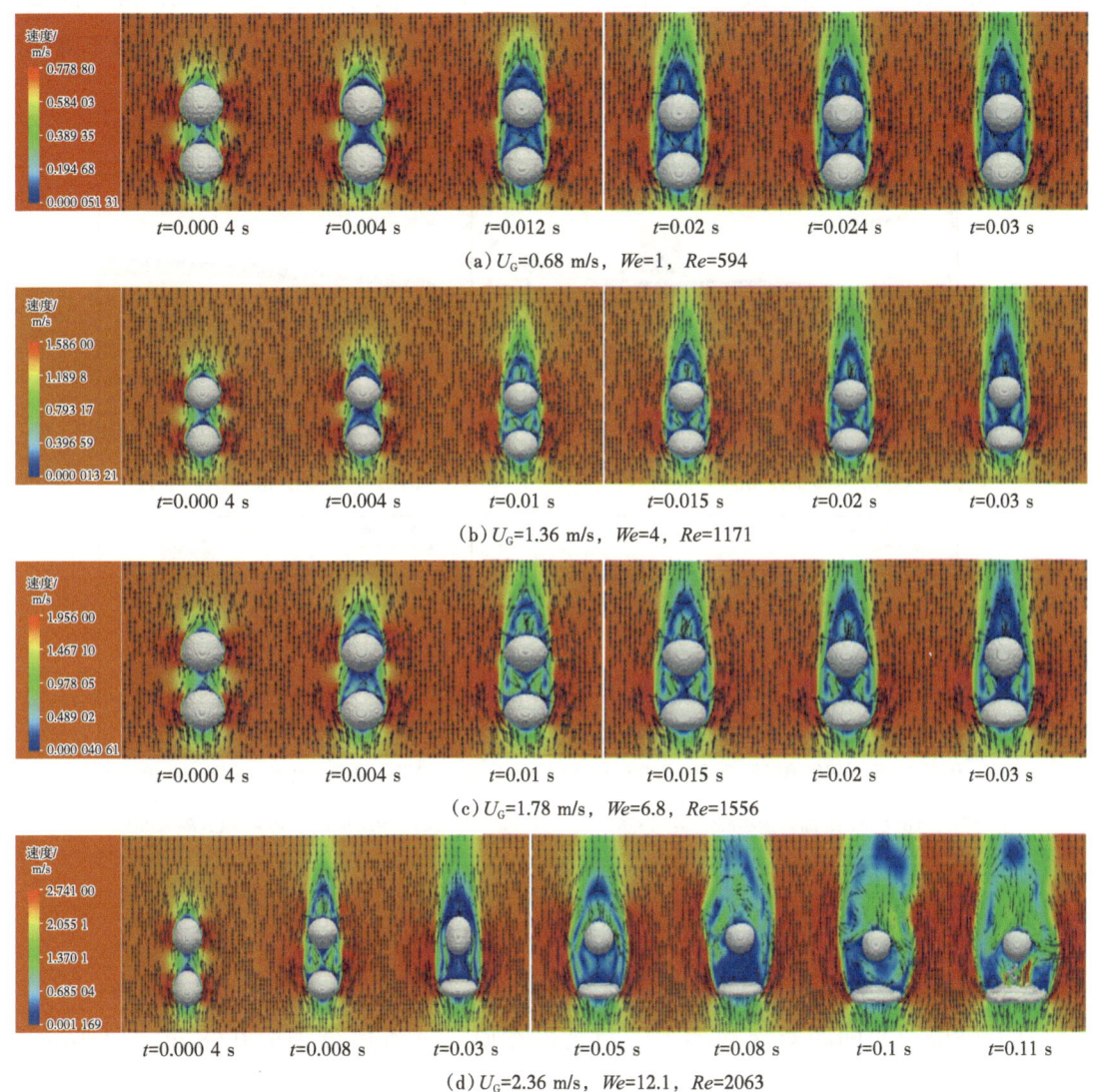

图 7-2-2　间距 1.5D 串联双液滴在不同韦伯数下的形状特征

图 7-2-3 为液滴间距 1.5D 串联双液滴的曳力系数和纵横比模拟结果，为了分析液滴相互作用对曳力系数的影响，图 7-2-3 增加了单液滴变形过程的曳力系数。

从图 7-2-3（a）至图 7-2-3（d）中可知，对于迎风侧液滴，其曳力系数变化与单液滴类似，随液滴变形程度增加，曳力系数增加，液滴变形达到稳定时曳力系数略小于单液滴曳力系数；对于背风侧液滴，其曳力系数随迎风侧液滴变形增加而迅速下降，甚至变为负值；背风侧液滴曳力系数下降是因为迎风侧液滴的尾窝所导致的，尾窝在背风侧前端形成低压区，产生竖直向下的抽吸力。韦伯数为 1 时，曳力系数稳定值为 0.02，当韦伯数增加至 4 和 6.8 时，曳力系数最终稳定值为 −0.2 和 −0.4，说明随气流速增加，液滴的韦伯数增加，迎风侧液滴变形增加，背风侧液滴所承受的抽吸力增加，故其曳力系数下降幅度越大。

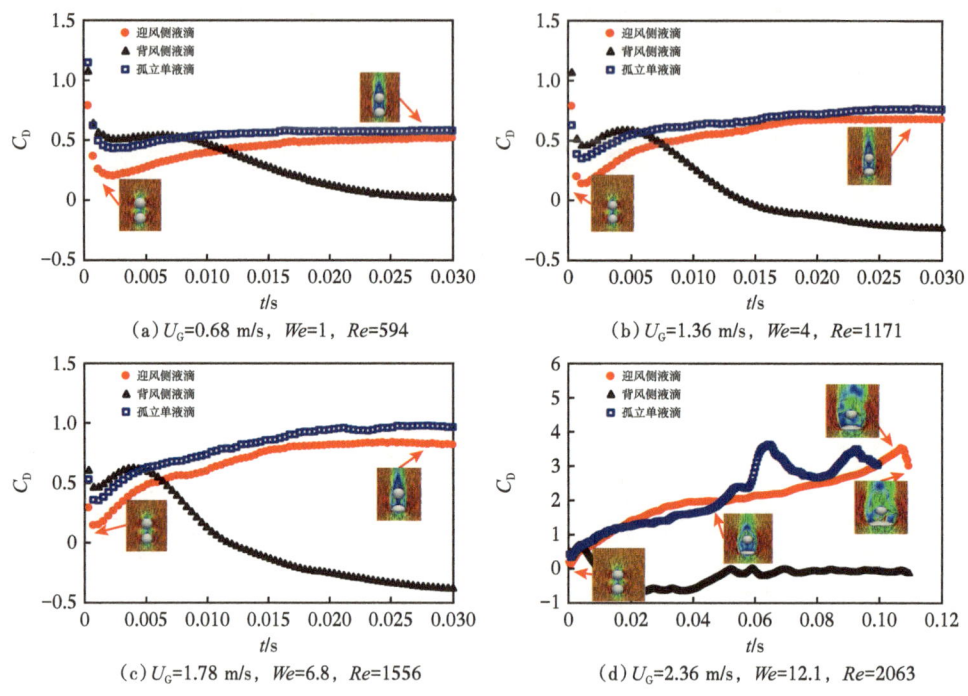

图 7-2-3　液滴间距 1.5D 在不同韦伯数下的液滴曳力系数

2. 不同液滴间距条件下的曳力系数

为了分析液滴间距对液滴动力学特征的影响，气流速分别取 0.68 m/s、1.36 m/s、1.78 m/s 和 2.36 m/s，对应的韦伯数为 1、4、6.8、12.1，液滴间距取 1.5D、2D、3D、4D。图 7-2-4 为不同间距串联迎风侧液滴的曳力系数与孤立单液滴的曳力系数对比。与 1.5D 的情况类似，液滴变形达到稳定后，迎风侧液滴的曳力系数略小于孤立单液滴的情况，但相差不大。

图 7-2-5 为不同间距串联背风侧液滴的曳力系数与孤立单液滴的曳力系数对比。从模拟结果可知，随液滴间距增加，背风侧液滴的曳力系数较单液滴下降幅度下降。当液滴间距增加到 3D 时，背风侧液滴的曳力系数与单液滴曳力系数接近，说明此时背风侧液滴的曳力系数受迎风侧液滴影响可以忽略。

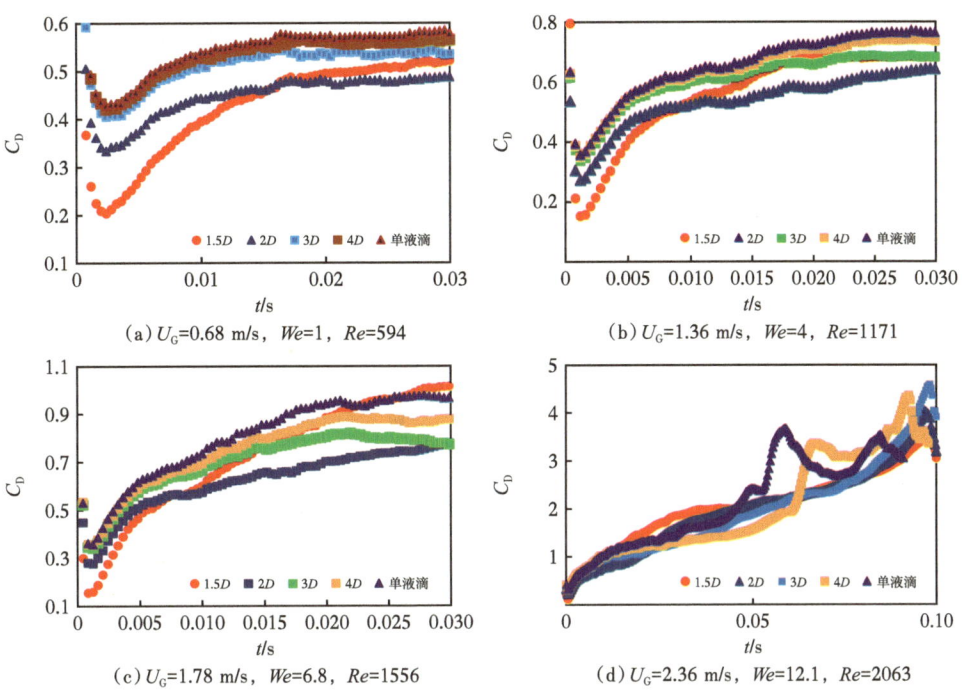

图 7-2-4 不同间距串联迎风侧液滴曳力系数与孤立单液滴的曳力系数对比

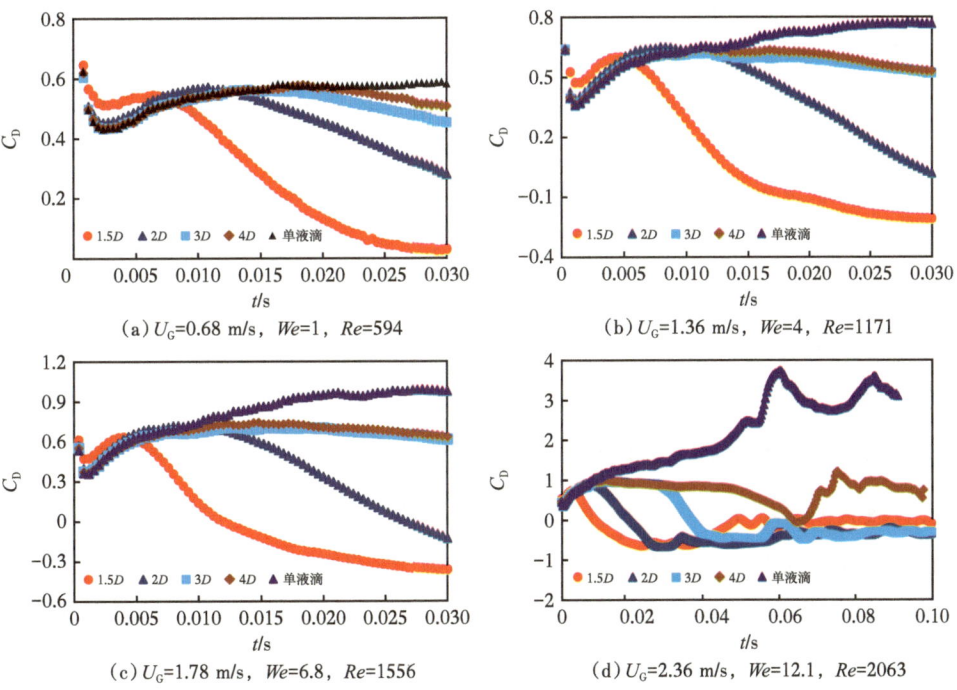

图 7-2-5 不同间距串联背风侧液滴曳力系数与孤立单液滴的曳力系数对比

图 7-2-6 给出了串联背风侧液滴曳力系数下降幅度与液滴间距的关系。从图 7-2-6 可知，液滴间距越小，背风侧液滴曳力系数下降幅度越小。韦伯数越大，也即气流速越大，曳力系数下降幅度越大。

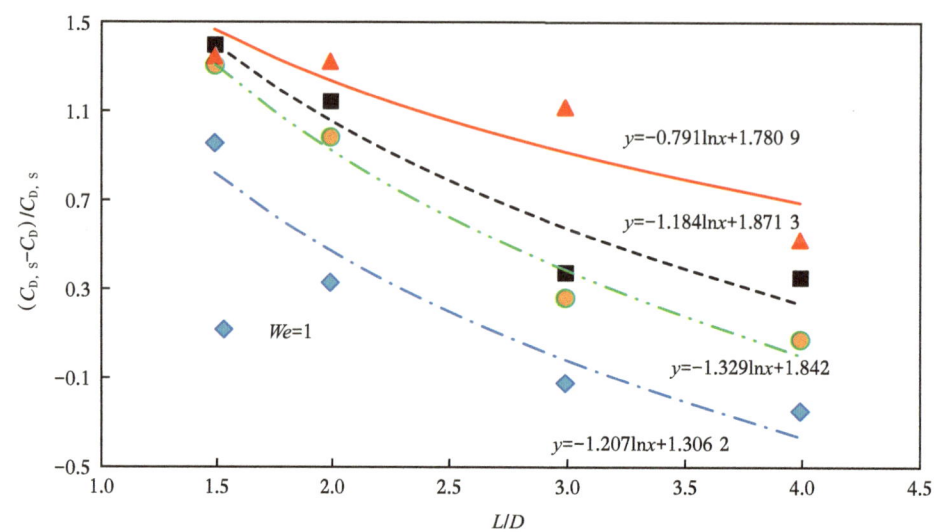

图 7-2-6　串联背风侧液滴曳力系数下降幅度与液滴间距的关系

根据图 7-2-6，拟合得到串联背风侧液滴曳力系数下降幅度与液滴间距的关系式：

$$\frac{(C_{D,S}-C_D)}{C_{D,S}}=(0.042We+1.37)\ln(L/D)-0.0126We^2+0.20We+1.14 \quad (7-2-1)$$

式中　C_D——串联背风侧液滴的曳力系数；

　　　$C_{D,S}$——孤立单液滴的曳力系数；

　　　We——液滴韦伯数；

　　　L——液滴间距，mm；

　　　D——液滴直径，mm。

二、并联液滴相互作用机制

并联双液滴模型中所使用的物性条件和边界设置均与单液滴保持一致，网格划分时则针对两个液滴进行局部加密，模型中两个液滴关于正方体中心左右对称。为了便于设置及分析研究，液滴中心间距设置为 $1.5D$、$2D$、$3D$、$4D$，液滴间距大于 $4D$ 时，液滴间相互影响较弱，因而不对液滴间距大于 $4D$ 时液滴相互作用进行研究。通过改变气流的入口速度来改变液滴韦伯数大小，两个液滴所有相对位置及间距如图 7-2-7 所示。

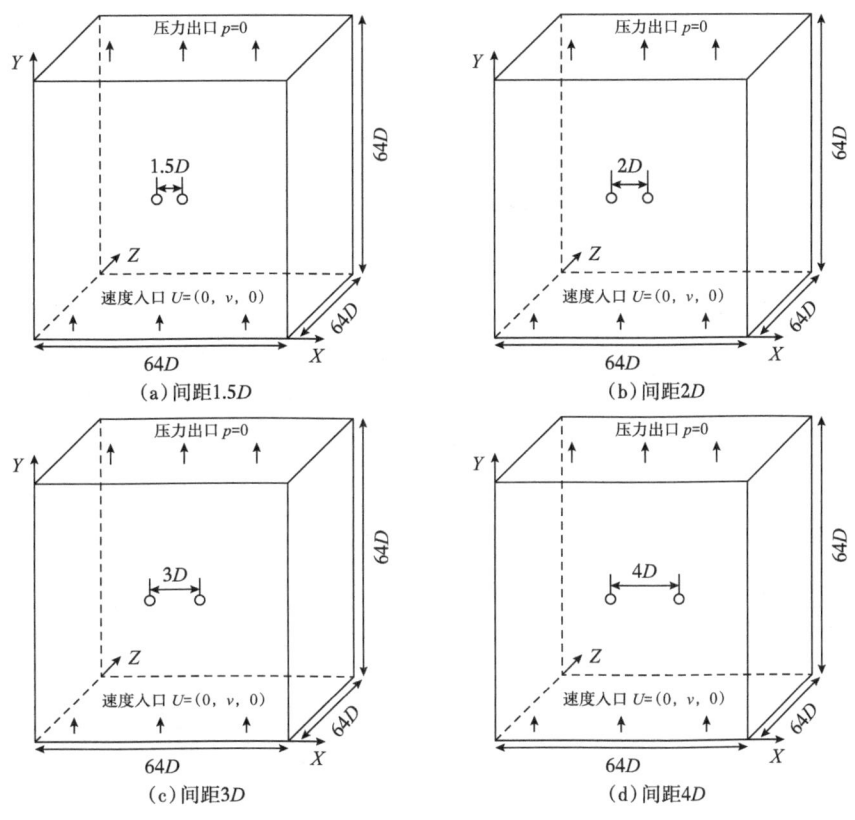

图 7-2-7 并联液滴对液滴的相对位置示意图

1. 1.5D 间距条件下液滴动力学特征

图 7-2-8 是间距为 1.5D 时并联双液滴在不同韦伯数下的模拟结果。在计算初期两个液滴的尾涡结构具有对称性；而当气流经过液滴时，由于节流效应，气流在两个液滴中间加速并发生碰撞，使得气流绕过液滴的阻力增加；韦伯数越小，气流发生碰撞时间越晚，图 7-2-8（a）中液滴在 $t=0.03$ s 时刻尾涡结构开始碰撞，而在图 7-2-8（b）中液滴在 $t=0.02$ s 时刻发生碰撞。

当韦伯数小于 12.1 时，两个液滴同步变形未发生破碎，变形稳定时液滴形状与单液滴一致。韦伯数大于 12.1 时，液滴周围气流的气动力作用较强，右侧液滴无法维持自身形状而破碎，尾涡也随之消散，不过因为节流效应使得液滴无法在横向上铺展开而没有从中间开始破碎。

2. 4D 间距条件下液滴动力学特征

图 7-2-9 为液滴间距 $L=4D$ 下不同韦伯数的并联双液滴动力学特征模拟结果。从图 7-2-9 中可以看出，相同韦伯数下液滴变形与单液滴变形结果十分接近，韦伯数为 1 时

如图7-2-9（a）所示，气流节流效应不明显，液滴之间没有相互影响且变形完全独立，液滴尾涡结构在模拟计算过程中始终保持对称，此时并联双液滴可视为两个独立的单液滴。

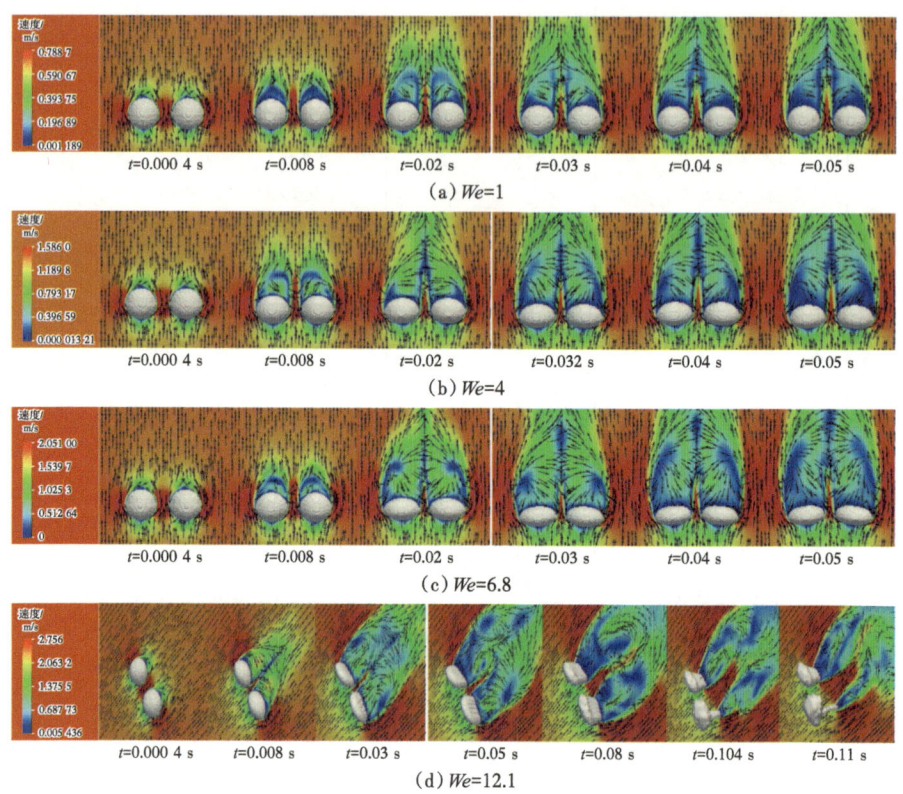

图 7-2-8　间距为 1.5D 时，并联液滴对模拟计算结果

韦伯数增加加强了气流对液滴阻力作用，而液滴间距增加，减弱了液滴相互影响，导致在图 7-2-9（b）和图 7-2-9（c）中液滴尾涡相互影响轻微。液滴破碎结果与间距 $L=3D$ 时基本一致，在前后压差作用下，液滴从中间破碎，其破碎结果也未出现明显差异，液滴破碎临界韦伯数也未发生改变。

3. 不同液滴间距条件下的曳力系数

将上述计算结果中相同韦伯数下不同液滴间距的曳力系数变化结果进行统一分析，如图 7-2-10 所示。整体上讲，并联双液滴中两个液滴曳力系数大于单液滴曳力系数，且随着韦伯数增加，曳力系数增加幅度更大。当液滴间距较小时，液滴对气流节流效应明显，使得液滴曳力系数与单液滴曳力系数偏差较大。同时从图 7-2-10 中还可以看出液滴间距越大，液滴对气流的节流效应越弱，尾涡需要更长时间才能相互影响，导致双液滴曳力系数与单液滴曳力系数相比出现差异的时间就越晚，说明液滴尾涡对液滴曳力系数及液滴相互作用具有很大影响。

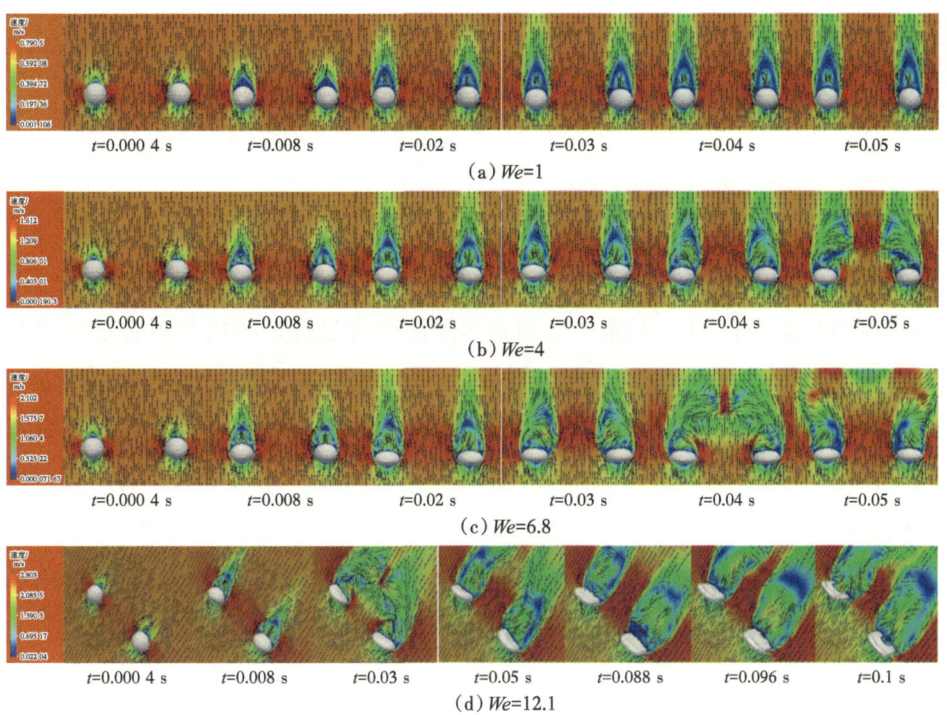

图 7-2-9 间距为 4D 时，并联液滴对模拟计算结果

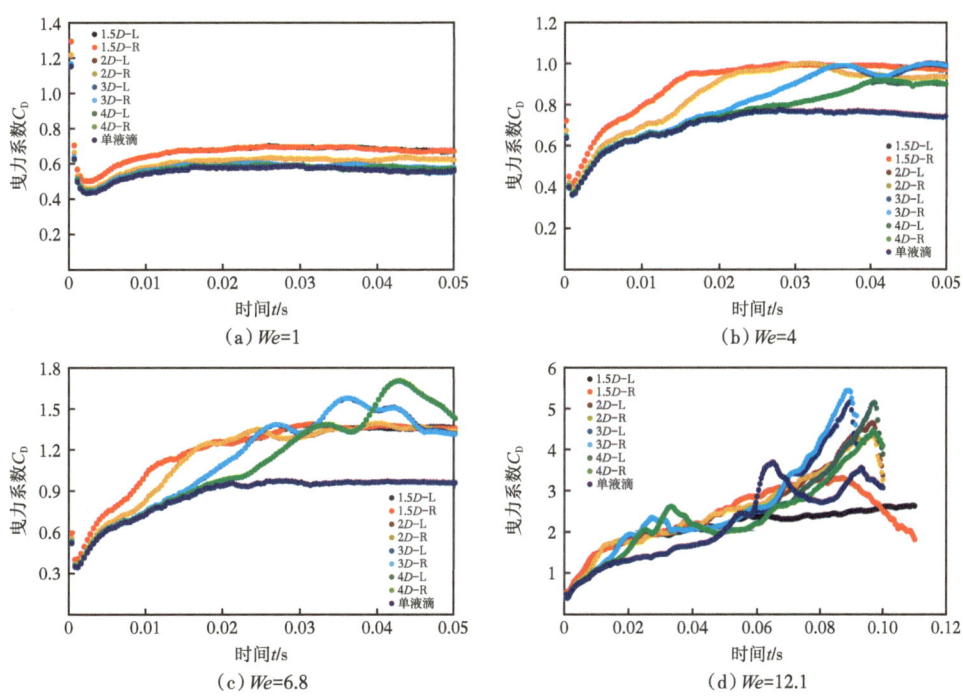

图 7-2-10 不同间距并联液滴对的曳力系数对比

第八章 气井井筒多液滴跟踪模拟

单液滴模型为静态模型，不能准确刻画多液滴携带过程。拉格朗日方法为多颗粒跟踪提供了重要手段，但目前多局限于固相颗粒的跟踪。同时现有 Fluent 等大型商业计算软件及 OpenFOAM 等知名开源平台对离散颗粒跟踪时均将曳力系数取为常数，没有考虑液滴之间的相互作用，适合于稀疏刚性颗粒的模拟，不适合气井井筒环状流场中稠密可变形多液滴携带的模拟。

本章介绍了基于拉格朗日方法对多液滴进行跟踪模拟的研究思路，包括气流场多液滴携带数值模型及求解方法的建立，对 3 口井进行了实例计算。

第一节 多液滴跟踪数值模型及求解

一、基本方程

气液两相流动过程遵循质量守恒和动量守恒定律，控制方程表示如下：

$$\frac{\partial(\alpha\rho_G)}{\partial t}+\nabla\cdot(\alpha\rho_G U_G)=0 \tag{8-1-1}$$

$$\frac{\partial(\alpha\rho_G U_G)}{\partial t}+\nabla\cdot(\alpha\rho_G U_G U_G)=-\alpha\nabla p+\alpha\nabla\cdot\left\{\mu\left[\nabla U+(\nabla U)^{\mathrm{T}}\right]\right\}+F+\alpha\rho_G g \tag{8-1-2}$$

式中　α——气相体积分数；

U——笛卡儿坐标系中的速度矢量；

p——压力，Pa；

t——时间，s；

$\nabla\cdot$——矢量散度算子；

∇——标量梯度算子；

ρ——密度，kg/m^3；

μ——黏度，Pa·s；

F——气液相间作用力，主要体现为界面处的表面张力，N；

g——重力加速度，m/s²，一般取 9.8 m/s²；

下标 G——气相。

气相湍流模拟方法可分为直接数值模拟方法（DNS）、大涡模拟方法（LES）、雷诺时均方法（RANS）。DNS 方法通过直接求解 N-S 方程来获取湍流场的各种信息，不需要模型化处理，但计算量大，计算成本高；RANS 方法是通过求解雷诺平均方程得到流场平均特性的方法，包括大尺度涡和小尺度涡的共同平均；LES 方法通过滤波模型将小尺度的涡旋过滤掉，从而分离出描述大涡运动的方程。在大涡的运动方程中引入亚格子尺度应力来体现小尺度涡对大尺度涡运动的影响，最终求解大尺度涡的运动方程。RANS 方法在求解雷诺平均方程的过程中，需要引入额外的涡黏模型方程对雷诺平均方程中的雷诺应力项进行封闭。涡黏模型可根据所需的额外方程数量分为零方程模型、一方程模型和两方程模型。本次模拟采用的是 RANS 方法中的标准 k-ε 模型，属于两方程模型。

二、液滴运动方程

液相以液滴的形式存在，采用拉格朗日方法对液滴颗粒进行跟踪。拉格朗日法的原理是，在每一个时间步内对每个颗粒的运动方程进行求解，得到所有液滴颗粒的速度及位置信息，即液滴的速度场和位置场；颗粒的加速度、速度及位置取决于气流对液滴施加的作用力（颗粒相互作用力通过气流施加的曳力考虑）、液滴的初始位置及速度。考虑到环状流气井液滴密度不大，采用单向耦合的方式计算，即只考虑气流对颗粒的作用力，忽略颗粒对气流的反作用力。

对于每个液滴颗粒的运动，均遵循牛顿第二定律：

$$\frac{\mathrm{d}p}{\mathrm{d}t} = \boldsymbol{U}_P \tag{8-1-3}$$

$$M_P \frac{\mathrm{d}\boldsymbol{U}_P}{\mathrm{d}t} = \sum F = F_\mathrm{D} + F_\mathrm{G} \tag{8-1-4}$$

式中　P——液滴在空间坐标体系中位置(x, y, z)，m；

U_P——液滴在 x、y、z 方向上的速度(u, v, w)，m/s；

M_P——液滴的质量，kg；

F_D——液滴所受的曳力，N；

F_G——液滴在气流中承受的重力，N。

液滴进入流场时刻，将其假设为球形，半径为 r_P。液滴在气流场中所受重力与浮力的合力为：

$$F_G = \frac{4}{3}\pi r_P^3 (\rho_L - \rho_G) g \qquad (8-1-5)$$

液滴携带过程中，气流速度远大于液滴上升速度，液滴会受到气流的曳力作用。如果液滴与液滴之间的间距较小，那么液滴间会产生遮蔽或遮挡作用，后方液滴由于受到前方液滴的遮蔽或遮挡作用，气流对后方液滴的曳力降低，同时前方液滴可能会对后方液滴产生气流反方向的抽吸作用力，造成气流对液滴的曳力变为负值。对于曳力系数的计算，采用式（7-2-1）计算。

颗粒在圆管内运动的过程中不可避免地会发生碰撞事件，包括颗粒间的碰撞、颗粒与壁面的碰撞。在多液滴运动过程中，液滴间发生碰撞可能导致液滴的聚并和破碎。为了简化模型，进入气流场后的液滴颗粒变形达到稳定后，具有刚性颗粒的属性，代表液滴的颗粒发生碰撞后不发生聚并和破碎事件，其运动轨迹根据碰撞规律做速度和方向的调整；颗粒与壁面碰撞后，颗粒发生反弹。

三、数值模型求解

计算步骤总结如下：

（1）几何模型网格划分处理。

（2）使用有限体积法进行离散，对式（8-1-1）和式（8-1-2）的计算域进行离散处理，得到气流的初始速度场和压力场。

（3）按照气井产液量和管径，计算注入液滴的数量及尺寸分布，完成该时间步液滴的注入处理。

（4）使用 PIMPLE 算法更新速度场和压力场。

（5）从进入流场的第一个液滴颗粒开始，将其作为目标颗粒，搜寻目标颗粒周围 4 倍间距内是否存在其他颗粒；若不存在，使用单液滴的曳力系数；如果存在，计算目标颗粒与周围颗粒之间的间距，并使用式（7-2-1）计算该目标颗粒所受的曳力，然后计算颗粒所受的合力。

（6）使用牛顿运动方程对颗粒的位置和速度进行更新。

（7）对流场中的每一个液滴颗粒，重复步骤（4）和（5），对整个流场的液滴颗粒速度及位置进行更新。

（8）重复步骤（3）至步骤（5），进行下一时间步的计算，直至结束时间。

第二节 几何模型及参数设置

一、几何模型及网格划分

图 8-2-1 为多液滴运动模拟的几何模型示意图。模型是一个直径为 40 mm，长 500 mm 的圆管，其底部为气流和液滴的入口，顶部为出口。圆管入口为速度边界，即速度为固定值，压力梯度为零；圆管出口为压力边界，即压力为固定值，速度梯度为零；壁面的速度和压力梯度均为零。

为了研究网格尺寸对模拟结果的影响，测试了三种方案，三种方案的圆管横截面网格划分如图 8-2-2 所示。由于网格不是标准的正六面体，网格尺寸不统一，因此用网格数量间接反映网格尺寸，网格数越多，网格尺寸则越小。图 8-2-2 中三种网格划分方案的网格数分别为 19 760、29 184 和 40 432，从左到右网格尺寸依次减小，其中方案 3 的最小网格尺寸略大于液滴的直径。

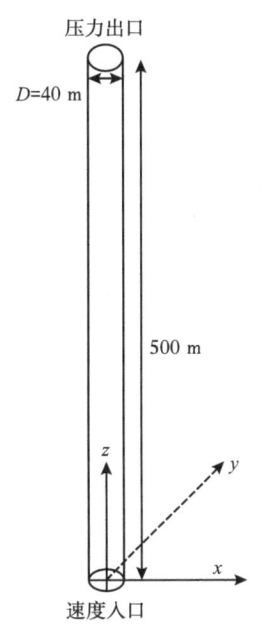

图 8-2-1 几何模型示意图

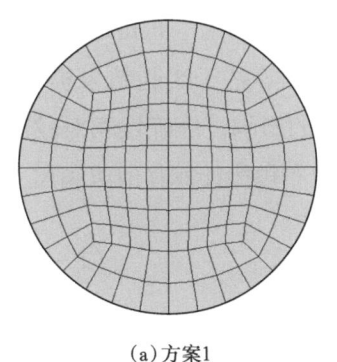 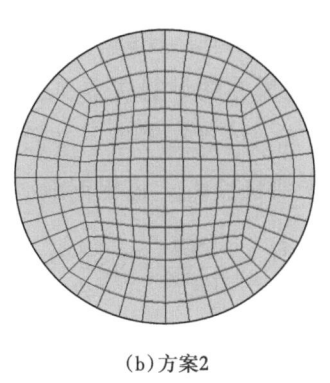 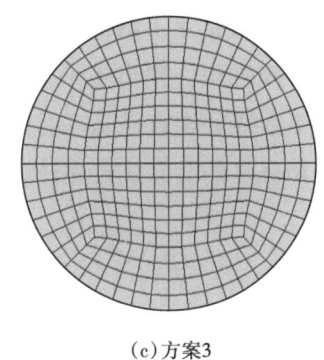

(a)方案1　　　　　　　　　(b)方案2　　　　　　　　　(c)方案3

图 8-2-2 网格划分方案

选取最先进入圆管的液滴为研究对象，以该液滴沿气流方向的位移随时间的变化作为参数，分析网格质量对计算结果的影响，不同网格尺寸下的模拟结果如图 8-2-3 所示。从图 8-2-3 中可以看出：方案 1 的结果与其他两个方案相差较大，方案 2 与方案 3 计算的结果之间差异较小，但方案 3 对计算资源的占用远比方案 2 高，综合考虑后选择方案 2 作为网格划分方式。

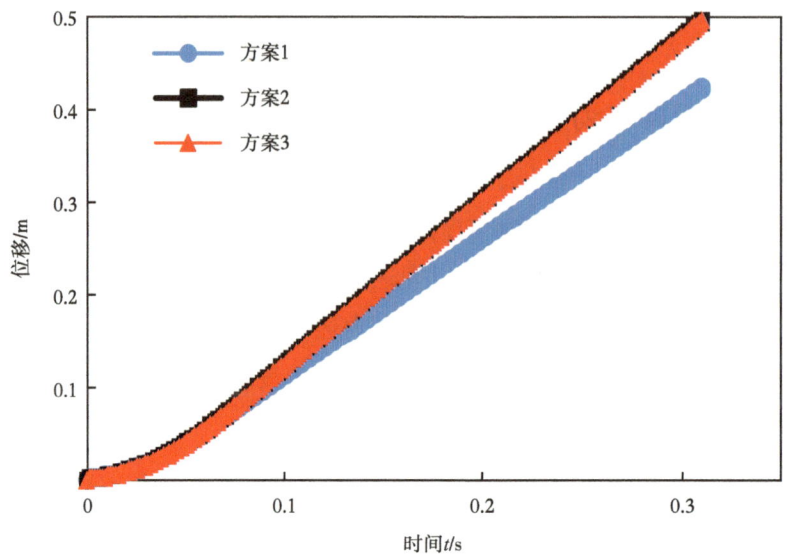

图 8-2-3　不同网格尺寸下液滴沿气流方向位移

二、模拟参数设置

在多液滴携带模拟中，气液两相流体物性参数，如密度、黏度等采用常用的高温高压天然气及地层水物性计算方法计算。而液滴尺寸是模拟研究的一个重要参数，在气井井筒条件下无法直接测量，为此可采用经验公式计算。Tatterson、Patruno[208]、Fore 等基于实验数据分别建立了液滴平均直径计算关系式。Hinze、Kocamustafaogullari[209]、Pereyra 考虑液滴破碎机理，提出了最大稳定液滴尺寸的计算关系式。Azzopardi 等基于实验结果提出了液滴索特平均直径 d_{32} 的计算关系式，该方法考虑了井筒液流量的影响，准确性相对较高。Azzopardi 的关系式首先计算液滴平均直径 d_{32}，再根据液滴正态分布规律计算其他液滴尺寸：

$$\frac{d_{32}}{\lambda}=\frac{15.4}{We_L^{0.58}}+3.5\frac{G_{LE}}{\rho_L v_G} \quad (8-2-1)$$

其中
$$We=\rho_L v_G^2 \lambda/\sigma$$

$$\lambda=[\sigma/(\rho_L g)]^{0.5}$$

式中　d_{32}——液滴索特平均直径，m；

　　　ρ_L——液相密度，kg/m³；

　　　G_{LE}——液相质量流量通量，kg/(m²·s)；

　　　v_G——气相速度，m/s；

　　　We_L——液相韦伯数；

　　　λ——中间变量。

第三节 模拟计算及分析

为了验证多液滴携带数值模型的准确性，选取了3口实例井进行计算。在数值模拟过程中，由于液滴的尺寸较小，不方便观察，因此通过后处理将液滴进行了放大，液滴的颜色代表了液滴速度大小。由于模拟过程中液滴持续注入，井筒内的液滴数量众多，液滴轨迹及液滴是否回落不容易被观察到和判断。为此，采用液滴的速度矢量图进行判断，液滴速度方向朝下即表示液滴发生了回落。

X井井口油压18.31 MPa，井底温度362.75 K，产液量2.23 m³/d，产气量117 162 m³/d，油管直径44.52 mm，井底未积液。计算得到X井井底流压为23.59 MPa，液滴初始中值直径设置为0.02 mm，呈正态分布，范围为0.015~0.025 mm。X井井底多液滴携带情况如图8-3-1所示，从图中可以看出，在气流的作用下，井筒中的液滴运动速度很快，在0.14 s时就到达顶部。X井井筒中无液滴发生回落，因此不会形成井底积液，与实际情况相符。

Y井井口油压3.72 MPa，井底温度355 K，产液量2.38 m³/d，产气量20 150 m³/d，油管直径50.75 mm，井底接近积液。计算得到Y井井底流压为6.55 MPa，液滴初始中值直径设置为3 mm，呈正态分布，范围为2.5~3.5 mm。Y井井底多液滴携带情况如图8-3-2所示，从图中可以看出，在气流的作用下，井筒中的液滴持续向上运动，大约0.65 s时到达顶部。与图8-3-1对比可以发现，Y井井筒中滞留的液滴数量更多，液滴运动的速度更慢。Y井井筒中同样无液滴发生回落，因此不会形成井底积液，与实际情况相符。

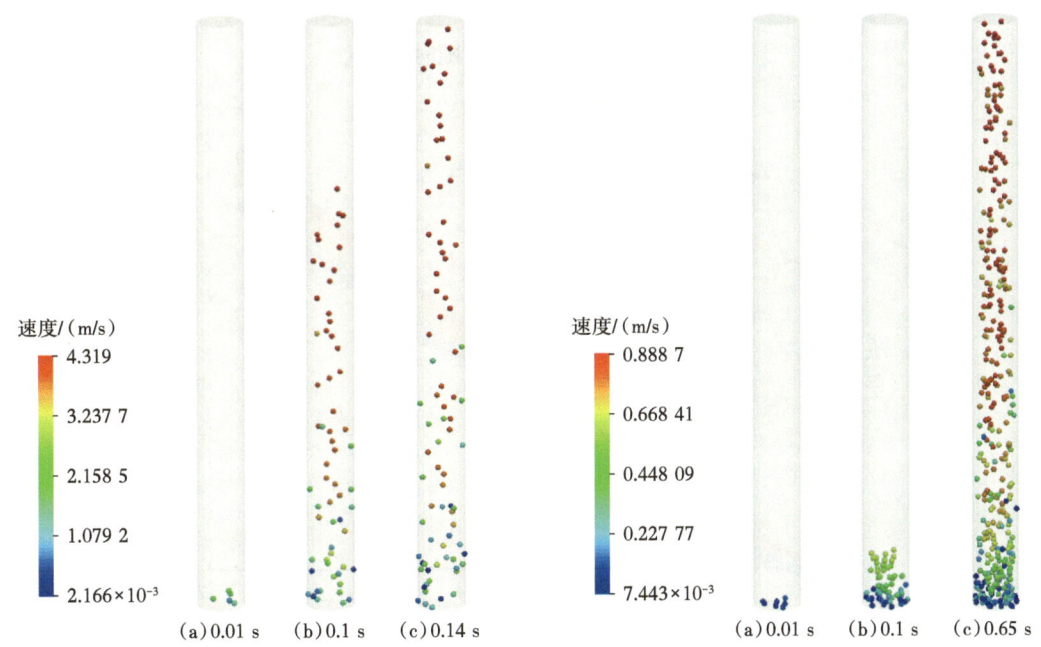

图8-3-1　X井井筒中多液滴运动情况　　　　图8-3-2　Y井井筒中多液滴运动情况

为了深入跟踪井筒中多液滴携带情况，选取随机注入的 5 个液滴进行详细分析，研究它们沿气流方向的速度和位移随时间的变化。这些液滴为随机注入，注入的时间和位置都不同，且考虑了液滴间相互作用的影响，因此这些液滴具有代表性，能较好地反映井筒内多液滴的运动状态。图 8-3-3 和图 8-3-4 分别是 Y 井生产时井筒中液滴沿气流方向的速度分量和位移随时间变化曲线图，从图中可以看出，在液滴进入圆管后，由于受到气流的作用，液滴的速度迅速增大，最后趋于平缓；液滴沿气流方向的位移始终呈增大的趋势，增大至 0.5 m 即表示液滴将从圆管顶部流出。

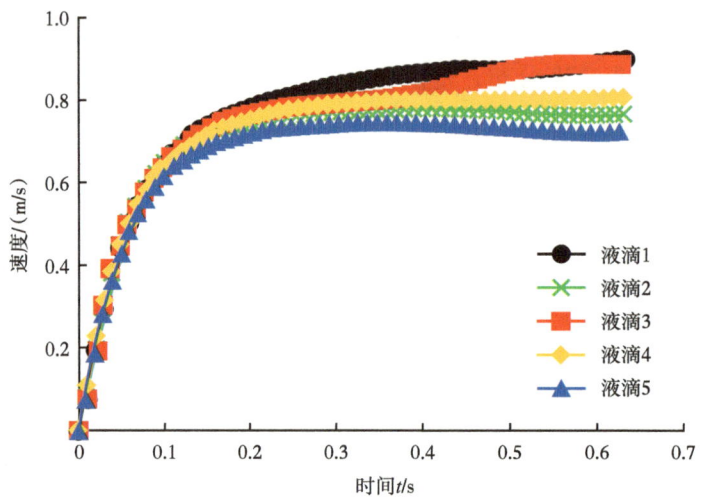

图 8-3-3　Y 井液滴速度随时间变化

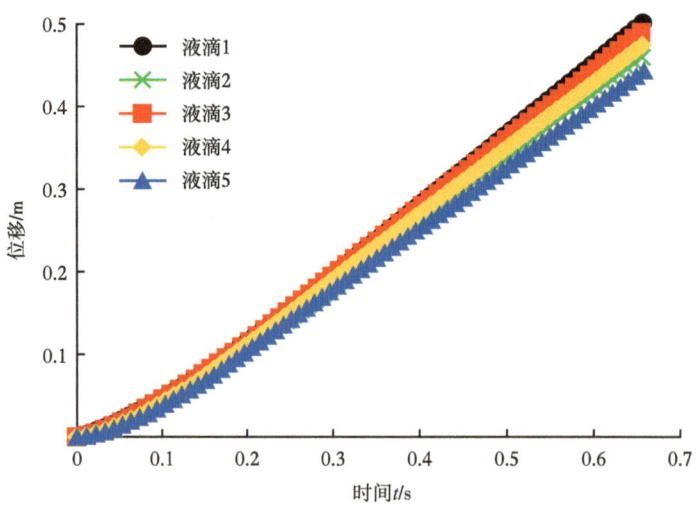

图 8-3-4　Y 井液滴位移随时间变化

液滴在空间中的运动轨迹如图 8-3-5 所示，从图中可以明显看出所有液滴都能被气流携带走，未见液滴发生回落。

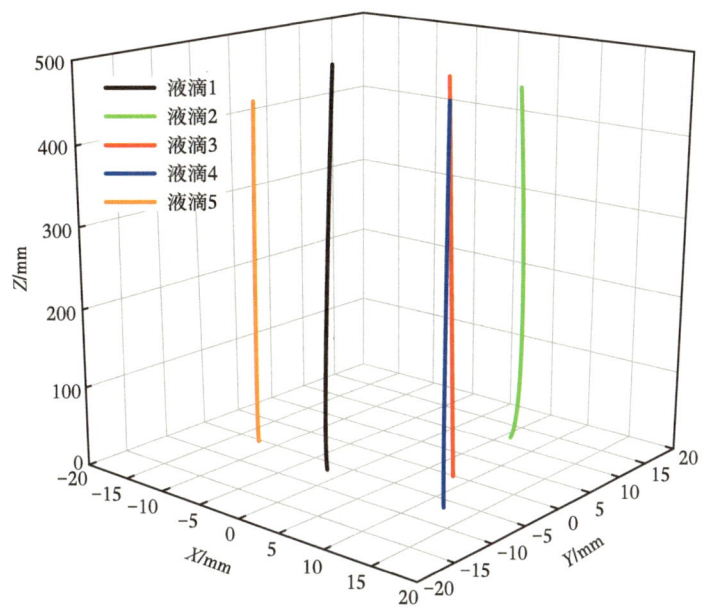

图 8-3-5　Y 井井筒中液滴运动轨迹图

Z 井井口油压 3.45 MPa，井底温度 360 K，产液量 0.64 m³/d，产气量 22640 m³/d，油管直径 60.42 mm，井底积液。计算得到 Z 井井底流压为 6.26 MPa，液滴初始中值直径设置为 3 mm，呈正态分布，范围为 2.5~3.5 mm。Z 井井底多液滴携带情况如图 8-3-6 所示，从

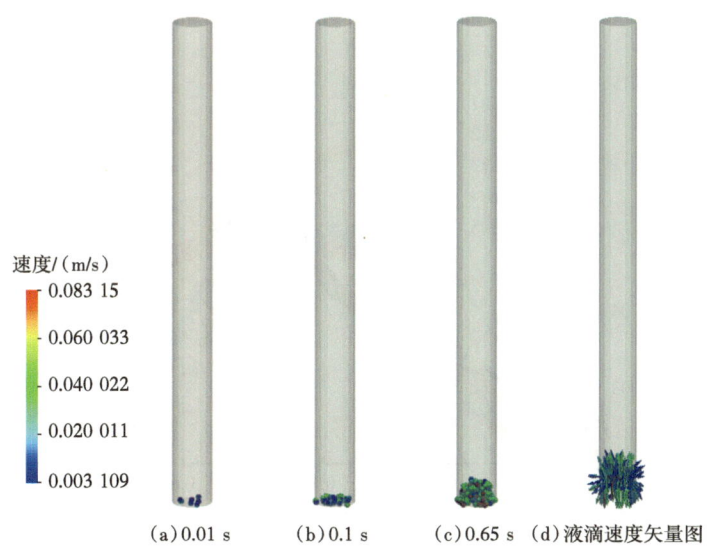

(a) 0.01 s　　(b) 0.1 s　　(c) 0.65 s　　(d) 液滴速度矢量图

图 8-3-6　Z 井井筒中多液滴运动情况

图 8-3-6（a）至图 8-3-6（c）中可以看出，在气流的作用下，井筒中液滴的运动速度较小，在井筒中缓慢向上运动。从图 8-3-6（d）的液滴速度矢量图中可以看出，井筒中部分液滴速度方向朝下，与气流方向相反，说明这部分液滴发生了回落，在井底形成了积液，与实际情况相符。

图 8-3-7 和图 8-3-8 分别是 Z 井生产时井筒中液滴沿气流方向的速度分量和位移随时间变化曲线图，从图中可以看出，液滴的速度变化不规律，液滴的速度时大时小，有时为负值，这导致液滴沿气流方向的位移有时增大，有时减小。其中，液滴 2 和液滴 5 在井筒中经过上升和回落的反复过程后，最终将回落到井筒底部；而其他几个液滴虽然也在井筒中不停地上升和回落，但总体是在向上运动，液滴的位移随着时间的增加而增大。

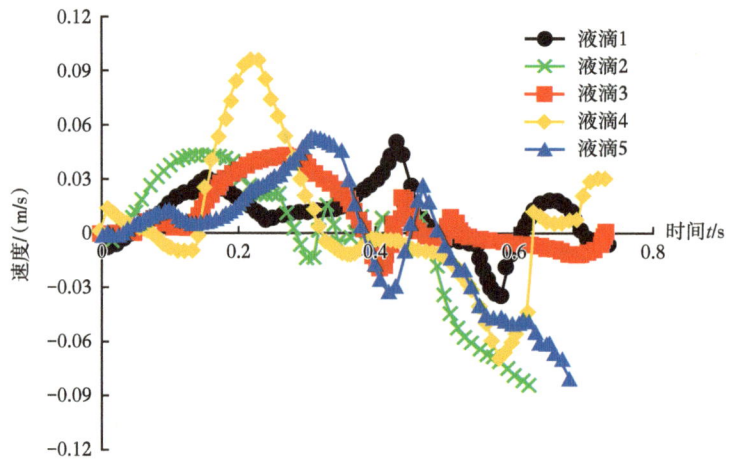

图 8-3-7 Z 井液滴速度随时间变化

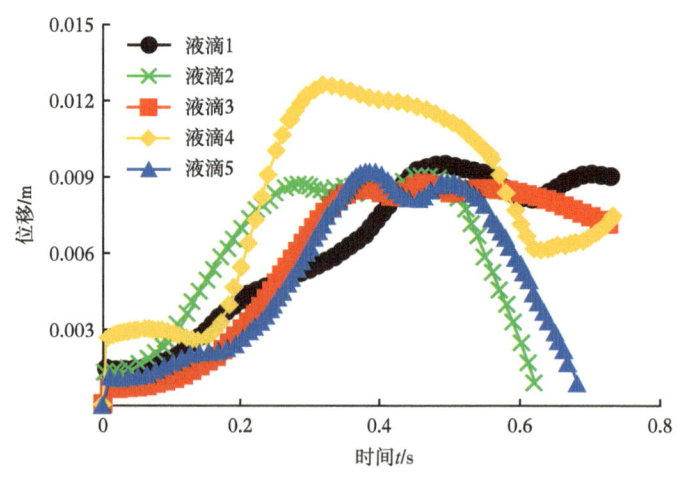

图 8-3-8 Z 井液滴位移随时间变化

Z 井液滴在空间中的运动轨迹如图 8-3-9 所示，从图中可以明显看出液滴 2 和液滴 5 回落到了井底，将形成井底积液。

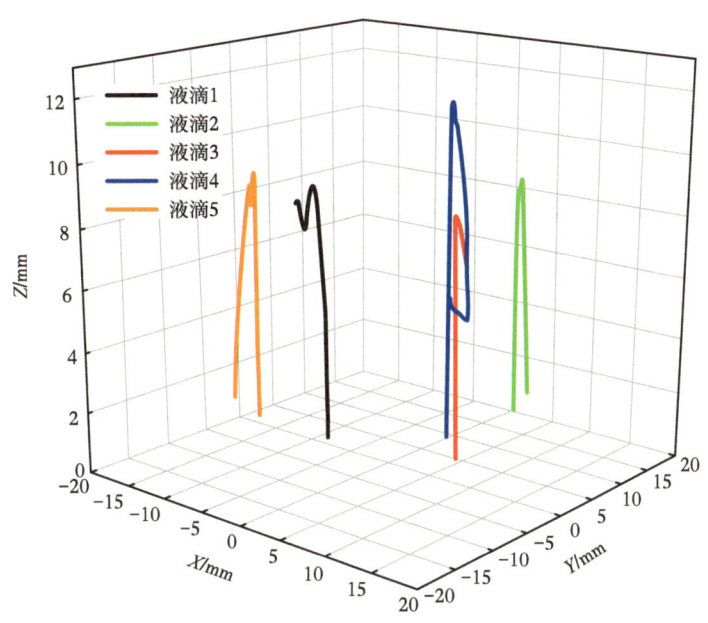

图 8-3-9　Z 井井筒中液滴运动轨迹图

通过使用未积液井 X 井、接近积液井 Y 井和积液井 Z 井 3 口井的生产数据对多液滴携带数值模型进行验证，发现模型具有较高的准确性。

本章研究工作是对现有单液滴模型的重要发展，有助于揭示高液量气井井筒多液滴携带的规律。同时，目前国内外还无类似的适合于气井井筒条件的多液滴携带模拟器。

第九章 垂直气井携液理论

本章全面介绍了现有垂直气井携液模型的相关理论,包括液滴模型和液膜模型。重点介绍了考虑液滴变形及尺寸差异的气井携液液滴模型。

第一节 液滴模型

一、现有模型

1. Turner 圆球状模型

图 9-1-1 为环状流场中液滴受力情况,作用在液滴上的力包括液滴在气流中的重力,气流施加在液滴上的曳力。由式(9-1-1)和式(9-1-2)给出:

$$F_G = \frac{\pi d_D^3}{6} g (\rho_L - \rho_G) \tag{9-1-1}$$

$$F_D = C_D \frac{\pi d_D^2}{4} \frac{\rho_G v_G^2}{2} \tag{9-1-2}$$

式中 C_D——曳力系数;
F_D——曳力,N;
d_D——液滴的直径,mm;
F_G——液滴自身重力,N;
ρ_L——液体密度,kg/m³;
ρ_G——气体密度,kg/m³;
v_G——气流速度,m/s。

液滴连续向上携带的条件是,液滴在气流中的重力大于或等于在空气中的重力。在临界携液状态:

$$F_D \geqslant F_G \tag{9-1-3}$$

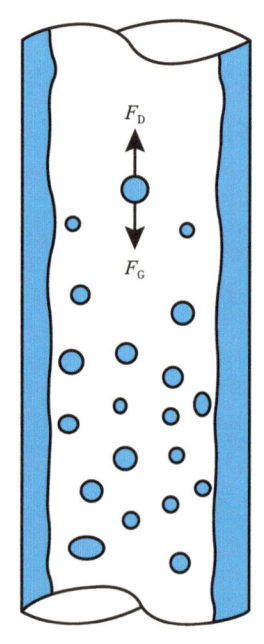

图 9-1-1 环状流场中液滴受力

刚好能维持液滴处于悬浮状态（液滴不降落）的气流速称为临界气流速，记作 v_{cr}，此时：

$$\frac{\pi}{8}d^2 C_D \rho_G v_{cr}^2 = \frac{\pi}{6}d^3(\rho_L - \rho_G)g \tag{9-1-4}$$

式中　d——液滴的初始直径，m。

对式（9-1-4）化简得：

$$v_{cr} = \left[\frac{4gd(\rho_L - \rho_G)}{3C_D \rho_G}\right]^{0.5} \tag{9-1-5}$$

根据式（9-1-5），液滴尺寸越大，携带液滴的气流速越大，液滴携带临界气流速关键参数是曳力系数和液滴尺寸。Hinze 实验发现，液滴破碎临界韦伯数在 13~30 之间变化。Turner 从安全角度考虑，采用临界韦伯数上限值 30 计算最大液滴尺寸。

图 9-1-2 为不同形状颗粒在气流中的曳力系数曲线。

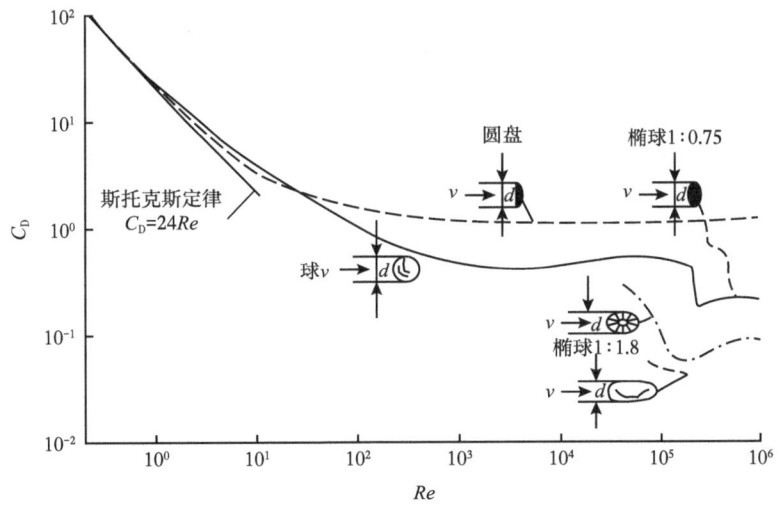

图 9-1-2　不同形状颗粒在气流中的曳力系数曲线

Turner 将流场中的液滴考虑为圆球状，并认为井筒中液滴的雷诺数 $Re > 1000$，处于完全紊流状态，为此将曳力系数 C_D 取为 0.44，得到的关系式为：

$$u_{crit-T} = 5.48\left[\frac{\sigma(\rho_L - \rho_G)}{\rho_G^2}\right]^{0.25} \tag{9-1-6}$$

通过分析现场试验数据发现，将关系式系数上调 20% 更安全、可靠，最终表达式为：

$$v_{\text{crit-T}} = 6.6\left[\frac{\sigma(\rho_{\text{L}} - \rho_{\text{G}})}{\rho_{\text{G}}^2}\right]^{0.25} \quad (9-1-7)$$

$$q_{\text{crit-T}} = 2.5 \times 10^8 \frac{pAv_{\text{crit-T}}}{ZT} \quad (9-1-8)$$

式中　$v_{\text{crit-T}}$——Turner 模型临界流速，m/s；

　　　p——井口压力，MPa；

　　　A——油管柱截面积，m²；

　　　Z——气体的偏差因子；

　　　T——流体温度，K。

2. Coleman 圆球状模型

Coleman 等发现 Turner 模型在不上调 20% 的情况下，能较好地预测低压气井（井口压力低于 3.45 MPa）的临界携液气流量，Coleman 的关系式为：

$$v_{\text{crit-C}} = 5.5\left[\frac{\sigma(\rho_{\text{L}} - \rho_{\text{G}})}{\rho_{\text{G}}^2}\right]^{0.25} \quad (9-1-9)$$

3. Nosseir 圆球状模型

Nosseir 等通过雷诺数划分井筒流态，对 Turner 液滴模型进行了扩展，得到了层流、过渡流、紊流条件下的液滴携带临界气流速公式。

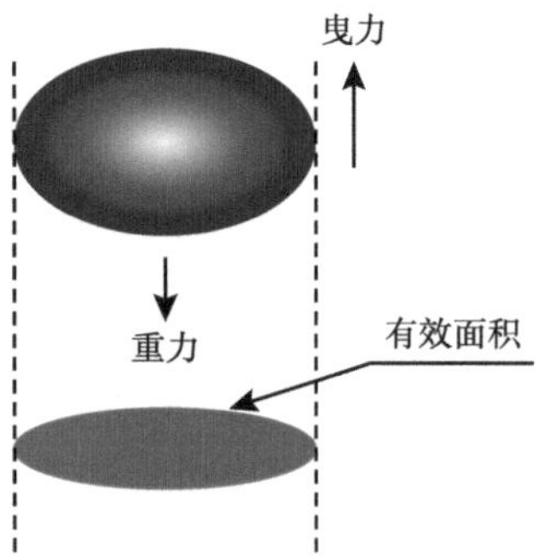

图 9-1-3　气流中液滴的形状

将液滴考虑为圆球颗粒，曳力系数取值如下：

（1）$Re < 1$ 时，为层流，曳力系数 $C_{\text{D}}=24/Re$；

（2）$1 < Re < 1000$，为过渡流，$C_{\text{D}}=30Re^{-0.625}$；

（3）$1000 < Re < 10000$，为紊流，$C_{\text{D}}=0.4$；

（4）$Re > 10000$，为高强度紊流，$C_{\text{D}}=0.2$。

4. 李闽椭球状模型

李闽等认为，当液滴在高速气流中运动时，液滴前后存在一压差，在这一压差的作用下，液滴会从圆球体变成椭球体，如图 9-1-3 所示。

李闽等将曳力系数取为 1.0，所计算的液滴携带临界气流速仅为 Turner 模型的 38%，最终表达式为：

$$v_{\text{crit-L}} = 2.5\left[\frac{\sigma(\rho_{\text{L}} - \rho_{\text{G}})}{\rho_{\text{G}}^2}\right]^{0.25} \quad (9-1-10)$$

式中　$v_{\text{crit-L}}$——李闽模型临界流速，m/s。

5. 王毅忠球帽状模型

王毅忠认为气井携液生产时，液滴的形状是球帽状，类似于椭球形液滴。球帽状液滴有更大的受力面积，更容易被携带出井口。通过修正盘状液滴模型的曳力系数为 1.17，盘状液滴气井临界携液模型为：

$$v_{\text{crit-W}} = 1.8\left[\frac{\sigma(\rho_{\text{L}}-\rho_{\text{G}})}{\rho_{\text{G}}^2}\right]^{0.25} \qquad (9\text{-}1\text{-}11)$$

式中　$v_{\text{crit-W}}$——球帽状液滴模型临界流速，m/s。

6. 周德胜多液滴携带模型

2010 年，周德胜等[210]认为气井的实际情况是气流中存在多个液滴，且各液滴的尺寸差异较大，而且流速也不相同，在这种情况下液滴之间会相互碰撞、聚合，如图 9-1-4（b）所示；A、B 液滴在运动过程中会相互追赶、碰撞，并聚合成一个更大的液滴 AB，如图 9-1-4（c）所示；由于液滴 AB 的重力大于气流的浮力和曳力，液滴的平衡状态被打破，液滴加速下落。在下落过程中，由于气流速度力的作用，液滴破碎成小液滴 1、2、3，而破碎的液滴在下落过程中会与其他的液滴 C、D、E、F 碰撞、聚合，形成大液滴，如图 9-1-4（d）所示。气流中液体含量越高，液滴浓度越大，液滴之间的碰撞、聚合机会就越大，气流中形成的大液滴尺寸也就越大。

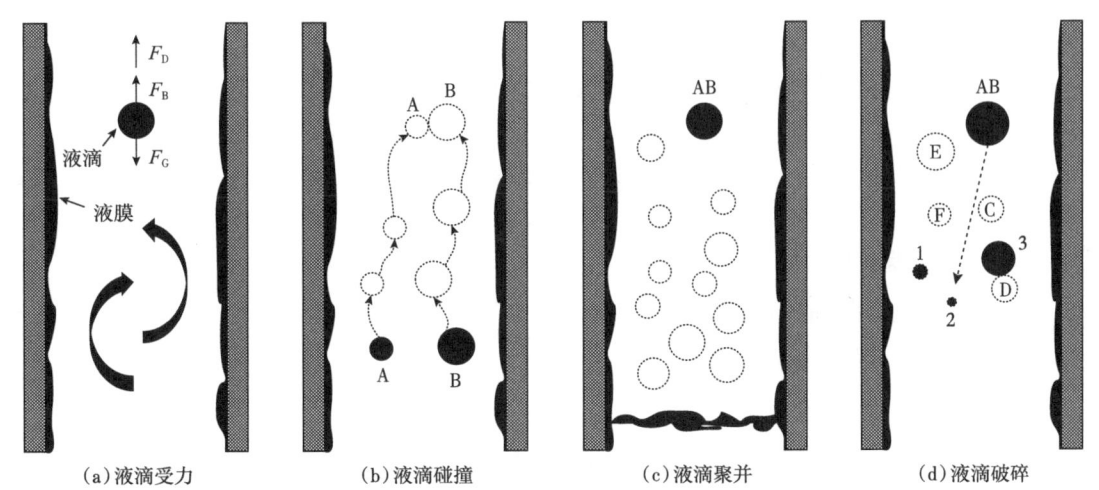

图 9-1-4　液滴碰撞、聚集、下落及破碎过程

为了保证碰撞、聚合形成的大液滴能够被气流连续携带，防止在管段中滞留、堆积，需上调液滴携带临界气流速。

周德胜所提出的多液滴理论新模型公式可表示为：

$$v_{\text{crit-Zh}} = v_{\text{crit-T}}, \quad H_L < 0.01 \quad (9\text{-}1\text{-}12)$$

$$v_{\text{crit-Zh}} = v_{\text{crit-T}} + \ln\frac{H_L}{0.01} + 0.6, \quad H_L \geqslant 0.01 \quad (9\text{-}1\text{-}13)$$

$$H_L = \frac{v_{\text{SL}}}{v_{\text{SL}} + v_{\text{SG}}} \quad (9\text{-}1\text{-}14)$$

式中　v_{SL}——井筒内某处的液体表观流速，m/s；

v_{SG}——井筒内某处的气体表观流速，m/s。

2014 年，周德胜、张伟鹏等通过实验测试发现，持液率临界阈值 0.01 偏大，建议将持液率临界阈值调整为 0.008 5。新疆油田采气一厂冯钿芳、张锋、王晓磊等利用气田的生产数据，对周德胜所提出的多液滴模型进行了修正，建议对周德胜等多液滴携带模型的计算值下调至 30%~40%。

7. 基于表面能与紊流能相等原理的携液模型

谭晓华、李晓平等基于气流中液滴总表面能与气流紊流动能相等关系，建立了最大液滴尺寸计算方法，在其基础之上提出气井携液模型。

根据 Adamson 的研究，单位面积表面自由能等于气液表面张力，即：

$$e_s = \sigma \quad (9\text{-}1\text{-}15)$$

式中　σ——表面张力，N/m。

假设液滴为球形，直径为 d，则在连续气相中分散液滴的总表面自由能为：

$$E_s = \frac{6\sigma A v_{\text{SL}}}{d} \quad (9\text{-}1\text{-}16)$$

式中　E_s——总表面自由能，W；

A——管道横截面积，m²；

d——液滴直径，m；

v_{SL}——液相表观流速，m/s。

根据 White 及 Zhang 等提出的理论，每单位体积的气流紊流动能可表示为：

$$e_T = \frac{3}{2}\rho_G \overline{v_r'^2} \quad (9\text{-}1\text{-}17)$$

式中　e_T——单位体积气流紊流动能，W/m；

ρ_G——气体密度，kg/m^3；

v'_r——径向速度，m/s。

连续气流总紊流动能可以表达为：

$$E_T = \frac{3}{2}\rho_G \overline{v'^2_r} A v_{SG} \tag{9-1-18}$$

式中　E_T——总紊流动能，W；

v_{SG}——气相表观流速，m/s。

根据 Taitel 等和 Chen 等的研究，径向流速的平方根近似等于摩阻速度，即：

$$\overline{v'^2_r}^{1/2} = v_{SG}\left(\frac{f_{SG}}{2}\right)^{1/2} \tag{9-1-19}$$

式中　f_{SG}——气相表观速度下的摩阻系数。

将式（9-1-19）代入式（9-1-18），则：

$$E_T = \frac{3}{4} f_{SG} \rho_G v^3_{SG} \tag{9-1-20}$$

Hinze 根据表面张力和紊流动力的平衡关系，从理论上导出了分散泡状流中气泡的最大稳定直径。谭晓华等认为环状流场中也存在类似的现象，当表面张力和紊流脉动力平衡关系被破坏的时候，分散在气流中的液滴就会破裂，此时气流中液滴的总表面能与气体紊流动能瞬时相等。由此可借助该理论推导出液滴的最大稳定直径。根据气流中液滴的总表面能与气体紊流动能瞬时相等，即：

$$E_T = E_s \tag{9-1-21}$$

将式（9-1-16）和式（9-1-20）代入式（9-1-21），可以得到连续气相中的分散液滴的平均直径：

$$d = \frac{8\sigma v_{SL}}{f_{SG}\rho_G v^3_{SG}} \tag{9-1-22}$$

Turner 等指出，假设液体在井筒中的流动符合球形液滴模型，则排出气井积液的最低条件为可使气流中最大液滴能够连续向上运动。当气流中液滴的沉降重力等于气流对液滴的曳力时，液滴自由沉降达到携液临界流速，可表示为：

$$v_{cr} = \frac{4gd(\rho_L - \rho_G)^{1/2}}{3C_D \rho_G} \tag{9-1-23}$$

式中 v_{cr}——临界流速，m/s；
ρ_L——液体密度，kg/m³；
C_D——曳力系数。

若忽略气膜所占截面积，使用求取的液滴直径表达式替代 Turner 等模型的最大液滴直径，即联立式（9-1-22）和式（9-1-23），求得临界流速：

$$v_{cr} = 3\left[\frac{\sigma(\rho_L - \rho_G)v_{SL}}{\rho_G^2 f_{SG}}\right]^{\frac{1}{5}} \quad (9-1-24)$$

$$\frac{1}{\sqrt{f_{SG}}} = 1.14 - 2\lg\left(\frac{e}{D} + \frac{21.25}{Re^{0.9}}\right) \quad (9-1-25)$$

式中 D——管道直径，m；
e——绝对粗糙度，取 $e=1.6\times 10^{-6}$；
Re——雷诺数。

8. 潘杰、陈军斌等模型

潘杰和陈军斌基于液滴总表面自由能与气相总湍流能相等的原理确定最大液滴直径，通过受力分析建立了基于椭球形液滴假设的临界携液流速计算表达式：

$$v_{crit-P} = \frac{2.3}{kC_D}\left[\frac{\sigma(\rho_L - \rho_G)}{\rho_G^2}\right]^{\frac{1}{4}} \quad (9-1-26)$$

模型中采用 Azzopardi 给出的液滴索特直径的半经验半解析式来求取临界韦伯数，即式（9-1-27）。

同样，根据液滴变形过程能量守恒原理，给出了液滴椭球度与韦伯数的关系式：

$$We_{crit} = 16\pi\left(\frac{2+k^3}{3k} - 1\right)\bigg/\left(7.951 - \frac{2.744}{k^2} + \frac{0.3077}{k} - 5.117k + 0.501k^2\right) \quad (9-1-27)$$

对于曳力系数的选取，利用实验数据对 Brauer 模型、Clift 模型、邵明望模型和 GP 模型进行了对比评价，最终采用邵明望模型计算曳力系数。

9. 基于数值模拟方法的液滴模型

本书根据模拟得到的液滴在不同韦伯数下的曳力系数，计算了不同韦伯数下的综合系数 C，见表 9-1-1。

表 9-1-1 不同韦伯数下的液滴携带气流速综合系数 C

韦伯数 We	1	4	6.8	略小于 12
曳力系数 C_D	0.57	0.76	0.97	1.30
综合系数 C	2.19	2.88	3.09	3.31

从表 9-1-1 可知，对于气流场中不同韦伯数的液滴，临界气流速综合系数在 2.19 与 3.31 之间变化。也即综合系数取为 3.31 计算得到的流速可将流场中所有大小液滴带走。这与李闽模型所计算的气井携液临界气流速与液滴携带所需临界气流速接近。

Coleman 等的试验数据共 56 组，油管内径均为 62 mm，其中 13 组数据有明显的段塞特征，Coleman 等判定为积液井，有 9 口井无产液量或产液量为 0，其中有 1 口井油压数据为 0，这 23 口井数据均未用于模型评价。考虑到气井液流量较大时，液滴数量多，液滴间距小，液滴相互作用明显，曳力系数将受影响。为此，为了较真实反映单液滴模型准确性，选用了气井产液量小于 1 m³/d 的 14 口井的数据进行评价。模型计算值与测试值对比如图 9-1-5 所示。

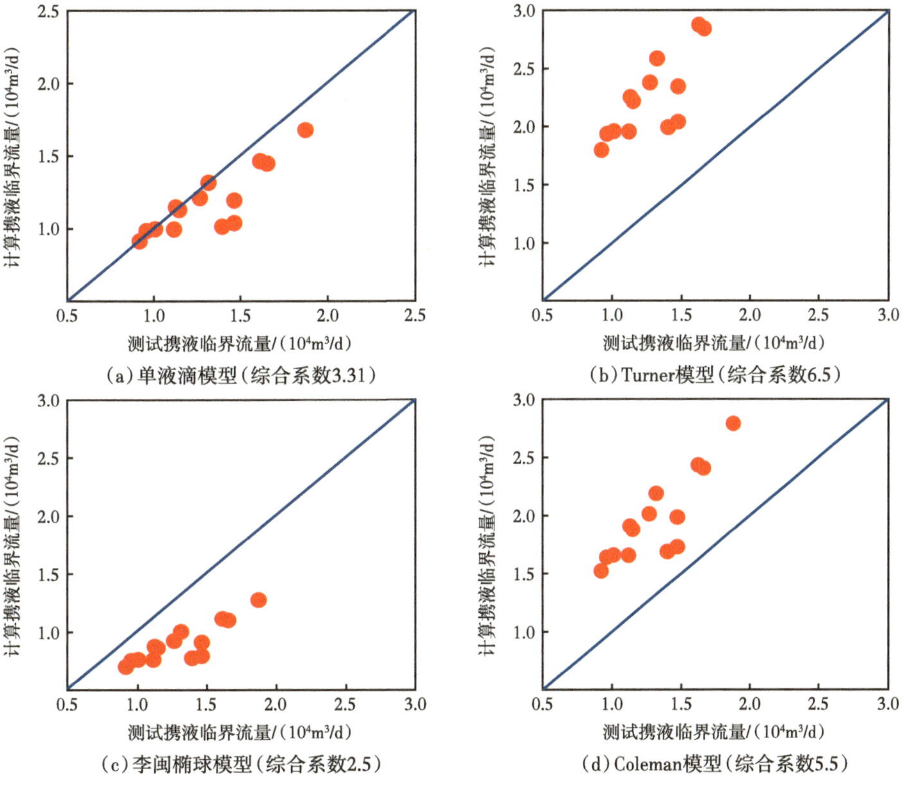

(a) 单液滴模型（综合系数3.31） (b) Turner模型（综合系数6.5）
(c) 李闽椭球模型（综合系数2.5） (d) Coleman模型（综合系数5.5）

图 9-1-5 现有单液滴模型携液临界气流量计算值与测试值对比

图中的线为对中线，图中的点越接近对中线，计算值和测试值越接近

从图 9-1-5 可知，李闽椭球模型携液临界气流量较测试值偏小，Coleman 圆球模型和 Turner 圆球模型计算值较测试值偏大很多。根据本书的结果，将系数取为 3.31 计算的携液临界气流量与测试值较为接近。需特别说明的是，系数取 3.31 仅适合于低液量气井。

二、新模型

1. 模型基本形式

王志彬、李颖川认为液滴携带临界气流速不但要考虑液滴变形的影响，而且需考虑液滴尺寸差异的影响，由液滴质点力平衡理论和能量守恒原理导出了不同临界韦伯数下液滴携带临界气流量预测模型。该模型引入特征参数 $C_{k,We_{crit}}$ 综合考虑了液滴变形程度和最大液滴尺寸差异对携液气量的影响：

$$v_{cr} = C_{k,We_{crit}} \sqrt[4]{\frac{\sigma(\rho_L - \rho_G)}{\rho_G^2}} \quad (9\text{-}1\text{-}28)$$

$$C_{k,We_{crit}} = \sqrt[4]{\frac{4gWe_{crit}}{3C_D k^2}} \quad (9\text{-}1\text{-}29)$$

式中 We_{crit}——液滴破碎时的临界韦伯数；

v_{cr}——液滴携带临界气流速，m/s；

k——液滴最大变形特征参数，$k = d/d_o$；

d_o——液滴的初始直径，m；

d——液滴变形后的直径，m。

2. 临界韦伯数计算

根据一般能量守恒原理导出了液滴变形程度与临界韦伯数的函数关系：

$$We_{crit}\left(7.951 - \frac{2.744}{k^2} + \frac{0.3077}{k} - 5.117k + 0.501k^2\right) = 25\left(k^2 + \frac{1}{k^4} - 2\right) \quad (9\text{-}1\text{-}30)$$

环状流场中临界韦伯数 We_{crit} 是计算气井临界携液流量的基础参数。模型中采用 2 种方法计算临界韦伯数。一是根据液滴体积平均直径 d_{vm} 与最大液滴直径 d_{max} 的关系计算临界韦伯数，$d_{max}=3.19d_{vm}$，对应韦伯数之间的关系为 $We_{crit}=3.19We_{vm}$。二是根据液滴索特（Saut）直径 d_{32} 与最大液滴直径 d_{max} 的关系计算临界韦伯数，$d_{max}=5.14d_{32}$，对应韦伯数之间的关系为 $We_{crit}=5.14We_{32}$。

Tatterson 等根据力平衡原理及 Kelvin–Helmholtz 理论导出的液滴体积平均粒径的韦伯数 We_{vm} 为：

$$We_{vm} = \frac{\rho_G v_G^2 d_{vm}}{\sigma} = 0.106 Re_G^{1.1} \left(\frac{\mu_G^2}{D_h \sigma \rho_G} \right) \quad (9-1-31)$$

$$Re_G = \frac{\rho_G v_G D_h}{\mu_G} \quad (9-1-32)$$

式中 d_{vm}——液滴的体积平均直径，m；

Re_G——气流雷诺数；

D_h——水力直径（管子内径），m。

根据 Tatterson 等的研究，临界韦伯数可表示为：

$$We_{crit} = 3.19 We_{vm} = 0.335 Re_G^{1.1} \left(\frac{\mu_G^2}{D_h \sigma \rho_G} \right) \quad (9-1-33)$$

式（9-1-33）未考虑液相流速对临界韦伯数的影响。

Azzopardi 基于 Tatterson 等和 Andreussi 和 Zanelli 的研究，给出了液滴索特直径的半经验半解析式：

$$\frac{d_{32}}{\lambda} = \frac{15.4}{We_L^{0.58}} + \frac{3.5 G_{LE}}{\rho_L v_G} \quad (9-1-34)$$

$$\lambda = \sqrt{\sigma / \rho_L g} \quad (9-1-35)$$

$$We_L = \frac{\rho_L v_G^2 \lambda}{\sigma} \quad (9-1-36)$$

式中 λ——中间变量；

We_L——液相韦伯数；

G_{LE}——液相质量流量通量，kg/（m²·s）。

式（9-1-34）右边第一项表示气流速对液滴尺寸的影响，液滴尺寸与气流速成反比；式（9-1-34）右边第二项表示液流速对液滴尺寸的影响，液滴尺寸与气流中液滴的夹带量成正比。相比 Tatterson 等的研究，Azzopardi 考虑得更全面。

根据 Azzopardi 的研究，临界韦伯数可表示为：

$$We_{crit} = \frac{5.14 \rho_G v_G^2 \lambda}{\sigma} \left(\frac{15.4}{We_L^{0.58}} + \frac{3.5 G_{LE}}{\rho_L v_G} \right) \quad (9-1-37)$$

3. 曳力系数计算

连续相气体对分散相液滴颗粒的力包含气流对颗粒的曳力、Basset 力、Saffman 力等，其中流场对粒子的曳力最为显著。流场对粒子的曳力可归结为流场的惯性力和黏性力的共同作用。依据 Re 数的不同，可将曳力分为牛顿力（$Re>1000$）和斯托克斯（Stokes）阻力（$Re<1$）两类。在牛顿阻力定律中，Re 较高，气流运动速度较大，气体对液滴的惯性力占绝对优势，而黏性力的影响可忽略。Stokes 定律则是另一个极端情况，Re 较小，与黏性力相比，惯性力可以忽略。斯托克斯力和牛顿力均可表示为：

$$F = C_D \rho_G \pi d_p^2 |v - v_p|(v - v_p)/8 \qquad (9-1-38)$$

式中　v——连续介质的速度，m/s；

　　　v_p——液滴的速度，m/s；

　　　d_p——粒子大小，m；

　　　C_D——曳力系数。

曳力的计算关键是要确定曳力系数。不同的研究者给出了各种曳力表达式，总体而言，曳力系数的确定依赖于 Re 的范围和液滴的形状。在两相流运动模型中，圆形液滴相当于在气流中被气流绕过的回转物体。Prandt 等在 20 世纪 20 年代测试了圆形颗粒在不同雷诺数下的曳力系数曲线。液滴的曳力系数与液滴的形状和雷诺数相关，当气液相对速度较小时，液滴近似保持球形，应用刚性球体阻力系数关联式计算气流对液滴的曳力时误差不大。但液滴发生较大变形后，阻力系数和液滴迎风面积相应地发生较大变化，使用刚性球体阻力计算气流对液滴的曳力时误差较大。

对于刚性圆球体，由 Stokes 定律知：

$$C_{D,s} = \frac{24}{Re}\left(1 + \frac{1}{6}Re^{\frac{2}{3}}\right), \quad Re \leqslant 1000 \qquad (9-1-39)$$

$$C_{D,s} = 0.424, \quad Re > 1000 \qquad (9-1-40)$$

Liu 和 Reitz、Liu 和 Mather 研究认为，扁平体的曳力系数是圆球体的 3.632 倍，刚性椭球体曳力系数介于扁平体与圆球体之间。

$$C_D = C_{D,s}(1 + 2.632 y') \qquad (9-1-41)$$

$$y' = \min(1, k-1) \qquad (9-1-42)$$

但是，上述液滴曳力系数关联式是使用刚性球体阻力系数得到的。

Helenbrook 和 Edwards 利用有限差分的方法，分析了均匀气流中液滴的行为特性，发现液滴与固体颗粒不同，液滴在运动中受周围气流的作用而发生内部流动，如图 9-1-6 所示。

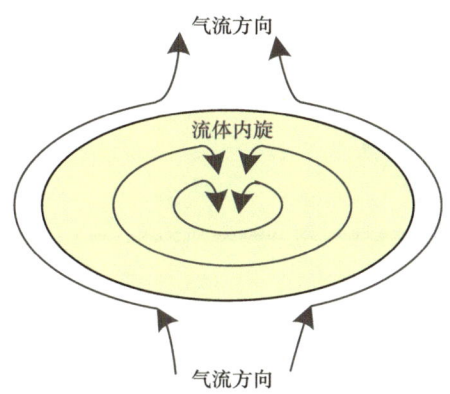

图 9-1-6　液滴内部流动示意图

液滴的内旋消耗了一部分能量，致使液滴的曳力系数比相同形态的固体颗粒的曳力系数要小一些。为此 Helenbrook 和 Edwards 提出式（9-1-43）来修正这种影响：

$$\frac{C_{\text{Ddroplet}}}{C_{\text{Dsolid}}} = \left(\frac{2+3\mu_L/\mu_G}{3+3\mu_L/\mu_G} \right) \left(1 - \frac{0.03\mu_G}{\mu_L} Re^{0.65} \right) \quad (9\text{-}1\text{-}43)$$

式中　C_{Ddroplet}——液滴的曳力系数；

C_{Dsolid}——固体颗粒的曳力系数。

当液滴的黏度较大时，液滴内旋产生的影响是不可忽略的；当 Re 较高时，液滴内部流动对曳力系数的影响也不可忽略。考虑到高气液比气井中液滴的 Re 通常远大于 1000，液气黏度比在 40 左右，两者的偏差可能会超过 15%。因此将刚性椭球体的曳力系数下调 15% 作为相同形态液滴的值。

综合考虑液滴变形和液滴内部的流动，椭球状液滴的曳力系数按式（9-1-44）计算：

$$C_D = 0.36[1 + 2.632(k-1)] \quad (9\text{-}1\text{-}44)$$

4. 影响因素分析

以管径 62 mm，天然气相对密度 0.6 为例，基于 Tatterson 等和 Azzopdia 方法计算的临界携液状态下的韦伯数如图 9-1-7 所示。从图 9-1-7 可知，压力越大，临界韦伯数越大；基于 Tatterson 等方法计算的临界韦伯数受压力影响较小，在 14~15.6 之间变化，基于 Azzopdiar 方法计算的临界韦伯数受压力影响较大，在 2.5~53 之间变化。

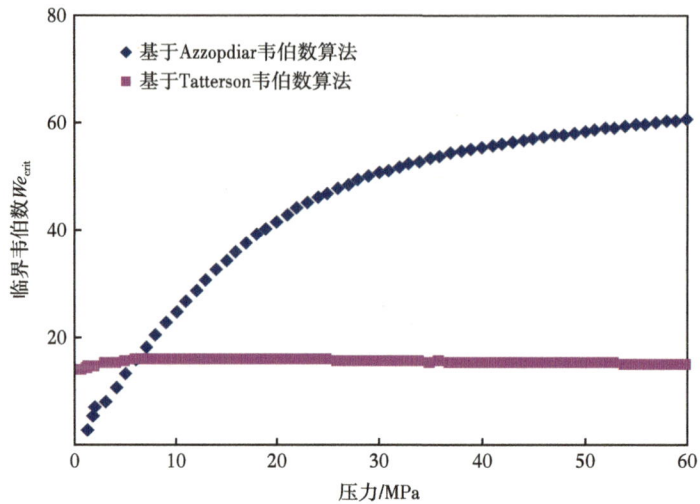

图 9-1-7 临界韦伯数与压力的关系曲线

根据临界韦伯数与携液气流量的关系，由式（9-1-29）计算的关系式综合系数如图 9-1-8 所示。由于基于 Tatterson 等方法计算的临界韦伯数受压力影响较小，所以关系式系数变化也很小，在 3.74~3.9 之间变化；而基于 Azzopdiar 方法计算的临界韦伯数受压力影响较大，所以关系式系数变化也较大，在 1.92~5.3 之间变化，压力越大，关系式系数越大。而 Turner 将关系式取值为 6.5，Coleman 等取值为 5.5，Li 等取值为 2.5，Wang 等取值为 2.25，关系式系数均为常数。

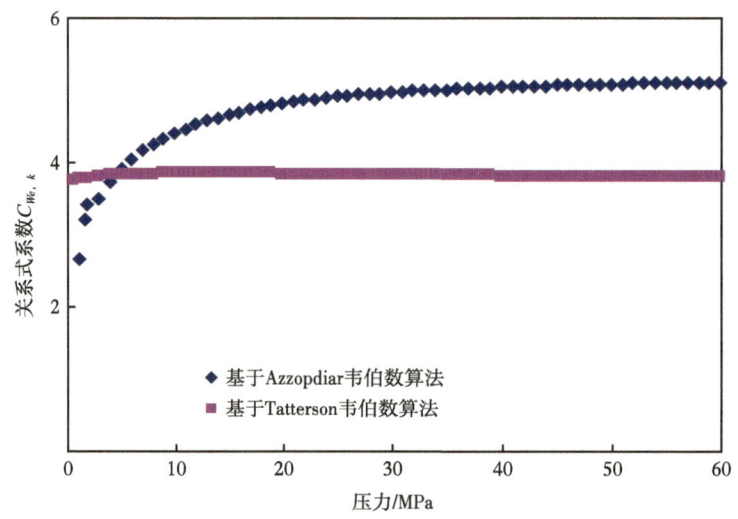

图 9-1-8 关系式系数与压力的关系

5. 低压气井模型评价

利用 Coleman 等发布的低压（井口油压 0.26~3.41 MPa）气井试验数据分别对 Turner 等圆球模型、Coleman 等圆球模型、Li 等椭球模型、Wang 等球帽模型和新模型进行评价和分析。

从前文的分析知，压力越大，携液临界气流量越大，但是温度也是影响气井携液流量的一因素。因此气井临界携液气流量应根据压力和温度条件综合决定。对于具体的一口气井，应根据井筒中各管段的临界气流量的最大值作为气井的临界气流量。Coleman 等所给数据仅含井底静压和井口流压数据，为此本文采用了凝析气井井筒压力分布精度较高的 Gray 模型计算井底流压，井底流温采用井口流温 25 ℃，按地温梯度 3 ℃/100 m 的计算。

图 9-1-9 是井口油压、Gray 模型计算的井底流压，以及井底流压与井口油压之比。从图 9-1-9 可知，由于 Coleman 等所给井次井口油压低，而举升管消耗的压力大，这样使得井底流压是井口油压的几倍，大多数井次的井底流压是井口油压的 2~4 倍。

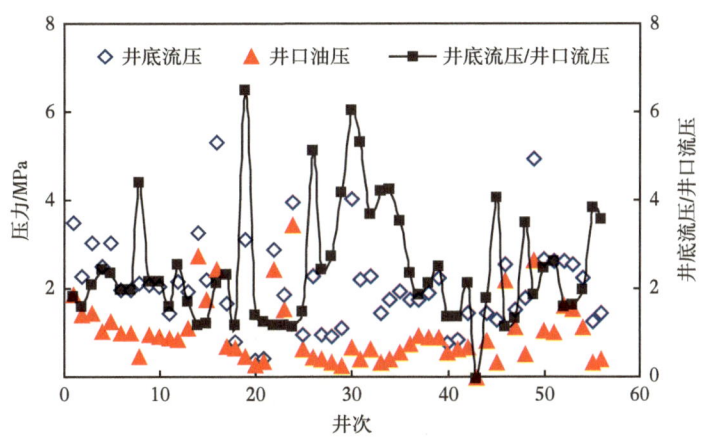

图 9-1-9 Coleman 等试验数据井口油压、井底流压及其比值

图 9-1-10 是采用 Coleman 等推荐的系数 5.5，根据井口油压温度、井底流压温度条件计算的携液临界气流量。从图 9-1-10 可知，井底的携液流量比井口大很多，两者的比值高达 7.5，多数在 2~3 倍之间变化，其主要原因是井底流压比井口油压大很多。

通过以上分析可知，对于 Coleman 等文献数据，应根据井底条件计算气井的携液临界气流量。

图 9-1-11 是 Coleman 等测试的临界携液气流量与各模型计算的携液气流量的对比。Coleman 等的试验数据共 56 组，油管内径均为 62 mm，其中 13 组数据有明显的段塞特征，Coleman 等判定为积液井，有 9 口井无产液量或产液量为 0，其中有 1 口井油压数据为 0，这 23 口井数据均未用于模型评价，其余的 33 组数据全用于模型评价。

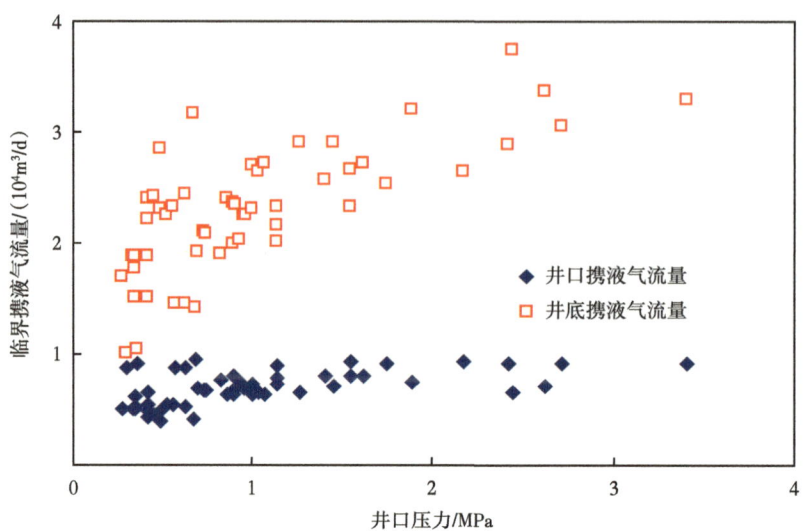

图 9-1-10　Coleman 等试验数据井口和井底临界携液气流量

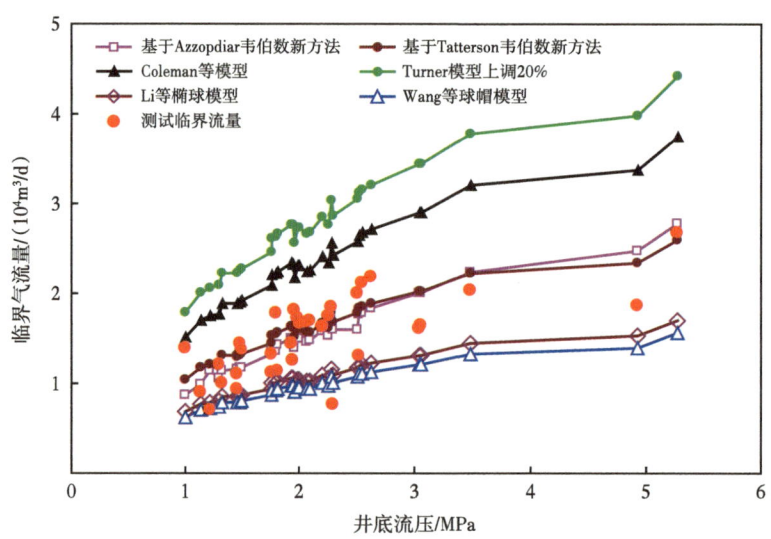

图 9-1-11　不同压力下的临界携液气流量计算值与测试值

从图 9-1-11 可知，基于 Tatterson 等方法或 Azzopdiar 临界韦伯数算法计算的临界携液气流量与测试气流量较接近，其中基于 Azzopdiar 临界韦伯数的准确性更好，测试的气流量分布在预测值两侧。Turner 等圆球模型、Coleman 等圆球模型计算的携液气流量比实测值大很多，而 Li 等椭球模型和 Wang 等球帽模型计算的携液气流量比实测值小很多，如图 9-1-12 所示。

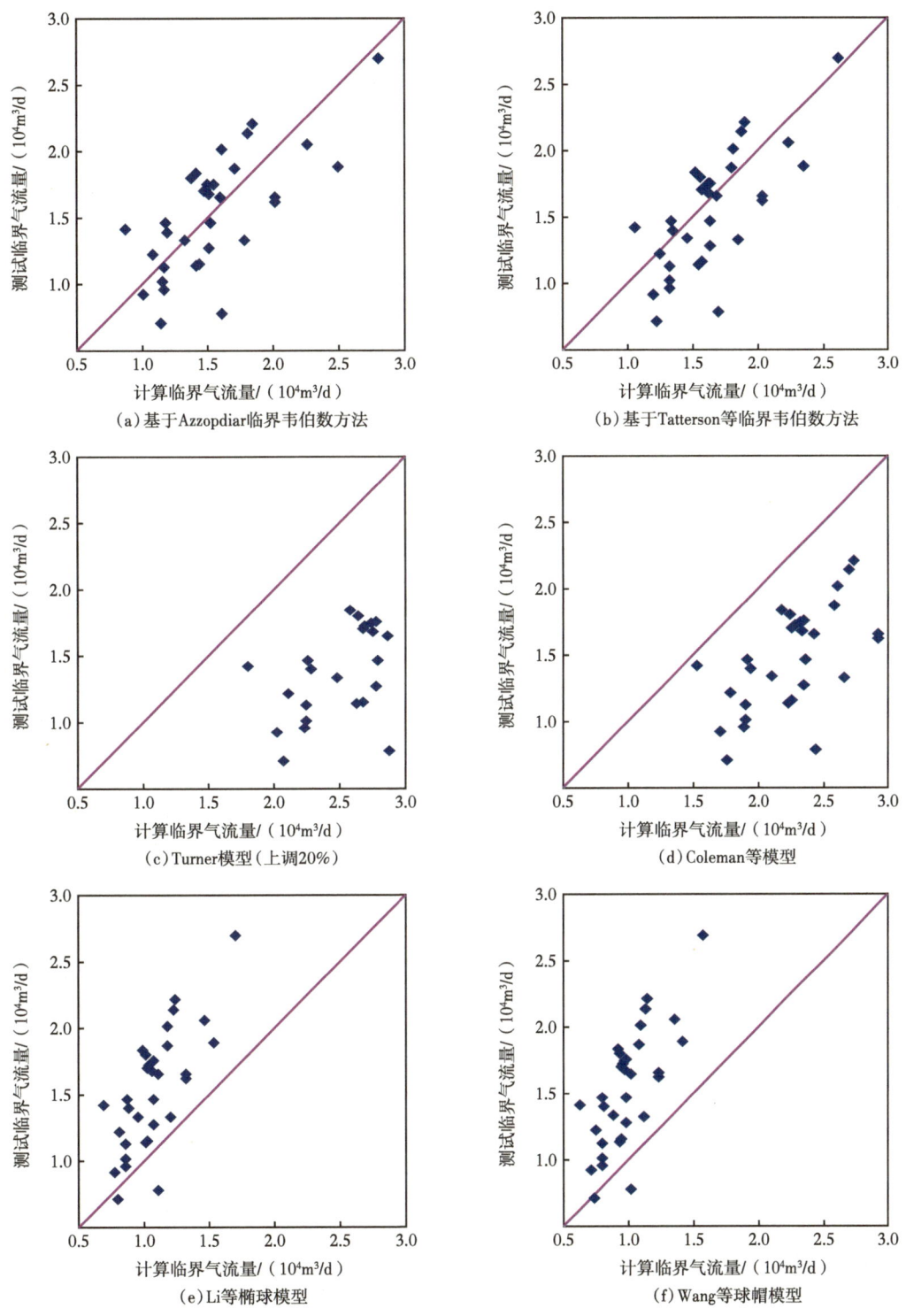

图 9-1-12 携液气流量计算值与测试值对比

图中的线为对中线,图中的点越接近对中线,计算值和测试值越接近

Coleman 等当时根据井口流压和温度条件计算临界携液气流量，系数取 5.5，所计算的临界携液气流量与实测气流量比较接近，为此 Coleman 等得出低压气井 Turner 等模型在不调整 20% 系数的情况下也能对气井的积液状态很好地判断。但是，深入分析图 9-1-12、图 9-1-13 可知，Coleman 等当时得出的结论是不妥的，预测低压气井的临界携液气流量关系式系数应该比 5.5 小 30%~50%，同时应根据井底条件计算井筒的临界携液气流量。

6. 高压气井模型评价

利用 Turner 等发布的高压（井口油压 5~56 MPa）气井试验数据分别对 Turner 等模型、Coleman 等模型、Li 等模型、Wang 等模型和新模型进行了评价，分析了其适应性。

图 9-1-13 是根据井口油压温度、井底流压温度条件计算的临界携液气流量与井口油压的关系，为了更直观确定气井的积液控制位置，井底流压采用 Gray 模型计算。

从图 9-1-13 可知，当井口流压小于 35 MPa 时，99 井次中仅 6 井次井底条件的临界携液气流量大于井口，其余 93 井次井口条件的临界携液气流量略大于井底；而井口流压大于 35 MPa 时，井底条件的临界携液气流量均大于井口。因此，对于 Turner 等发布的高压气井，在计算井筒液滴携带临界气流量时，首先根据井口和井底条件的临界携液气流量的最大值作为气井积液的控制位置。

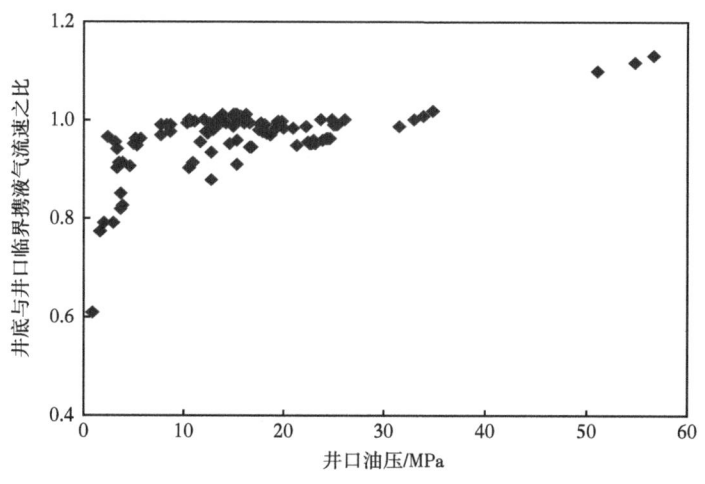

图 9-1-13　Turner 等试验数据井口和井底临界携液气流量

各模型根据积液加载点（井底或井口）压力、温度计算的临界携液气流量与测试气流量对比如图 9-1-14 所示。由于 Turner 等所给井次油管尺寸种类多，生产方式有油管生产和套管生产两种，生产管柱当量直径在 44.5~147.78 mm 之间变化，为了便于区分连续携液井次和积液井次，寻找规律，本次模型评价使用气流速（与管径无关）而不是气流量（与管径有关）作为对比参数。对比各液滴模型计算的临界携液气流速与积液井和未积

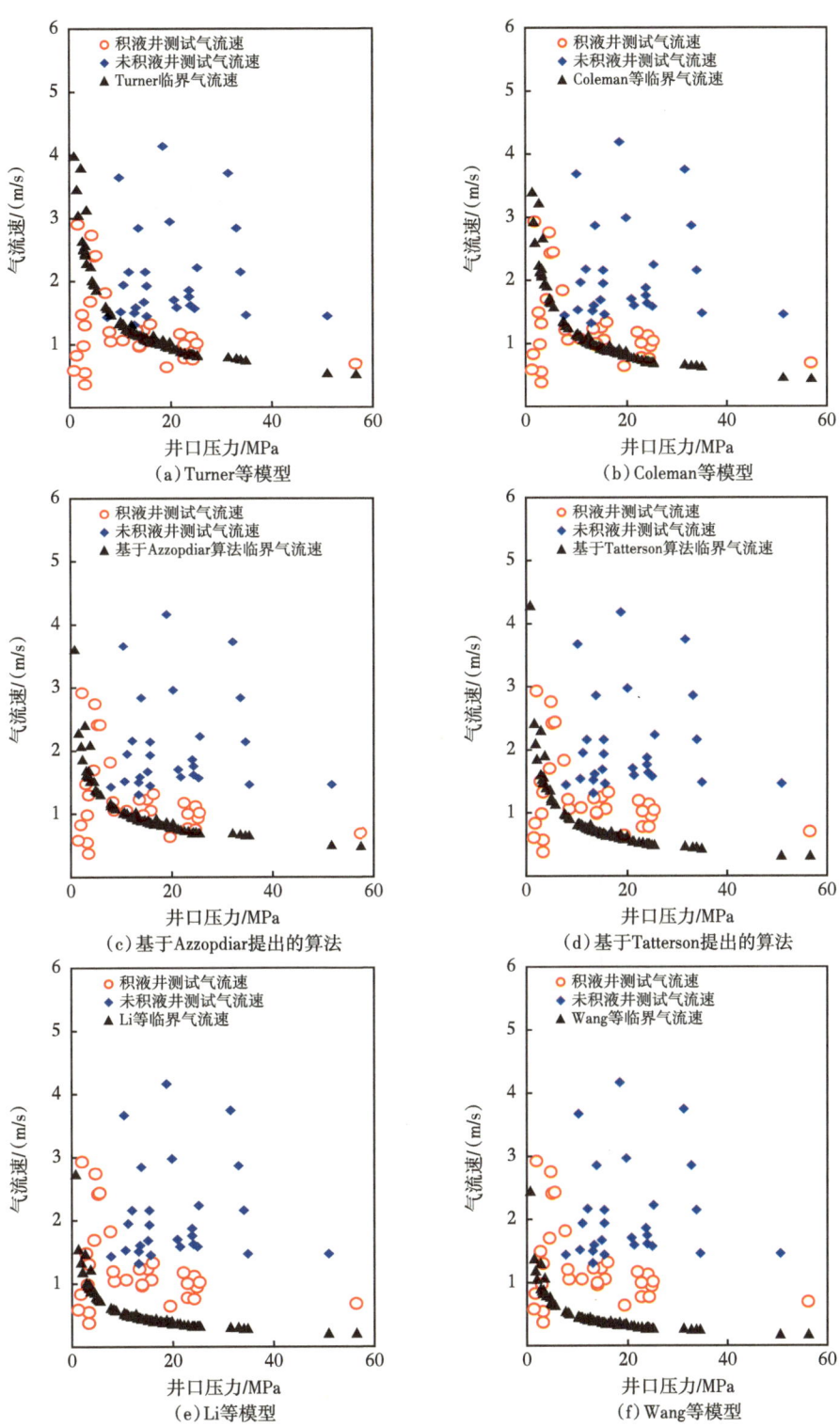

图 9-1-14 模型计算的临界携液气流速与测试气流速对比

液井的气流速可知，Turner 等模型、Coleman 等和基于 Azzopdiar 临界韦伯数算法提出的新模型能较准确判断 Turner 等发布的高压气井的积液状态，其中积液状态判断符合率最高的是 Turner 等上调 20% 的模型，符合率为 88.5%；其次为 Coleman 等模型和本章基于 Azzopdiar 提出的算法，分别为 84.7%、80.6%。而基于 Tatterson 等韦伯数算法提出的模型、Li 等模型和 Wang 等模型计算的临界携液气流速偏小，符合率较低。

利用 Coleman 等发布的低压气井和 Turner 等发布的高压气井试验数据分别对各液滴模型评价表明，Turner 等圆球模型、Coleman 等圆球模型计算的低压气井的携液临界气流量偏大，而 Li 等椭球模型和 Wang 等球帽模型计算高压气井的携液临界气流量偏小，而本章建立的新模型在低压和高压气井均具有较高的准确性。

第二节　液膜模型

一、理论模型

气井携液液膜模型最早由 Turner 提出，管壁上液膜在气流作用下向上携带，由牛顿内摩擦定律可知，液膜速度从气液界面至管壁逐渐降低（图 9-2-1）。

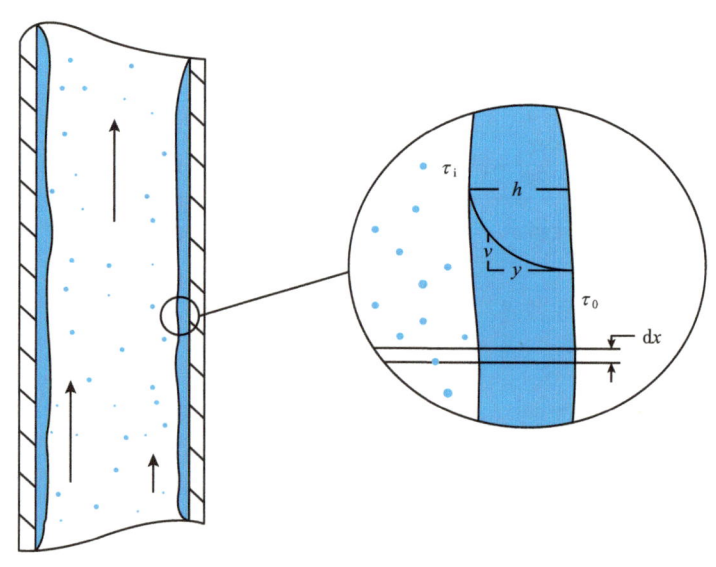

图 9-2-1　管壁处液膜速度分布及受力示意图

假设液膜内流体的流动为层流，液体为牛顿流体。根据牛顿内摩擦定律，离管壁 y 处液膜剪切应力满足：

$$\frac{\tau}{\tau_0} = 1 + \frac{y\rho_L g}{\tau_0} \tag{9-2-1}$$

式中 τ_0——管壁切应力，Pa；

τ——离管壁 y 处的流体内切应力，Pa。

其无量纲形式为：

$$\frac{\tau}{\tau_0} = 1 + y^+ \frac{\sigma^3}{\eta}, \quad \sigma^3 = \frac{h^3 \rho_L^2 g}{\eta^2 \mu_L^2}, \quad y^+ = \frac{v^* y \rho_L}{\mu_L}$$

$$v^* = \sqrt{\frac{\tau_0}{\rho_L}}, \quad v^+ = \frac{v}{v^*}, \quad \eta = \frac{h v^* \rho_L}{\mu_L}$$

式中 y^+——无量纲距离；

v^*——摩擦速度；

v^+——无量纲速度。

液膜剪切应力分布是液膜距管壁距离的函数。根据 Gill 和 Scher 的动量传输理论，无量纲速度分布可表示为：

$$v^+ = \int_0^{y^+} \frac{2\left(1 + y^+ \frac{\sigma^3}{\eta}\right)}{1 + \sqrt{4k^2 y^{+2}\left(1 - e^{\frac{-\phi y^+}{y^+ m}}\right)^2 \left(1 + y^+ \frac{\sigma^3}{\eta}\right)}} dy^+ \tag{9-2-2}$$

液膜中液相速度分布通过积分得到：

$$w_L = \pi d \mu_L \int_0^\eta v^+ dy^+ \tag{9-2-3}$$

式（9-2-2）和式（9-2-3）可以计算液膜向上推移的最小气流量，但还必须建立临界携带条件下液膜剪切应力与液膜重力之间的关系。液膜界面及内部的剪切应力为液膜向上流动的动力，液膜自身重力 $h\rho_L g$ 是液膜向上流动的阻力，管壁处摩擦应力 τ_0 也是阻力。在临界流动条件下，管壁处液膜速度为0，此时 $\tau_0=0$，即界面摩擦应力等于液膜自身重力，即 $h\rho_L g/\tau_i = X = 1$。为了让液膜向上流动，界面剪切应力应略大于重力，建议比值取为 0.99。如果将 X 取为 0.99，则积分式（9-2-3）中的参数可简化为：

$$\sigma^3 = \frac{X}{1-X} \tag{9-2-4}$$

$$\frac{\beta}{\eta^{2/3}} = \frac{1}{X^{2/3}(1-X)^{2/3}} \tag{9-2-5}$$

此处：

$$\beta = \frac{Fd\rho_L^{2/3}g^{1/3}}{4\mu_L^{2/3}} \tag{9-2-6}$$

$$F = \frac{\dfrac{\Delta p}{\Delta x} - \rho_G g}{\rho_L g} \tag{9-2-7}$$

其中，$\Delta p/\Delta x - \rho_G g$ 为两相流的压力梯度，采用 Martinelli 两相流模型计算。

若从液膜的柱面坐标系出发进行推导，也可得到液膜携带的临界气流速。在稳定流动条件下，液膜流动满足 Navier-Stokes 方程：

$$-g - \frac{1}{\rho_L}\frac{\partial p}{\partial z} + \frac{\mu_L}{\rho_L}\frac{1}{r}\frac{\partial}{\partial z}\left(r\frac{\partial v}{\partial r}\right) = 0 \tag{9-2-8}$$

式中　v——液膜流速，m/s；

　　　g——重力加速度，m/s^2，一般取 9.8 m/s^2。

当液膜反转时，管壁摩擦应力为零。因此，有如下边界条件：

$$\tau_0 = -\mu_L \frac{\mathrm{d}v}{\mathrm{d}r}\bigg|_{r=r_0} = 0 \tag{9-2-9}$$

式中　τ_0——管壁切应力，Pa；

　　　r_0——油管半径，m。

与此同时，管壁液膜速度为零：

$$v\big|_{r=r_0} = 0 \tag{9-2-10}$$

在液膜界面处，根据牛顿内摩擦定律：

$$\tau_i = -\mu_L \frac{\mathrm{d}v}{\mathrm{d}r}\bigg|_{r=r_0-h} \tag{9-2-11}$$

式中　τ_i——内切应力，Pa；

　　　h——液膜厚度，m。

与液膜重力相比，压力梯度可忽略。因此，式（9-2-8）可化简为：

$$\frac{1}{r}\frac{\partial}{\partial z}\left(r\frac{\partial v}{\partial r}\right)=\frac{\rho g}{\mu_L} \quad (9\text{-}2\text{-}12)$$

结合边界条件式（9-2-10）和式（9-2-11）对式（9-2-12）进行积分，可得到液膜的径向速度分布：

$$v=\frac{\rho g}{4\mu_L}r^2-\frac{\rho g r_0^2}{2\mu_L}\ln r+\frac{\rho g r_0^2}{2\mu_L}\ln r_0-\frac{\rho g r_0^2}{4\mu_L} \quad (9\text{-}2\text{-}13)$$

对液膜速度进行径向积分可得其液膜流量：

$$Q_f=\int_{r_0-h}^{r_0}2\pi vrdr=\frac{\pi\rho_L g}{8\mu_L}\left[r_0^4-(r_0-h)^4\right]-\frac{\pi\rho_L g}{\mu_L}r_0^2\left\{\frac{r_0^2}{2}\left[\ln r_0-\ln(r_0-h)\right]-\frac{h^2-2r_0h}{2}\ln(r_0-h)+\frac{h^2-2r_0h}{4}\right\}+\left(\frac{\rho_L g r_0^2}{2\mu_L}\ln r_0-\frac{\rho_L g r_0^2}{4\mu_L}\right)\pi\left[r_0^2-(r_0-h)^2\right] \quad (9\text{-}2\text{-}14)$$

对于式（9-2-14）中的对数项，采用三阶泰勒展开进行化简可得：

$$Q_f=\frac{\pi\rho_L g}{8\mu_L}\left(\frac{8}{3}r_0h^3-\frac{1}{3}h^4-\frac{4}{3}\frac{h^5}{r_0}\right)\approx\frac{\pi\rho_L g}{3\mu_L}r_0h^3 \quad (9\text{-}2\text{-}15)$$

根据式（9-2-15）可以得到，液膜厚度的简单计算公式：

$$h=\left(\frac{3\mu_L Q_f}{\pi\rho_L g r_0}\right)^{\frac{1}{3}} \quad (9\text{-}2\text{-}16)$$

液体以贴附于管壁的液膜和夹带于气芯中的液滴两种形式向上携带，因此，液膜流量为：

$$Q_f=Q_L(1-f_E) \quad (9\text{-}2\text{-}17)$$

式中 Q_L——总液流量，m^3/s；

f_E——液滴夹带率。

液膜刚反转时，气芯曳力等于液膜重力，即：

$$\tau_i=h\rho_L g \quad (9\text{-}2\text{-}18)$$

内剪切力是关于气流速的方程：

$$\tau_i=\frac{1}{2}f_i\rho_c\frac{v_{SG}}{(1-h/r_0)^4} \quad (9\text{-}2\text{-}19)$$

式中　f_i——内摩擦因子；

　　　ρ_c——气芯密度，kg/m³；

　　　v_{SG}——气体表观流速，m/s。

由式（9-2-16）、式（9-2-18）和式（9-2-19）联立可得液膜反转时对应气流速度：

$$v_{\text{crit}} = \left[\frac{2\rho_L gh}{f_i \rho_c}(1-h/r_0)^4\right]^{\frac{1}{2}} \quad (9\text{-}2\text{-}20)$$

潘杰、陈军斌等从垂直管柱内环状流的动量方程出发，建立了液膜携带的临界气流速预测模型。模型不考虑液膜速度在径向上的变化，通过平均液膜速度计算液膜平均厚度。模型采用 Henstock 和 Hanratty 关系式计算液膜厚度，采用刘通、王世泽等建立的关系式计算液滴夹带率。

刘捷、廖锐全、赵生孝等[211]从垂直管柱内环状流的动量方程出发，建立了气井最大携液量计算的数学模型。模型中使用李闽携液模型确定环状流存在的临界气流速，采用 Tengesdal 等的模型计算搅动流向环状流转化的含气率。从分相流模型出发，假设携液流量为 Q_L，先后计算气芯和液膜的流动参数；当计算得到液膜厚度所占管道截面积的份额等于搅动流向环状流转化的含气率时，假设的 Q_L 为该气流条件下能携带的最大液流量。如果不满足，重新假设 Q_L，直至满足式（9-2-21）。

$$\frac{v_{SG}}{1.126v_m + 1.41\left[g\sigma_L(\rho_L-\rho_G)/\rho_L^2\right]^{\frac{1}{4}}} = \left(1-\frac{2h}{d}\right)^2 \quad (9\text{-}2\text{-}21)$$

式中　v_m——混合物流速，m/s。

二、经验模型

1. 基于无量纲气流速的方法

Wallis（1969）给出的无量纲气流速度表达式为：

$$N_{GV} = v_{SG}\left[\frac{\rho_G}{gD(\rho_L-\rho_G)}\right]^{\frac{1}{2}} \quad (9\text{-}2\text{-}22)$$

式中　ρ_G——气相密度，kg/m³；

　　　ρ_L——液相密度，kg/m³；

　　　v_{SG}——气相表观速度，m/s；

　　　N_{GV}——无量纲气相速度；

　　　g——重力加速度，m/s²，一般取 9.8 m/s²；

　　　D——管径，m。

Wallis 给出的搅动流向环状流转化的无量纲气相速度在 0.7~1.0 之间变化，与实验流入口条件有关。不同的学者得出的搅动流向环状流转化的无量纲气相速度不同，Owen 实验得出的无量纲气相速度为 0.52。Richter 分析得出，Wallis 关系式在管径 $D \leqslant 0.05 \text{ m}$ 的情况下具有较高的精度，而管径较大时误差较大，并指出这种差异主要是由管径的差异引起的。为此 Richter 对无量纲气相速度进行了重新推导，得到了新的表达式，适用于 25.4~254 mm 管径，拓宽了适用的管径条件。所提出的搅动流向环状流转化的无量纲临界气流速为：

$$N_{\text{GV-crit}} = \left[\frac{75\sigma}{D^2 g (\rho_L - \rho_G)} \right]^{\frac{1}{2}} \left[\left(1 + \frac{D^2 g (\rho_L - \rho_G)}{75^2 \sigma f_w} \right)^{\frac{1}{2}} - 1 \right]^{\frac{1}{2}} \quad (9\text{-}2\text{-}23)$$

式中 f_w——管壁的摩擦系数，Richter 推荐取值为 0.008；

σ——气液界面张力，N/m；

$N_{\text{GV-crit}}$——液膜逆向流动的无量纲临界气流速。

2. 基于 Kutateladze 数的方法

Kutateladze 数表达式定义为：

$$Ku = \frac{v_{\text{SG}} \rho_G^{\frac{1}{2}}}{[g\sigma(\rho_L - \rho_G)]^{\frac{1}{4}}} \quad (9\text{-}2\text{-}24)$$

式中 Ku——Kutateladze 数。

Pushkina 和 Sorokin 得出不同管径搅动流向环状流转化的 Kutateladze 数为 3.2。Richter 和 Lovell 得出管径分别为 25.4 mm、50.8 mm、152 mm、254 mm 下的 Kutateladze 数分别为 1.75、2.5、3.1、3.2，随管径的增大而增大。对 Richter 和 Lovell 的实验数据线性插值，得出管径 40 mm 的 Kutateladze 数为 2.35。实验表明，搅动流向环状流转化的 Kutateladze 数在 2.3~2.6 之间变化，小于 Pushkina 和 Sorokin 的实验结果推荐 3.2，但与 Richter 和 Lovell 实验结果接近。

3. 基于液泛效应

液泛即当气液两相流由逆向流动到同向流动时的转折点。McQuillan 和 Whalley，Nicklin 和 Davidson，Wallis，以及 Govan 等认为弹状流到搅拌流的转变与弹状流内 Taylor 气泡周围的下降液膜出现液泛有着密切的联系。Wallis 实验发现，弹状流到搅拌流转变所需要的气速的增量，与下降液膜产生液泛所需要的气速的增量几乎相等。

液泛是从核工业和锅炉领域提出的概念。当气（蒸汽）流速较小时，液膜向下流动，两相流体形成逆流；当气（蒸汽）流速较大，气膜向上流动（图 9-2-2）。

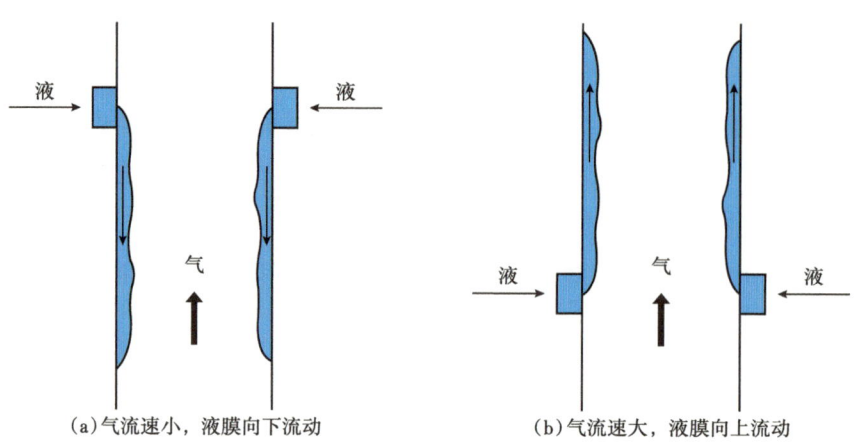

图 9-2-2 液泛发生条件示意图

当液泛发生时,液膜变得不稳定并在表面形成波峰,波峰被气流撕破形成细小液滴被气流带走。Wallis 最早使用无量纲速度来预测液泛发生的条件:

$$\sqrt{N_{GV}} + \sqrt{N_{LV}} = C \quad (9-2-25)$$

经验常数 C 与管径、管的长度,以及工况有关,C 值建议如下:对于锐边管,Wallis 取为 0.725;对于圆边管,Wallis 取为 0.88。

Jayanti 和 Hewitt 对 McQuillan 和 Whalley 的液泛机理进行修正,得到新的修正液泛机理模型,它具有较高精确度和理论基础。认为段塞流向块状流转变的条件为:

$$\sqrt{N_{GV}} + m\sqrt{N_{LV}} = C \quad (9-2-26)$$

其中 m、C 的取值如下。

(1)当重力影响远大于黏性力时,亦即 Gr 值很大时,$m=1.0$,且有:

$$\begin{cases} 0.88 < C < 1, & \text{对于圆边管} \\ C = 0.725, & \text{对于锐边管} \end{cases} \quad (9-2-27)$$

(2)当重力影响远小于黏性力时,亦即 Gr 值较小时,有:

$$m = 5.6 Gr^{-\frac{1}{2}}, C = 0.725 \quad (9-2-28)$$

Gr 为格拉晓夫数(Grashof Number),为重力与黏性力的比值:

$$Gr = \left[\frac{\rho_L g D^3 (\rho_L - \rho_G)}{\mu_L^2} \right]^{\frac{1}{2}} = \frac{\text{重力}}{\text{黏性力}} \quad (9-2-30)$$

第十章 水平气井携液理论

水平井与垂直井相比,因与气层接触面积大,产气量高,经济效益好,水平井在低渗透气藏中得到广泛使用[212-213]。水平井由水平段、倾斜段和垂直段组成。本章全面介绍了现有水平气井携液模型的相关理论,包括液滴模型和液膜模型。重点介绍了本书建立的水平井携液机理模型和考虑多因素影响的携液经验模型。

第一节 倾斜管携液实验

一、实验装置

本书建立了倾斜管多相流实验装置,开展了水平气井倾斜管携液实验,实验装置示意图如图 10-1-1 所示,实验装置由固定的梯形架子和可移动的梯形架子构成。在可移动的梯形架子上并排布置了 3 根不同管径的 PVC 玻璃管,可移动的梯形架子可以调节到 0°(水平)至 90°(垂直)之间的任何角度。当调整到一定角度时,将可移动框架放置到另一个垂直固定架子上以避免晃动。3 根管子长度为 8 m,壁厚为 5 mm,内径分别为 30 mm、40 mm 和 50 mm,其中内径 50 mm 的管子作回流通道。

实验过程中,压缩空气通过储气罐、节流孔计和阀门进入混合三通管道,混合三通位于管道入口下方 2 m 处。由泵供应的水通过涡轮流量计流入混合三通。混合三通连接到 30 mm 和 40 mm 的管段的入口。气液混合物沿着 30 mm 或 40 mm 的管道向上流动,沿 50 mm 向下流向水槽。气液混合物在水槽中分离,气体排放到大气中,水再循环进入水泵。在目前的实验中,测量了 30 mm 和 40 mm 管道中气液两相流压降梯度及临界携液气体流速。实验管内径与现场采用的 31.8 mm 和 41.9 mm 速度管内径相近。

在实验中,测试了斜管底部和顶部的两个压力,以及距离入口 4 m 处的压降梯度,压力梯度测试的距离为 2 m。压力传感器的量程范围为 0~600 kPa,精度为 0.5%。差压传感器的量程范围为 0~40 kPa,精度为 0.5%。涡轮流量计的量程范围为 0~1 m^3/h,精度为 0.5%。孔板流量计的量程范围为 0~400 m^3/h,精度为 0.25%。

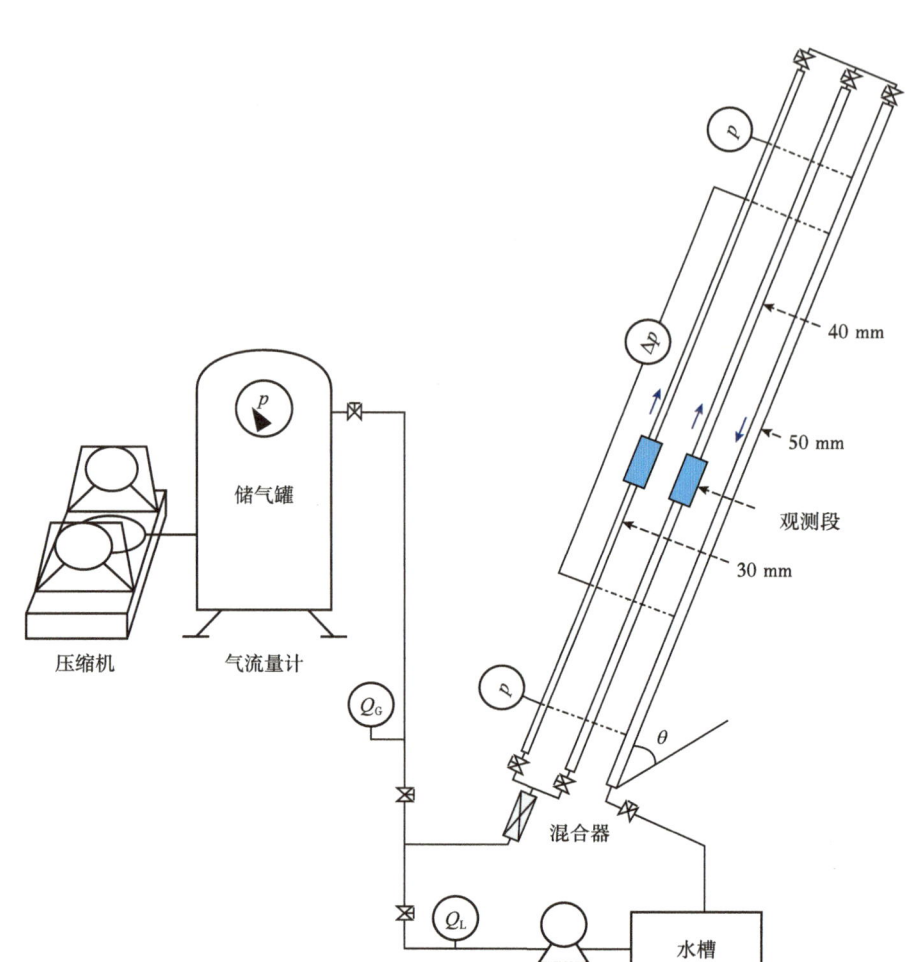

图 10-1-1 两相流实验回路

二、临界气流速判定方法

使用高速摄像机观察了位于管段入口上方 5 m 处的流动现象来确定积液加载点。当液膜开始反向流动，气流速被确定为连续携液临界气流量。积液加载的气流速被称为临界携液气流速 $q_{SG,CR}$。如图 10-1-2 所示，压力梯度在液体加载开始时开始波动。当液体稳定携带时，流型为环状流或分层流，液膜界面规则，压力梯度几乎不波动；而当有液体滞留时，流型发展为过渡流，由于气液分布不均匀、压力梯度波动大，液体刚好加载时，液体梯度介于环形流或分层流与过渡流之间。因此，可以使用压力梯度的波动来识别液体加载的临界气流量。在本书中，液体加载临界气流量主要通过可视观察和压力梯度的波动情况来确定。

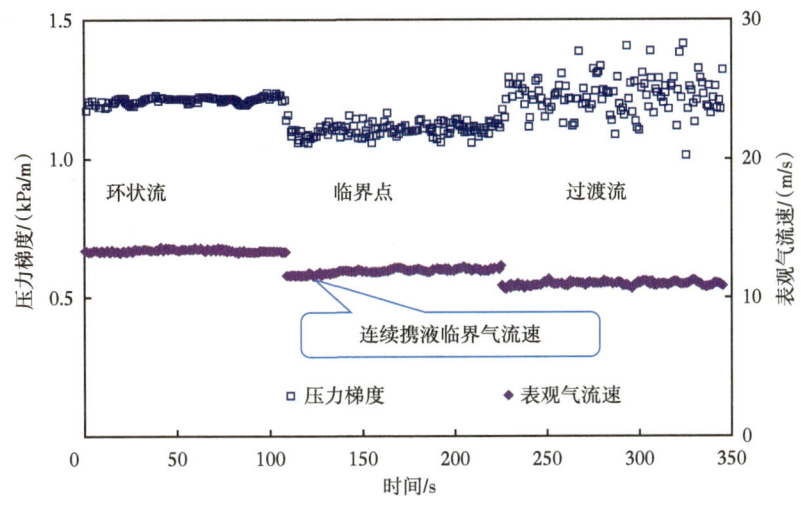

图 10-1-2 压力梯度随表观气流速的变化

三、实验结果及分析

1. 压力梯度与携液临界气流速关系

图 10-1-3 中给出了 40 mm 圆管内压力梯度与表观气流速的关系。压力梯度最小的表观气流速用符号 $v_{SG,MinP}$ 表示。当 v_{SG} 小于 $v_{SG,MinP}$ 时,压力梯度随着表观气流速的增加而减小,当 v_{SG} 大于 $v_{SG,MinP}$ 时,压力梯度随着表观气流速的增加而增加。$v_{SG,MinP}$ 通常称为液膜逆向流动条件下的表观气流速度,用于确定液体携带的临界气流速。通常情况下,当 v_{SG} 大于 $v_{SG,MinP}$ 时,流型发展为环状流;当 v_{SG} 小于 $v_{SG,MinP}$ 时,流型发展为搅动流。

根据图 10-1-3,当 v_{SG} 小于 $v_{SG,MinP}$ 时,当气流速较小时,气液之间滑脱严重,持液率和压力梯度增加。当 v_{SG} 大于 $v_{SG,MinP}$ 时,随着气流速增加,压力梯度快速增加,这是因为摩擦压力梯度增加。根据图 10-1-3,压力梯度随表观液流速增加而增加,这主要是因为随着液流速增加,持液率增加,压力梯度增加。另外,由于实验测试的携液临界气流速存在不确定性,在图 10-1-3 中用宽线表示不同液流速的分布范围,大致趋势是携液临界气流速随液流速增加而增加。从图 10-1-3 可知,观察到 $v_{SG,CR}$ 略小于 $v_{SG,MinP}$,这与 Yuan、Guner、Alsaadi、Luo[214] 在 76.1 mm 管道中观察到的实验结果略有不同,在他们的实验中 $v_{SG,CR}$ 略大于 $v_{SG,MinP}$。目前的实验结果和之前的实验结果之间的差异可能是因为管径的影响。此外,在图 10-1-3 中,在相同的倾角条件下,携液临界气流速分布在很宽的范围内,这是因为管段底部的压力随着液流速的增加而增加,以及携液临界气流速随压力的增加反而下降,携液临界气流速在不同条件下有一定的差异。

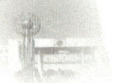

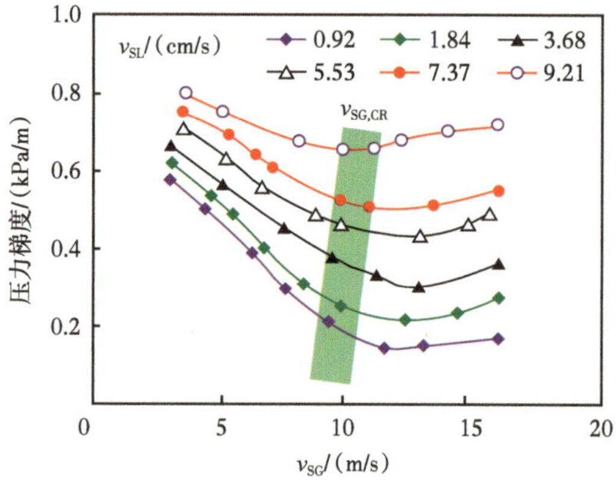

(a)倾斜角15°

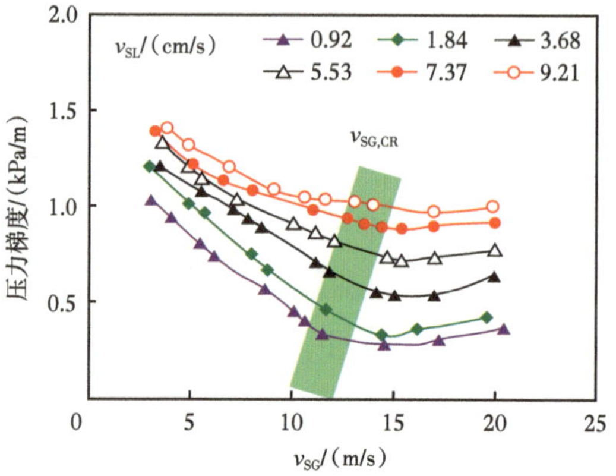

(b)倾斜角30°

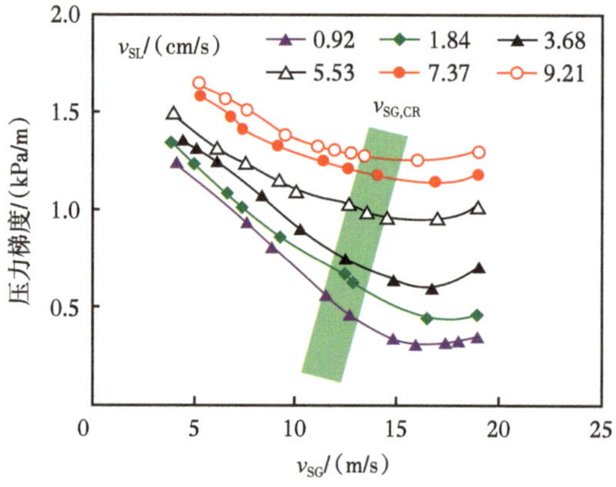

(c)倾斜角40°

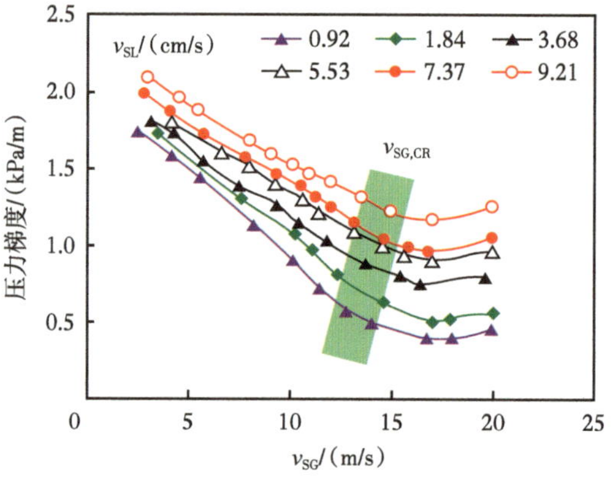

(d)倾斜角50°

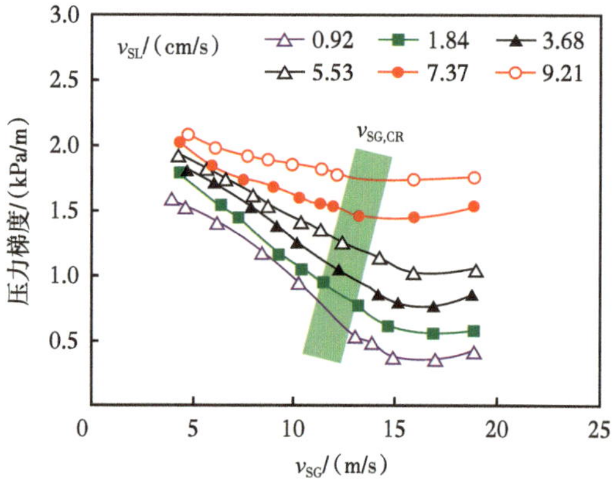

(e)倾斜角67°

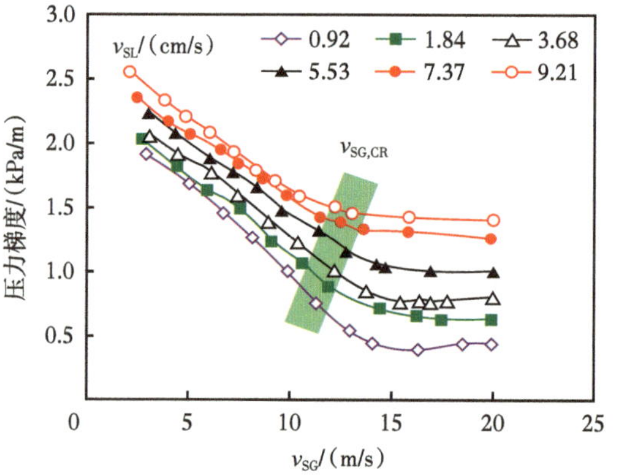

(f)倾斜角77°

图 10-1-3 压降随气流速的变化(管径为 40mm)

30 mm 圆管内压力梯度测试结果如图 10-1-4 所示。从图 10-1-4 可知，实验测试所得规律与 40 mm 速度管相似。随气流速增加，倾斜管压降梯度随气流速先增加后减小，原因是气流速增加能减小气液间滑脱损失，逐渐降低持液率，减小重力压降，增加摩阻压

降。气流速小时，滑脱损失占主导；气流速大时，摩阻损失逐渐占主导。压力梯度最小点对应的气流速为 12~15 m/s，小于 40 mm 的气流速值。随液流量增加，压力梯度快速上升，液流速对压力梯度影响显著。

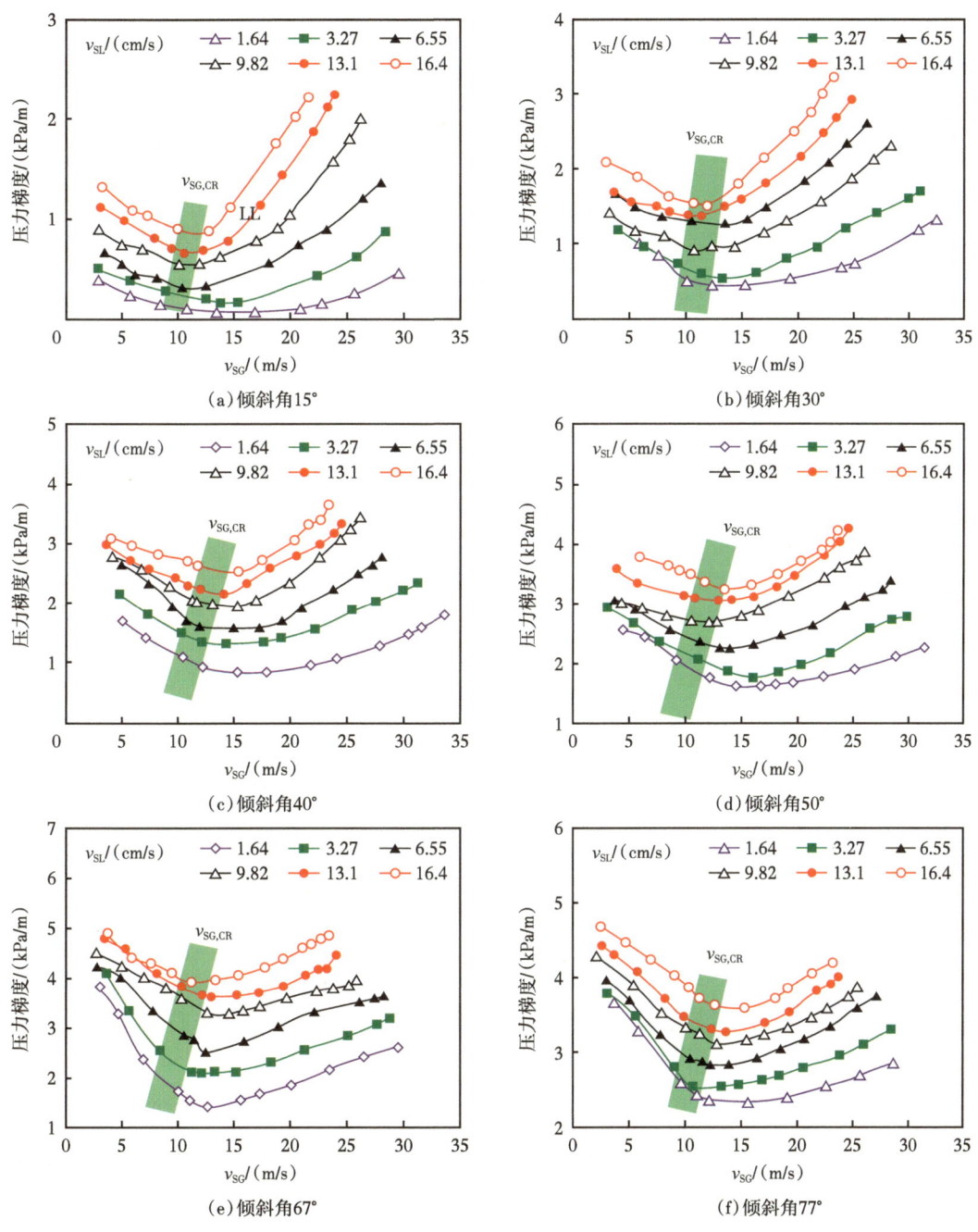

图 10-1-4　压降随气流速的变化（管径为 30mm）

比较图 10-1-3 和图 10-1-4 可知，30 mm 管段的压力梯度明显大于 40 mm 管段的压力梯度，主要是因为 30 mm 管段持液率大于 40 mm 管段的持液率。另一不同之处是 40 mm 管中 $v_{SG,CR}$ 比 30 mm 管更接近 $v_{SG,MinP}$。

2. 携液临界气流速与倾斜角的关系

图 10-1-5 显示了携液临界气流速随倾斜角的变化。在实验中底部压力随着表观液流速和倾角的增加而增加。为了消除倾斜管底部流动压力对临界携液气流速的影响，使用了标准条件（STD）下的临界气流速，即将测试的临界气流速根据管底压力和温度折算到大气压条件下的值。

在图 10-1-5 中，临界气流速先随倾斜角增加而增加，随后随倾斜角度逐渐减小。最大临界气流速集中在倾斜角 50° 附近，少数数据点分散在 30°~60° 之间。

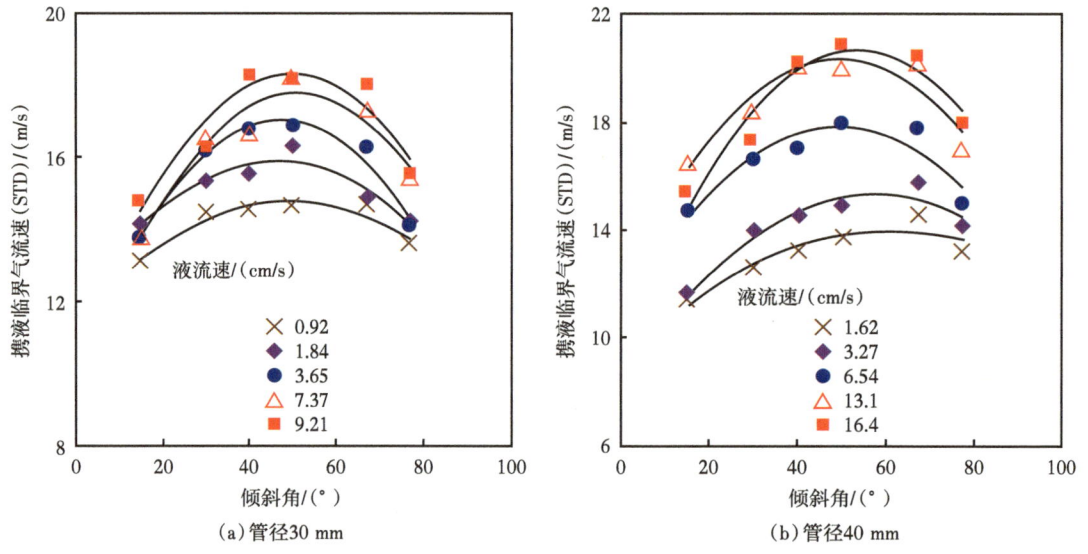

图 10-1-5　携液临界气流速与倾斜角的关系

3. 液流速对携液临界气流速的影响

利用实验数据研究了液流速对临界携液气流速影响规律，如图 10-1-6 所示，部分实验数据来自 Guner 和 Alsaadi 开展的实验。

从图 10-1-6 可知，临界携液气流速随着液流速的增加而增加。当液流速分别低于 15 cm/s、10 cm/s 和 5 cm/s 时，30 mm、40 mm 和 76.1 mm 管道中的临界气流速对液流速的变化更为敏感。但是，当液流速大于这些值时，临界气流速对液流速变得不再敏感。这种变化的主要原因是液膜变得更厚，并且液膜重力分量随着液流速增加而增加，从表 10-1-1 可观察到这种趋势。

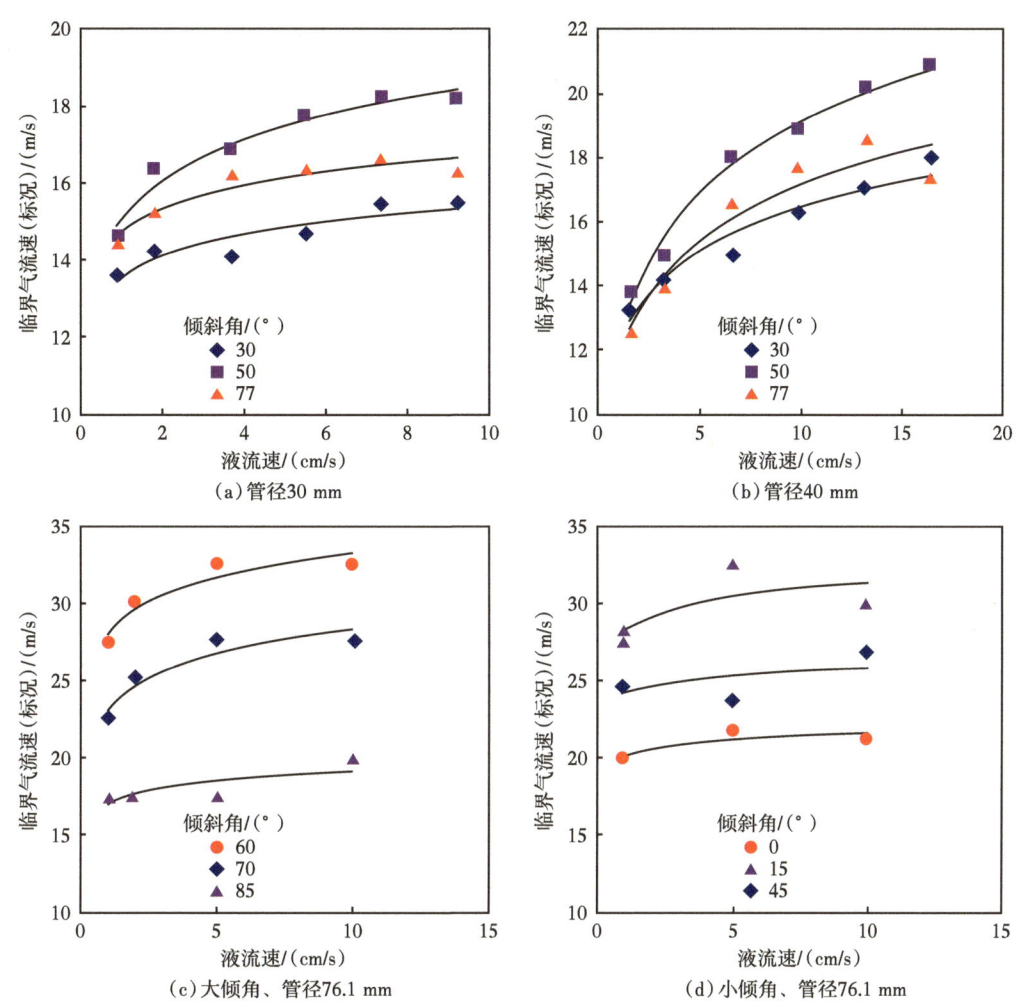

图 10-1-6 临界携液气流量与液流速的关系

表 10-1-1 液膜厚度分布（Geraci et al., 2007）（内径 38.1mm）

倾斜角 / (°)	表观气流速 / m/s	表观液流速 / m/s	液膜厚度 /mm					底部液膜重力分量 / N
			3°	45°	92°	135°	172°	
0	21.5	0.007	2.24	1.06	0.10	0.10	0.07	0
30	21.5	0.007	2.09	1.44	0.11	0.11	0.14	11.2
45	21.5	0.007	2.19	1.41	0.11	0.11	0.08	15.2
60	21.5	0.007	1.80	1.53	0.23	0.11	0.08	15.3
85	21.5	0.007	1.32	1.05	0.65	1.05	0.65	12.9

续表

倾斜角 / (°)	表观气流速 / m/s	表观液流速 / m/s	液膜厚度 /mm					底部液膜重力分量 / N
			3°	45°	92°	135°	172°	
0	21.5	0.079	9.81	4.47	0.35	0.12	0.11	0
30	21.5	0.079	7.14	5.14	1.18	0.39	0.30	35.0
45	21.5	0.079	9.28	5.91	2.39	0.76	0.55	64.3
60	21.5	0.079	7.15	5.14	2.39	1.64	1.11	60.7
85	21.5	0.079	2.65	3.41	—	—	—	25.9

4. 管道内径对携液临界气流速的影响

图 10-1-7 给出了在 v_{SL} 为 8 cm/s 时临界气流速随管内径的变化规律。图 10-1-7 中 50 mm 管段中的临界气流速由 Van't Westende 测试。图 10-1-7 中 76.1 mm 管段中 v_{SL} 为 8 cm/s 的临界气流速是根据 Guner 和 Alsaadi 所测量在 v_{SL} 为 5 cm/s 和 v_{SL} 为 10 cm/s 条件下的临界气流速进行插值得到。图 10-1-7 表明，在相同的液流速和倾角下，临界携液气流速随管内径增加而增加。气田采用 31.8 mm 或 41.9 mm 的连续管可以显著降低连续携液临界气流速和气流量。

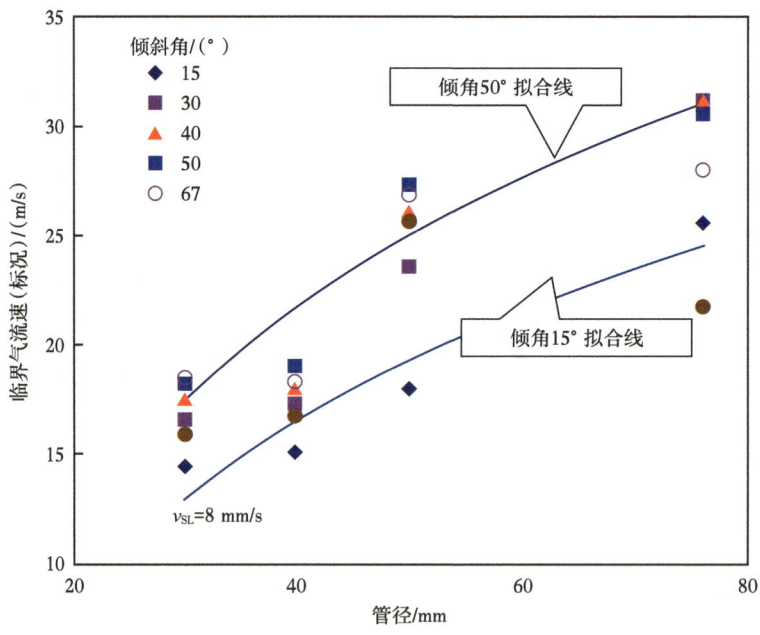

图 10-1-7 临界携液气流量与管径的关系

第二节 现有水平井携液模型

一、液滴模型

1. 杨文明定向井液滴模型

杨文明、王明、陈亮等针对传统的液滴携液模型忽略了井斜角变化对携液临界气流量的影响，导致了定向气井携液临界气流量的计算结果与实际情况有较大的偏差，根据井斜角度、曳力系数与雷诺数的关系，建立了定向气井高气液比携液临界气流量预测模型。液滴在井筒中的受力分析如图 10-2-1 所示。

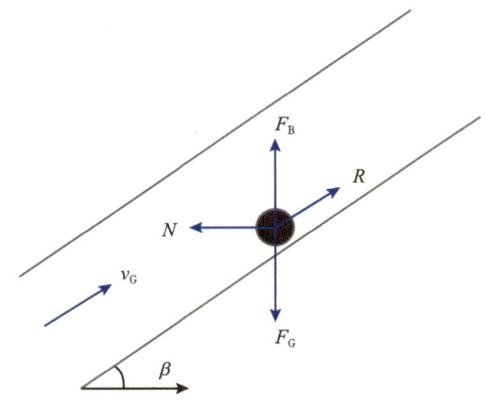

图 10-2-1　液滴在井筒中的受力分析

液滴的重力为：

$$F_G = \frac{\pi d^2 \rho_L g}{6} \qquad (10\text{-}2\text{-}1)$$

液滴的浮力为：

$$F_B = \frac{\pi d^2 \rho_G g}{6} \qquad (10\text{-}2\text{-}2)$$

液滴所受的曳力为：

$$R = \frac{C_D \pi d^2 \rho_G v^2}{8} \qquad (10\text{-}2\text{-}3)$$

根据牛顿第二定律，临界携带条件下，合力为 0：

$$F_G - F_B - R\sin\beta = 0 \qquad (10\text{-}2\text{-}4)$$

式中 β——管道倾斜角（即与水平方向的夹角），rad。

对式（10-2-1）至式（10-2-4）进行整理，得：

$$v_{\text{crit}} = \sqrt[4]{\frac{4(\rho_L - \rho_G)gd}{3\rho_G C_D \sin\beta}} \qquad (10\text{-}2\text{-}5)$$

对于液滴尺寸的确定，采用与Turner模型类似的思路，将临界韦伯数取为30。对于曳力系数的取值，杨文明等认为液滴在井筒中其雷诺数 Re 在 $1\times10^3 \sim 1\times10^6$ 范围内变化，并将液滴考虑为圆球形。

当 Re 在 $1\times10^3 \sim 2.2\times10^5$ 时，携液临界气流速为：

$$v_{\text{crit}} = 2.5 \times \sqrt[4]{\frac{\sigma(\rho_L - \rho_G)}{\rho_G^2 \sin\beta}} \qquad (10\text{-}2\text{-}6)$$

当 Re 在 $2.2\times10^5 \sim 1\times10^6$ 范围内时，携液临界气流速为：

$$v_{\text{crit}} = 3.0 \times \sqrt[4]{\frac{\sigma(\rho_L - \rho_G)}{\rho_G^2 \sin\beta}} \qquad (10\text{-}2\text{-}7)$$

根据以上关系式，随着井斜角度的增大，气井的临界携液产量逐渐降低，在水平管中，携液临界气流速达到最小。

2. 雷登生和杜志敏等水平管液滴模型

液滴要在水平井筒中连续流动，至少要保持液滴能在气体中悬浮，即要保证气体对液滴垂直方向产生的举升力和浮力要大于液滴的重力，如图10-2-2所示。

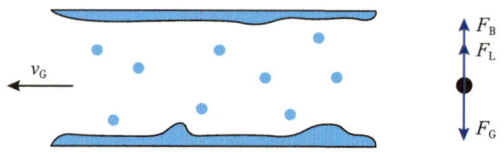

图10-2-2 水平管液滴受力分析简图

液滴所受合力可表示为：

$$F_L + F_B - F_G = F \qquad (10\text{-}2\text{-}8)$$

液滴的重力和浮力之差可表示为：

$$F_G - F_B = \frac{\pi}{6}d^3(\rho_L - \rho_G)g \qquad (10\text{-}2\text{-}9)$$

式中 F_L, F_B, F_G——液滴受到的举升力、浮力、重力，N；

d——液滴直径，m；

ρ_L, ρ_G——液体和气体的密度，kg/m³；

g——重力加速度，m/s²。

举升力是气体紊流对液滴在垂直方向上所施加的一个向上的力，Saffam 和 Kurose 提出了球形颗粒举升力的计算公式，Clark 和 Bickham 给出了水平井筒中液滴为球形时的举升力计算的一般形式：

$$F_L = \frac{1}{2} C_L A_p \rho_G v_G^2 \quad (10\text{-}2\text{-}10)$$

$$C_{le} = 5.82 \left(\frac{d}{2v_G} \left| \frac{dv_G}{dr} \right| \bigg/ Re_p \right)^{\frac{1}{2}} \quad (10\text{-}2\text{-}11)$$

如果 $C_{le} > 0.09$，$C_L = C_{le}$；$C_{le} < 0.09$，$C_L = 0.09$。

式中 C_L——举升系数；

A_p——举升力作用于液滴上的截面积，m²；

C_{le}——有效举升系数；

v_G——气体速度，m/s；

Re_p——液滴雷诺数。

当气体流速大到足以使韦伯数达到临界值时，速度压力起主导作用，液滴容易破坏。这里仍使用 Turner 等认为的韦伯数 30 为临界值，得到了最大液滴的直径公式。

$$d_{max} = \frac{30\sigma}{\rho_G v_G^2} \quad (10\text{-}2\text{-}12)$$

式中 d_{max}——气体中液滴存在的最大颗粒直径，m；

σ——气液界面张力，N。

综合式（10-2-8）至式（10-2-12），当合力 F 大于零时，求得携带最大液滴的最小气体流速公式为：

$$v_{crit} = 4.45 \left[\frac{\sigma(\rho_L - \rho_G)}{\rho_G^2 C_L} \right]^{\frac{1}{4}} \quad (10\text{-}2\text{-}13)$$

3. 李元生、李相方等椭球模型

李元生、李相方等对液滴在水平井中直井段、斜井段和水平段进行受力分析发现，在不同的井段液滴因为受力不同，从而产生不同的形变，从而计算的携液临界流量也不相同。根据不同位置的受力情况分别推导了液滴处于直井段、斜井段和水平段时的携液临界流量公式，而水平井的携液临界流量应该为液滴从直井段、斜井段和水平段流过时携液临界流量的最大值（图10-2-3）。最后通过理论计算与实验结果验证了方法的正确性。

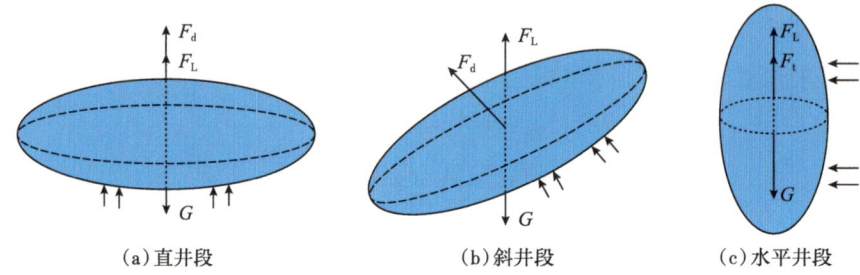

图 10-2-3　水平井中液滴形状与受力

垂直井段中临界气流速公式为：

$$v_{\mathrm{gv}} = \sqrt[4]{\frac{16\sigma(\rho_{\mathrm{L}} - \rho_{\mathrm{G}})g}{3C_{\mathrm{D}}\rho_{\mathrm{G}}^2}} \tag{10-2-14}$$

水平井段临界气流速公式为：

$$v_{\mathrm{gh}} = \sqrt[4]{\frac{80\sqrt{15}\sigma(\rho_{\mathrm{L}} - \rho_{\mathrm{G}})g}{C_{\mathrm{L}}\rho_{\mathrm{G}}^2}} \tag{10-2-15}$$

倾斜井段临界气流速公式为：

$$v_{\mathrm{gc}} = \sqrt[4]{\frac{16\sigma(\rho_{\mathrm{L}} - \rho_{\mathrm{G}})g}{3C_{\mathrm{D}}\rho_{\mathrm{G}}^2 (\sin\theta)^2}} \tag{10-2-16}$$

直井段和斜井段液滴曳力系数采用 Helenbrook 提出的椭球形曳力系数关系式计算：

$$\frac{C_{\mathrm{D}}}{C_{\mathrm{dball}}} = \left(\frac{2 + 3\mu_{\mathrm{L}}/\mu_{\mathrm{G}}}{3 + 3\mu_{\mathrm{L}}/\mu_{\mathrm{G}}}\right)\left[1 - 0.03\left(\frac{\mu_{\mathrm{G}}}{3\mu_{\mathrm{L}}}\right)Re^{0.65}\right] \tag{10-2-17}$$

式中　C_{D}——椭球形曳力系数；

　　　C_{dball}——球形曳力系数；

　　　μ_{L}——流体的黏度；

　　　μ_{G}——气体的黏度。

根据关系式（10-2-17），已知流体的黏度和气体的黏度就可以得到椭球形液滴曳力系数。

李元生、李相方等认为直井筒和斜井筒中的举升力所形成的曳力是由于液滴变形产生的，而水平井筒中的举升力是由紊流造成的，其表达式也不相同。建议采用 Clark 和 Bickham 给出的球形液滴举升力计算式计算曳力系数：

$$C_{L} = \begin{cases} C_{L,S} = 5.82 \left(\dfrac{\alpha_{p}}{Re_{p}} \right)^{\frac{1}{2}}, C_{L,S} \geqslant C_{L,E} \\ C_{L,E} = 0.09 \quad\quad\quad\quad , C_{L,S} < C_{L,E} \end{cases} \quad (10\text{-}2\text{-}18)$$

其中：

$$\alpha_{p} = \dfrac{d_{1}}{2v_{G}} \left| \dfrac{dv_{G}}{dr} \right|, Re_{p} = \dfrac{\rho d_{1} v_{G}}{\mu} \quad (10\text{-}2\text{-}19)$$

二、携液液膜模型

1. 理论模型

如果从液膜的力学特征出发研究倾斜管液膜携带的临界气流速，关键是求取液膜的厚度。由于气相与液相重力差异大，液体偏向于在管底沉积形成液膜，因此液膜在管底部的厚度远大于在管道顶部的液膜厚度。随倾斜角逐渐减小，管道越处于水平位置，这种差异越来越大。

对于倾斜管，底部液膜厚，携带所需气流量大。倾斜管底部液膜厚度是计算倾斜管携液临界气流速的关键。国内外学者试图建立底部液膜厚度与平均液膜厚度之间的关系，再通过平均液膜厚度计算得到底部液膜厚度。

Luo 在 Barnea[215] 的平均液膜厚度预测方法基础之上，建立了倾斜管液膜厚度计算方法：

$$h_{\varphi,\theta} = \begin{cases} [\sin(\varphi-90°)+1] h_{\text{aver},\theta,\text{Barnea}} \quad\quad , 0°<\theta<60° \\ \left[\dfrac{90-\theta}{30}\sin(\varphi-90°)+1 \right] h_{\text{aver},\theta,\text{Barnea}}, 60°\leqslant\theta\leqslant 90° \end{cases} \quad (10\text{-}2\text{-}20)$$

式中　φ——管壁周向夹角，(°)；

　　　θ——管斜角，(°)。

Li 等[216] 发现采用式（10-2-20）预测的液膜厚度来计算液膜携带临界气流速偏大，太保守；同时，根据 Guner 和 Alsaadi 实验测试的临界携液气流速最大位置在 60°，而不是式（10-2-20）所示的 30°。为此，Li 等将式（10-2-20）进行了修正，见式（10-2-21）。

$$h_{\varphi,\theta} = \begin{cases} \left[\sin(\varphi-90°)+1\right]h_{\text{aver},\theta,\text{Barnea}} & ,0°<\theta<30° \\ \left[\dfrac{90°-\theta}{60°}\sin(\varphi-90°)+1\right]h_{\text{aver},\theta,\text{Barnea}}, & 30°\leqslant\theta\leqslant90° \end{cases} \quad (10\text{-}2\text{-}21)$$

刘永辉等[217]利用 Tulsa 大学 Paz 和 Shoham 的实验数据得到平均液膜厚度比与倾斜角的关系曲线，如图 10-2-4 所示，图中平均液膜厚度比是不同液流速下的液膜厚度比的平均值，液膜厚度比为管道底部液膜厚度与管道顶部液膜厚度的比值。对曲线进行拟合，得到倾斜管顶部液膜厚度与底部液膜厚度的比值与倾斜角关系式：

$$\frac{h_{\max}}{h_{\min}} = 0.0243\text{e}^{0.0669\theta} \quad (10\text{-}2\text{-}22)$$

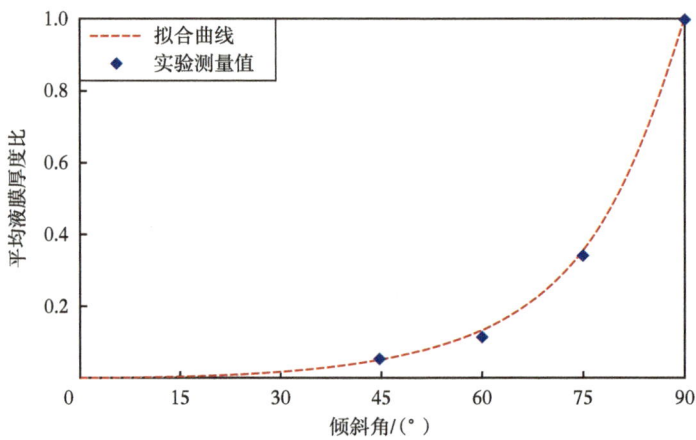

图 10-2-4　液膜厚度比随角度变化关系

李金潮、宫敬等[218-219]将井筒周向液膜的非均匀分布简化为图 10-2-5 所示。液膜厚度分布可以看作是井筒周向位置 φ 和井斜角 θ 的函数，假定气液界面光滑且液膜厚度沿井筒周向线性变化，液膜截面等效为展开的双梯形平面，最大液膜厚度在井壁截面底部（$\varphi=180°$），最小液膜厚度在顶部位置（$\varphi=0°$），如图 10-2-5（a）所示：

$$h_{\text{avg}} = 0.5\left[h_{\text{avg}}(0,\theta)+h_{\text{avg}}(\pi,\theta)\right] \quad (10\text{-}2\text{-}23)$$

结合 Shekhar 等拟合得到倾斜管道中最小液膜厚度与最大液膜厚度的关系式，得到平均液膜厚度与最大液膜厚度的关系式：

$$h_{\text{avg}} = 0.5\left(1+\text{e}^{0.088\theta}\right)h_{\text{avg}}(\pi,\theta) \quad (10\text{-}2\text{-}24)$$

韩国庆等基于液膜反转理论，开展了气芯和液膜的井筒流动建模研究，提出了考虑井筒相变特征的气井临界携液模型。模型的最终形式为：

$$v_{\text{crit}} = \left(\frac{h_{\text{Bottom}} \rho_L g \sin\alpha}{\rho_c f_i} \right)^{0.5} \quad (10\text{-}2\text{-}25)$$

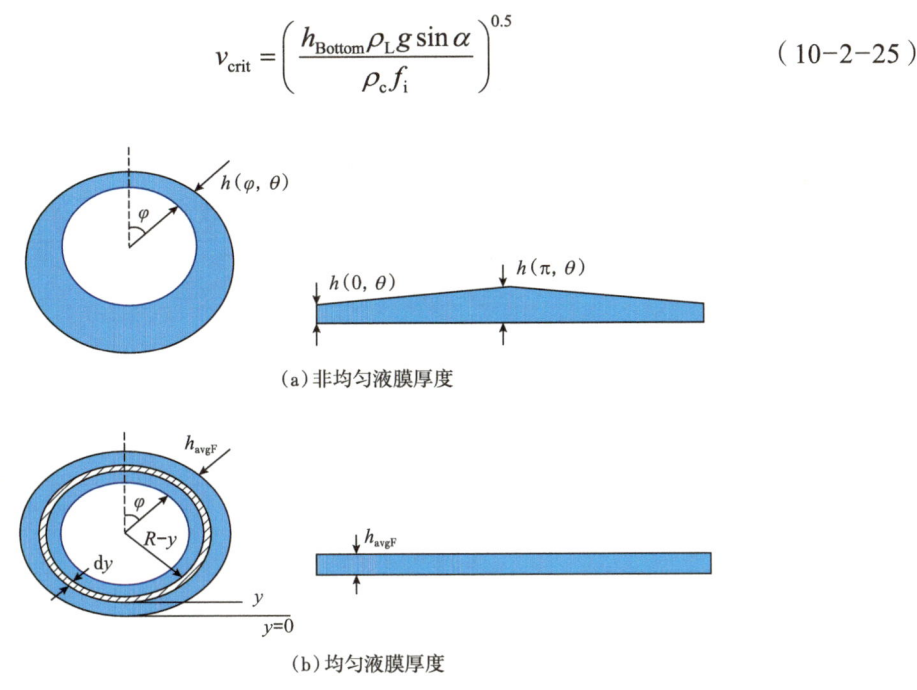

图 10-2-5　井筒周向液膜的非均匀和均匀分布

其中 h_{Bottom} 为倾斜管底部液膜厚度，采用改进 Luo 等的计算方法，计算式如下：

$$h_{\varphi,\theta}(\alpha,\beta) = [1-(90-\alpha)]\vartheta\cos\beta h_{\text{avg}}, \quad 0°<\alpha\leqslant 90° \quad (10\text{-}2\text{-}26)$$

$$\vartheta = 0.55(90-\alpha)^{-0.868} \quad (10\text{-}2\text{-}27)$$

2. 经验模型

表 10-2-1 列举了现有倾斜管液膜模型。Owen 实验得出的无量纲气相速度为 0.52。Richter 分析得出，Wallis 模型在管径小于 0.05 m 的情况下具有较高的精度，而管径较大时误差较大。Richter 对无量纲气相速度进行了重新推导，得到了新的表达式，适用于 25.4~254 mm 管径，拓宽了适用的管径条件。Pushkina 和 Sorokin 实验测试指出液膜逆流的 Ku 数为 3.2；Richter 和 Lovell[220] 测试了管内径为 25.4 mm、50.8 mm、152 mm、254 mm 的 Ku 数分别为 1.75、2.5、3.1、3.2，随管径逐渐增加。

Belfroid 等根据 Van't Westende 携液实验测试结果，引入角度修正项（$\sin 1.7\theta$）$^{0.38}/0.74$，发展了经典 Turner 模型，该模型称为 Belfroid 模型，适用于倾斜管。Xiao 等提出了液膜携带临界气流速预测解析模型。模型中液膜厚度采用平均液膜厚度。Li 等根据 Guner 和

Alsaadi 的实验数据建立一个经验模型和解析模型，经验模型的变量是液流速和倾斜角，经验系数根据实验数据拟合得到。但是，经验模型只适合内径 76.1 mm、液流速小于 0.1 m/s 的情况。

王志彬、郭烈锦等根据自己测试的实验数据和发表的实验数据，在 Belfroid 模型中增加液流速修正项和管径修正项以考虑管径和液流速的影响，建立了修正模型。

表 10-2-1 现有液膜模型比较

井型	出处	关系式或模型	备注
垂直	Pushkina & Sorokin	$v_{\mathrm{crit}} = Ku\left[\dfrac{g\sigma(\rho_{\mathrm{L}}-\rho_{\mathrm{G}})}{\rho_{\mathrm{G}}^2}\right]^{\frac{1}{4}}$	Ku=3.2
垂直	Richter & Lovell		Ku=1.75~3.2；随油管尺寸增加而增加，适用于 25.4~254 mm 管径
垂直	Wallis	$v_{\mathrm{crit}} = N_{\mathrm{GV}}\left[\dfrac{g\sigma(\rho_{\mathrm{L}}-\rho_{\mathrm{G}})}{\rho_{\mathrm{G}}}\right]^{\frac{1}{2}}$	N_{GV}=0.7~1，随油管尺寸增加而增加
垂直	Owen		N_{GV} 为常数，值为 0.52
水平	Belfroid 等	$v_{\mathrm{crit}} = 6.5\dfrac{(\sin 1.7\theta)^{0.38}}{0.74}\left[\dfrac{\sigma(\rho_{\mathrm{L}}-\rho_{\mathrm{G}})}{\rho_{\mathrm{G}}^2}\right]^{\frac{1}{4}}$	修正 Turner 模型
水平	Li 等	$v_{\mathrm{crit}} = 24.016 + 0.205\alpha - \dfrac{0.215}{v_{\mathrm{SL}}} + 6.918\times 10^{-3}\alpha^2 + \dfrac{4.404\times 10^{-3}}{v_{\mathrm{SL}}^2} - \dfrac{1.674\times 10^{-3}\alpha}{v_{\mathrm{SL}}} - 1.257\times 10^{-4}\alpha^3 - \dfrac{2.239\times 10^{-5}}{v_{\mathrm{SL}}^3} - \dfrac{4.274\times 10^{-6}\alpha}{v_{\mathrm{SL}}^2} + \dfrac{2.636\times 10^{-5}\alpha^2}{v_{\mathrm{SL}}}$	适合管径 76.1 mm、液流速 1~10 cm/s
水平	王志彬、郭烈锦	$v_{\mathrm{crit}} = (5.13\ln ID - 14.1)\dfrac{1}{\ln(45.6v_{\mathrm{SL}}^2 - 9.5v_{\mathrm{SL}} + 3.1)}\left[\dfrac{\sin(1.7\theta)}{0.74}\right]^{0.38}\left[\dfrac{\sigma(\rho_{\mathrm{L}}-\rho_{\mathrm{G}})}{\rho_{\mathrm{G}}^2}\right]^{\frac{1}{4}}$	适合管径 30~76.1 mm、液流速 0.5~10 cm/s

第三节 水平气井携液机理模型

一、模型建立

1. 模型假设

根据 Laurinat 等、Fukano 和 Ousaka[221] 的研究，底部液膜的周向速度远小于气流轴向速度；另外，根据 Guner 等、Alsaadi 等的实验研究，液膜主要分布在管道底部，底部液膜的流动方向决定倾斜管道中液体的携带状态。模型建立过程所做假设如下：

（1）流动充分发展，液膜厚度不随时间变化；
（2）液膜速度比气体速度小得多；
（3）与管径相比，液膜厚度可以忽略不计；
（4）液膜界面处的气体速度等于平均气体速度；
（5）底部液膜圆周速度忽略不计；
（6）气流对底部液膜的周向抽吸力忽略不计。

2. 模型推导

由于液膜自身重力的原因，液膜在倾斜管四周具有较强的不均匀性，管底部液膜厚度明显大于管顶部液膜厚度，如图 10-3-1 所示。

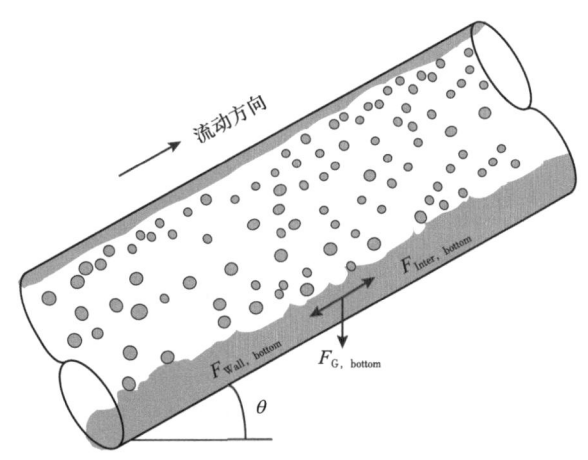

图 10-3-1　液膜分布及受力情况

当气液界面剪切力与液膜重力达到平衡时，液膜与管壁间剪切力趋于零，倾斜管底部液膜开始逆气流方向流动，在倾斜管中液膜逆向流动最先发生在管段横截面中液膜重力大于气液界面剪切力的较厚液膜处。倾斜管底部液膜厚度最大，液膜最易反向流动，由倾斜管较厚液膜处的受力分析可得：

$$F_{G,\text{bottom}} = \rho_L g h_{\text{bottom},\theta} \sin\theta \qquad (10\text{-}3\text{-}1)$$

式中　$h_{\text{bottom},\theta}$——倾斜管的底部液膜厚度，m；

θ——倾斜角，(°)；

ρ_L——液体的密度，kg/m³。

根据沿程阻力的定义，忽略液流速的影响，气液界面产生的摩擦力可以用式（10-3-2）计算：

$$F_{\text{Inter,bottom}} = 0.5 f_i \rho_G v_G^2 \quad (10\text{-}3\text{-}2)$$

式中 f_i——液膜与气芯的界面摩擦系数。

在临界携液状态下，气液界面产生的摩擦力等于液膜的重力，综合式（10-3-1）和式（10-3-2）可以得到液膜携带临界气流速：

$$u_{\text{crit}} = \left(\frac{2\rho_L h_{\text{bottom},\theta} g \sin\theta}{f_i \rho_G} \right)^{\frac{1}{2}} (1 - 2h_{\text{aver},\theta}/d)^2 \quad (10\text{-}3\text{-}3)$$

求取临界携液气流量，关键是计算底部液膜厚度和平均液膜厚度，以及界面摩擦系数。

3. 倾斜管底部液膜厚度计算新方法

根据 Paz 和 Shoham、Fisher 和 Pearce、Geraci 等[222]实验测试的液膜厚度分布数据拟合得到倾斜管底部液膜厚度预测经验式。Paz 和 Shoham 测试了内径 51.8 mm、介质为空气—水、倾斜角 45°~90°、液流速 0.006~0.061 m/s 条件下的液膜在周向的分布。Geraci 等测试了内径 38 mm、介质为空气—水、倾斜角 0°~85°、液流速 0.007~0.079 m/s 条件下的液膜在周向的分布。

图 10-3-2 和图 10-3-3 展示了液流速和管径一定的情况下，$h_{\text{bottom},\theta}/h_{\text{aver},\theta}$ 与倾斜角的关系。图 10-3-2 说明，$h_{\text{bottom},\theta}/h_{\text{aver},\theta}$ 与倾斜角之间为平方关系。图 10-3-3 说明，$h_{\text{bottom},\theta}/h_{\text{aver},\theta}$ 与表观液流速之间为线性关系。图 10-3-3 还说明，$h_{\text{bottom},\theta}/h_{\text{aver},\theta}$ 与管径之间为对数关系。图 10-3-2 和图 10-3-3 中实线为根据数据点拟合的曲线。

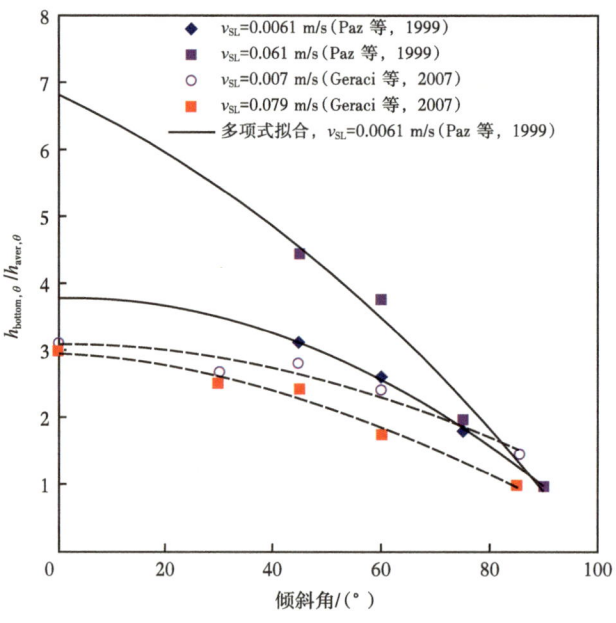

图 10-3-2 $h_{\text{bottom},\theta}/h_{\text{aver},\theta}$ 与倾斜角的关系

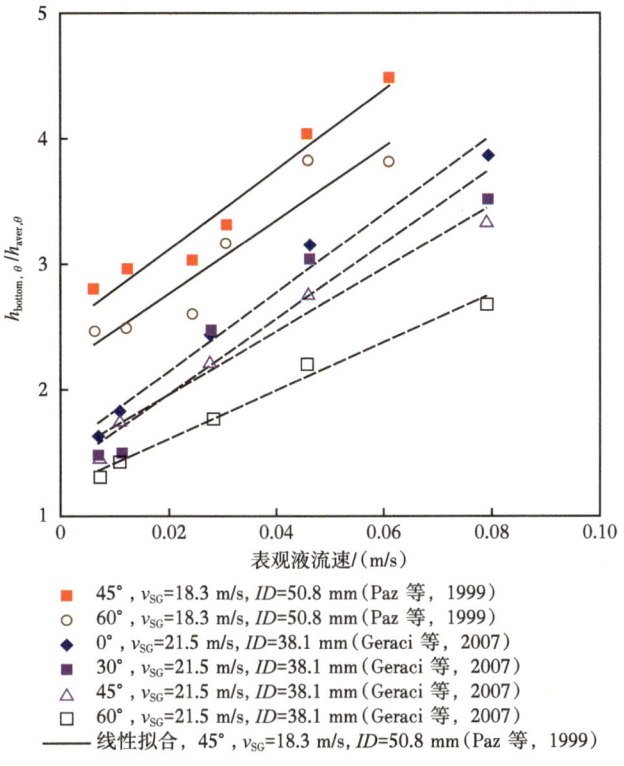

图 10-3-3　$h_{\text{bottom},\theta}/h_{\text{aver},\theta}$ 与液流速的关系

根据 $h_{\text{bottom},\theta}/h_{\text{aver},\theta}$ 与倾斜角、表观液流速及管径的关系，给出了经验式的形式：

$$\frac{h_{\text{bottom},\theta}}{h_{\text{aver},\theta}} = \left(k_1\theta^2 + k_2\theta + k_3\right)\left(k_4 u_{\text{SL}} + k_5\right)\left(k_6 \ln d + k_7\right) \quad (10\text{-}3\text{-}4)$$

式中　$k_1 \sim k_7$——待定系数。

根据收集的实验数据对待定系数进行了拟合。拟合得到的关系式为式（10-3-5），计算值与测试值的比较如图 10-3-4 所示，新拟合的计算结果明显优于 Luo 和 Li 的关系式：

$$\begin{aligned}\frac{h_{\text{bottom},\theta}}{h_{\text{aver},\theta}} &= \left(-0.0003\theta^2 + 0.0015\theta + 3.16\right)\left[2.77(v_{\text{SL}} - 0.007) + 1\right] \\ &\quad \left[0.45\ln(d/0.0381) + 1\right]\end{aligned} \quad (10\text{-}3\text{-}5)$$

式中　$h_{\text{bottom},\theta}$——倾斜管的底部液膜厚度，m；

$h_{\text{aver},\theta}$——倾斜管液膜的平均厚度，m；

θ——倾斜角，（°）；

d——油管内径，m。

式（10-3-5）中 $h_{\text{aver},\theta}$ 是倾斜管环状流中的平均液膜厚度，可以从液膜和气芯的动量平衡的角度进行预测，如 Barnea 等模型、Alves 等[223]模型。Alves 等模型比 Barnea 等的模型更合理，因为它考虑了气芯中液滴的夹带。此外，根据 Alves 等模型评价，该模型在预测垂直井的环状流的压力梯度时具有良好的精度，井口压力百分误差为 3%，总压降百分误差为 10%。同时，与 Alsaadi 等提出的模型比较也表明，Alves 等模型在倾斜角度为 2°、10°、30° 的情况下也具有良好的预测性，甚至在倾斜角为 2° 的分层流中表现也良好。

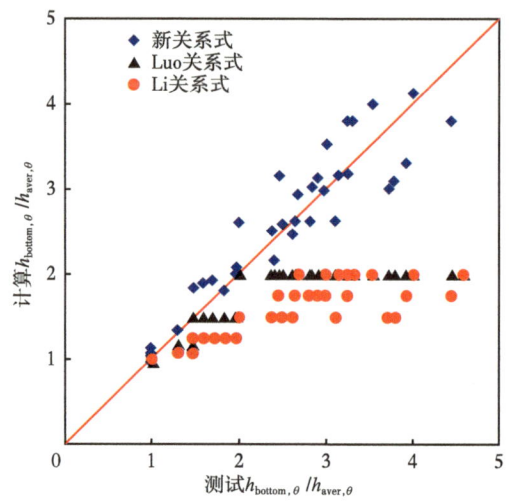

图 10-3-4　$h_{\text{bottom},\theta}/h_{\text{aver},\theta}$ 计算值与测试值对比

为考虑液滴夹带对液膜受力情况的影响，环状流物理模型假设如图 10-3-5（a）所示。在 Barnea 模型中，假设气芯中液滴的夹带量为零，如图 10-3-5（b）所示。

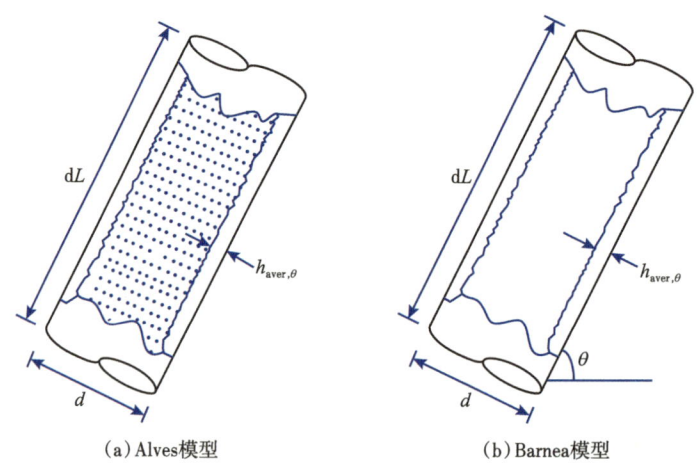

(a) Alves 模型　　　　(b) Barnea 模型

图 10-3-5　液膜平均厚度预测采用的模型

对于给定微元段，流体的体积变化量很小，则动量的变化可忽略不计。根据动量守恒原理，在忽略动量变化的情况下，对于给定微元段，动量平衡变为力平衡。

对于液膜，根据力平衡原理：

$$-\tau_{WL}\frac{S_L}{A_F} + \tau_I \frac{S_I}{A_F} - \left(\frac{dp}{dL}\right)_F - \rho_L g = 0 \qquad (10\text{-}3\text{-}6)$$

式中 τ_{WL}——管壁对液膜的剪切应力，N/m²；

τ_I——气芯与液膜界面的剪切应力，N/m²；

S_I——气芯与液膜的湿周长度，m；

S_L——管壁与液膜的湿周长，m；

A_F——液膜过流横截面积，m²；

$\left(\dfrac{dp}{dL}\right)_F$——液膜的压力梯度，Pa/m。

对于气芯，根据力平衡原理：

$$-\tau_I \frac{S_I}{A_c} - \left(\frac{dp}{dL}\right)_c - \rho_c g = 0 \qquad (10\text{-}3\text{-}7)$$

式中 A_c——气芯过流横截面积，m²；

ρ_c——气芯的密度，kg/m³；

$\left(\dfrac{dp}{dL}\right)_c$——气芯的压力梯度，Pa/m。

对于微元段 dL，液膜两端的压力梯度和气芯两端的压力梯度相等。根据式（10-3-6）和式（10-3-7）可得：

$$-\tau_{WL}\frac{S_L}{A_F} + \tau_I S_I \left(\frac{1}{A_F} + \frac{1}{A_c}\right) - (\rho_L - \rho_c)g\sin\theta = 0 \qquad (10\text{-}3\text{-}8)$$

组合基本几何参数关系式、流动参数关系式、剪切应力关系式，得液膜厚度与压力梯度的关系：

$$\frac{\left(-\dfrac{dp}{dL}\right)_{SL}}{\left(-\dfrac{dp}{dL}\right)_{SC}} \frac{(1-f_E)^{2-n}}{[h_F(d-h_F)]^3}\frac{d^6}{64} - \frac{d^{7-m}I}{4h_F(d-h_F)(d-2h_F)^{5-m}} + \frac{g(\rho_L - \rho_c)}{\left(-\dfrac{dp}{dL}\right)_{SC}} = 0 \qquad (10\text{-}3\text{-}9)$$

$$\left(-\frac{dp}{dL}\right)_{SL} = \frac{4C_L}{d}\left(\frac{\rho_L v_{SL} d}{\mu_L}\right)\frac{\rho_L v_{SL}^2}{2} f_{SC} \qquad (10\text{-}3\text{-}10)$$

$$\left(-\frac{\mathrm{d}p}{\mathrm{d}L}\right)_{\mathrm{SC}} = \frac{4}{d} f_{\mathrm{SC}} \frac{\rho_{\mathrm{c}} v_{\mathrm{SC}}^2}{2} \quad (10\text{-}3\text{-}11)$$

$$f_{\mathrm{SC}} = C_{\mathrm{SC}} Re_{\mathrm{SC}}^{-m} \quad (10\text{-}3\text{-}12)$$

由于方程式（10-3-9）为倾斜管段液膜平均厚度 $h_{\mathrm{aver},\theta}$ 的隐式方程，可采用循环迭代法求取 $h_{\mathrm{aver},\theta}$。

对于倾斜管平均液膜厚度的计算，可从漂移理论的角度进行计算：

$$h_{\mathrm{aver},\theta} = \frac{DH_{\mathrm{L}}}{4} \quad (10\text{-}3\text{-}13)$$

式中　H_{L}——持液率；

　　　$h_{\mathrm{aver},\theta}$——平均液膜厚度，m。

持液率可采用相速度与表观速度的关系计算：

$$H_{\mathrm{L}} = 1 - v_{\mathrm{SG}} / v_{\mathrm{G}} \quad (10\text{-}3\text{-}14)$$

气相速度可采用 Bendikse 的关系式计算：

$$v_{\mathrm{G}} = \max \left\{ \begin{array}{l} 1.2(v_{\mathrm{SG}} + v_{\mathrm{SL}}) + 0.54\cos\theta \sqrt{\dfrac{gD(\rho_{\mathrm{L}} - \rho_{\mathrm{G}})}{\rho_{\mathrm{L}}}} + 0.35\sin\theta \sqrt{\dfrac{gD(\rho_{\mathrm{L}} - \rho_{\mathrm{G}})}{\rho_{\mathrm{L}}}}, \\ \left[1.05 + 0.15(\sin\theta)^2\right](v_{\mathrm{SG}} + v_{\mathrm{SL}}) + 0.35\sqrt{\dfrac{gD(\rho_{\mathrm{L}} - \rho_{\mathrm{G}})}{\rho_{\mathrm{L}}}} \end{array} \right\} \quad (10\text{-}3\text{-}15)$$

4. 底部液膜界面摩擦系数计算

根据 Fore 等的研究，Wallis 液膜界面摩擦系数计算方法结合 Barnea 等液膜平均厚度计算方法计算的连续携液临界气流速远大于测量值。Wallis 关系式适合液膜厚度较小的情况，对于倾斜管底部液膜厚度较大的情况，可能并不适用。目前针对倾斜管底部液膜界面摩擦系数的计算有很多方法，这些方法都是根据实验数据进行拟合修正得到的，如 Fore 等、Whalley 和 Hewitt 提出的算法。其中 Fore 等的关系式与实验数据最匹配。因此在机理模型的构建中选用该关系式计算液膜界面摩擦系数：

$$f_{\mathrm{i}} = 0.005 \left\{ 1 + 300 \left[\left(1 + \frac{17500}{Re_{\mathrm{G}}}\right) \frac{h_{\mathrm{aver},\theta}}{d} - 0.0015 \right] \right\} \quad (10\text{-}3\text{-}16)$$

式中　f_{i}——液膜与气芯的界面摩擦系数；

　　　Re_{G}——气芯的雷诺数；

　　　$h_{\mathrm{aver},\theta}$——倾斜管液膜平均厚度，m；

　　　d——油管内径，m。

联立求解方程式（10-3-3）、式（10-3-5）、式（10-3-9）、式（10-3-16）可计算已知液流量条件下的携液气流量，也可以计算已知气流量条件下的最大携液流量。

同时新机理模型选择 Wallis 提出的关系式计算气芯中液体夹带率。

二、模型准确性评价

1. 室内实验数据评价

1）数据收集

Van't Westende 等在以下流动条件下测试了不同倾角下的携液临界气速：（1）管内径为 50 mm；（2）管长 12 m；（3）倾角 10°、30°、60°、90°；（4）实验流体为空气和水的混合物；（5）液气比 1.76~352 $m^3/10^4m^3$；（6）表观液流速为 0.05 m/s；（7）实验管段出口压力为 0.1 MPa；（8）流体温度 20 ℃；（9）界面张力 0.073N/m；（10）液体黏度为 1 mPa·s；（11）气相黏度为 0.018 mPa·s。

Guner 等、Alsaadi 等实验测试了携液临界气流速、压力梯度和底部膜厚度，条件如下：（1）管径 76.1 mm；（2）管长 17.7 m；（3）倾斜角 90°、75°、60°、45°、30°、20°、10°、5° 和 2°；（4）实验流体为空气和水混合物；（5）表观液流速 0.01~0.1 m/s，相应液流量为 4~39 m^3/d；（6）出口为大气压。

2）积液加载条件评价

在模型建立过程中，假定的携液临界气流速为底部液膜自身重力等于液膜界面摩擦力对应的气流速，这是模型推导过程的最重要假设。

根据 Guner 和 Alsaadi 收集的临界气速、相应的压力梯度和底部液膜厚度计算了底部液膜界面摩擦力和底部液膜的重力，见表 10-3-1。底部液膜重力 $F_{G, bottom}$ 由式（10-3-1）计算，液膜界面摩擦力 $F_{inter, bottom}$ 由式（10-3-2）根据压力梯度和 S_I/A_F 计算，其中 S_I/A_F 取 $h_{bottom, \theta}$。计算结果见表 10-3-1，底部液膜界面摩擦力与其自身重力非常接近，说明模型推导中所做假设是合理的。

表 10-3-1 积液加载条件下液膜界面摩擦力和液膜的重力的对比

θ/ (°)	v_{crit}/ m/s	$h_{bottom, \theta}$/ mm	dp/dL Pa/m	$F_{inter, bottom}$/ N/m²	$F_{G, bottom}$/ N/m²
2	7.6	16.50	129	3.52	5.65
5	12.5	8.20	151	5.77	7.00
10	17.5	5.61	181	8.52	9.54
20	22.6	5.09	250	15.79	17.06
30	27.5	3.19	311	14.64	15.63

3）携液临界气流速验证

利用收集的实验数据对 Turner 等模型、Belfroid 等模型及新建模型的准确性进行了评价，如图 10-3-6（a）所示。从图 10-3-6（b）可知，Belfroid 模型和新的机理模型可以准确预测临界气流速与倾斜角的变化关系。在图 10-3-6 中，临界携液气流速最大对应的倾斜角约 60°，这与 Van't Westende 等、Guner 等、Alsaadi 等的实验结果一致。

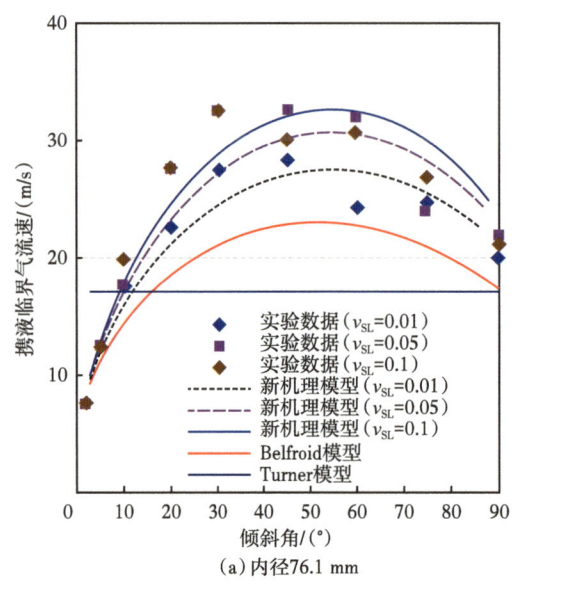

(a) 内径76.1 mm

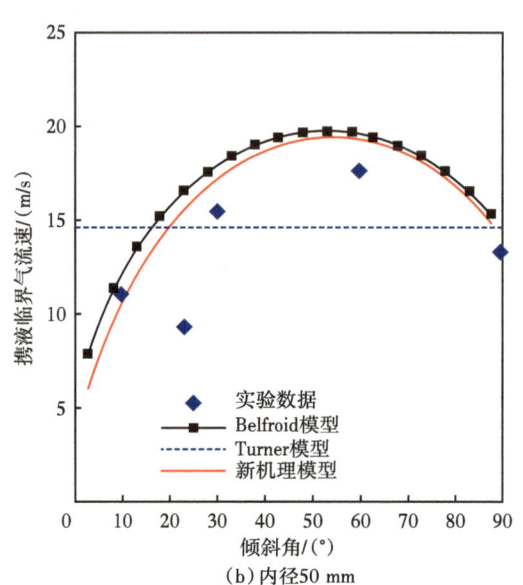

(b) 内径50 mm

图 10-3-6　模型计算值与测试值对比

表 10-3-2 中列出了临界气流速的百分误差统计结果。Turner 等模型的平均绝对误差为 38.8%，Belfroid 等模型平均绝对误差为 22.4%，新模型为 8.45%，新模型比其他两个模型有更好的准确性。Belfroid 等模型在模型建立拟合用实验数据中准确性好，但在 Guner、Alsaadi 等实验数据中准确性差。这是因为 Belfroid 等模型是从内径 50 mm 实验数据拟合得到的，没有考虑液流速和管径的影响。新的分析模型是基于液膜和气芯动量平衡建立的算法，它可以考虑流动条件和流体性质对临界气体速度的影响。

表 10-3-2　模型误差统计　　　　单位：%

数据来源	Belfroid 模型	Turner 模型	新模型
Westende（2007）	12.7	16.2	11.6
Guner（2012，2015），Alsaadi（2013，2015）	23.8	42.2	15.1
总数据	22.4	38.8	14.7

同时，根据雷登生等和 Shi 等提出的液滴携带模型，在水平段液体携带最难，这与实验结果不同。因此，液滴携带模型难以揭示倾斜管的积液本质。Wang 等提出的 Belfroid 改进模型未被评估，因为它是由这些实验数据拟合得到的算法。

4）液膜界面摩擦系数和液滴夹带率对模型准确性的影响

液膜界面摩擦系数 f_i 和气芯中液滴夹带率 f_E 是机理模型的两个重要参数，对模型的准确性影响很大。在本书中，比较了 2 个液滴夹带率计算方法和 3 个液膜界面摩擦系数计算方法对模型准确性的影响。结果如图 10-3-7 和表 10-3-3 所示，3 个界面摩擦系数对

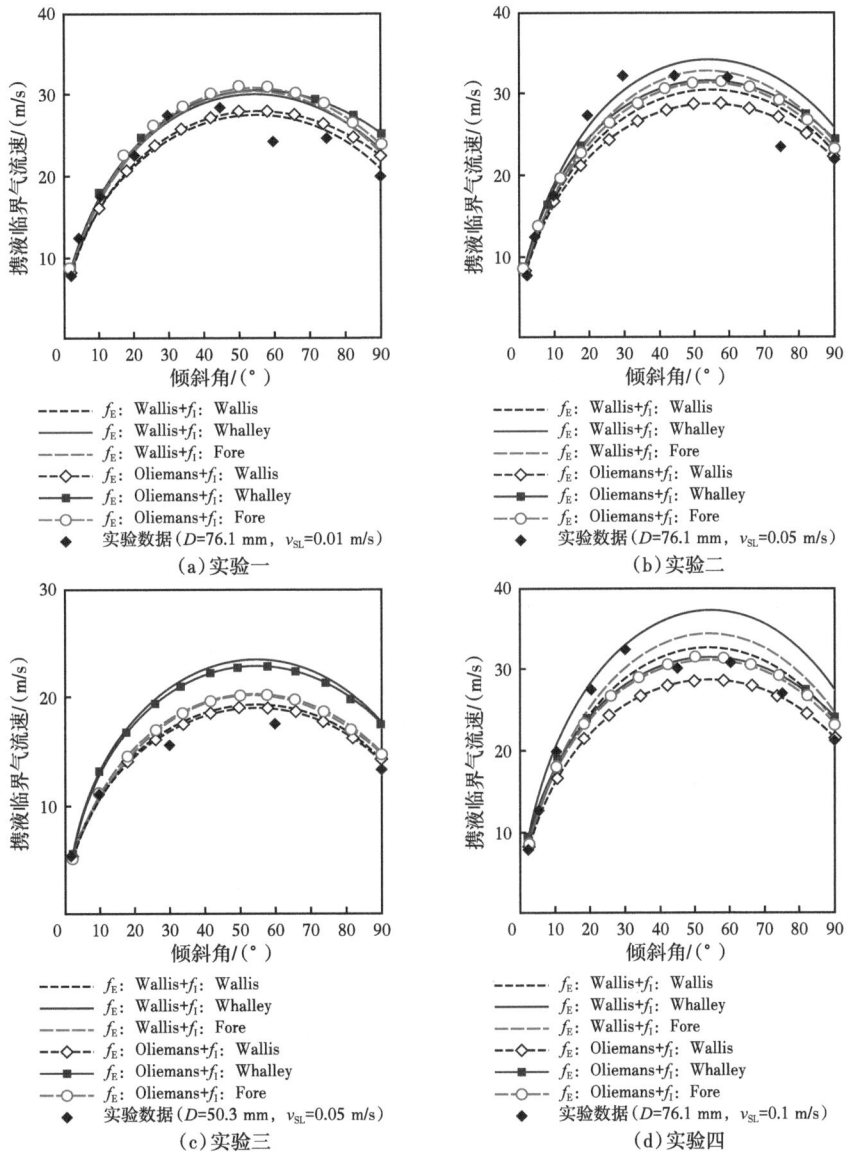

图 10-3-7　不同液膜界面摩擦系数和液滴夹带率计算方法预测的临界气流速对比

模型精度有很强的影响，因此选择液膜界面摩擦系数至关重要。而气芯中液滴夹带率对模型准确度的影响相对较小。选择 Fore 等的液膜界面摩擦系数计算方法和 Wallis 的气芯中液滴夹带率计算方法对模型的准确性提高最有益。

表 10-3-3　液膜界面摩擦系数 f_I 和液滴夹带率 f_E 计算方法对模型准确性的影响（平均绝对百分误差）

f_E 计算方法	f_I 计算方法		
	Fore（2000）	Whalley 和 Hewitt（1978）	Wallis（1969）
Wallis（1969）	8.45	16.4	10.2
Oliemans（1986）	8.80	14.3	9.6

2. 现场数据模型评价

为了直观地反应水平井的积液过程，选取了海上乐东气田的一口水平井，该井在井底安装了压力传感器，可以实时监测井下压力的动态变化，了解气井的积液状态。气井积液前后生产数据及流压数据如图 10-3-8 所示。

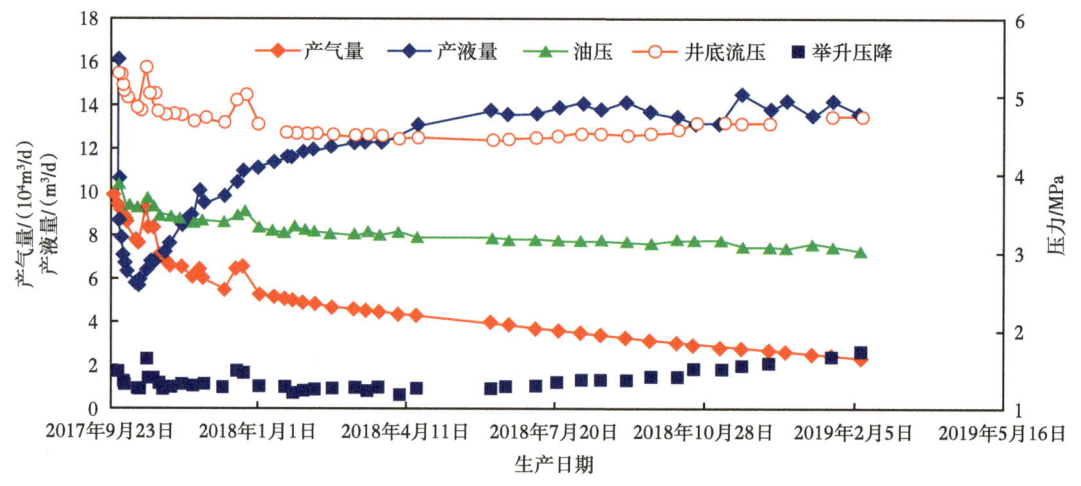

图 10-3-8　LD22-1-A20H 井生产曲线

从图 10-3-8 可知，2018 年 7 月 22 日后，井筒消耗的压降快速增加。从井筒压降的构成分析，井筒压降增加有两种可能：一方面的原因是产液量在变化不大的情况下，产气量下降，井筒持液率增加；另一方面的原因是井筒部分管段开始积液，随时间的延伸，积液管段长度增加，进而井筒持液率增加，井筒消耗的压降增加，井底压力增加，产气量下降。

通过分析，第一种可能性比较小，其原因如下：若井筒未积液，则井筒流型为环状流，井筒消耗的压降将随产气量或者气流速下降而逐渐降低，而不是增加。因此，井筒消耗的压降快速增加是因为井筒积液引起的,也可从以下方面进行分析。

为了进一步确认井筒举升压降增加是因为井筒积液引起的,计算了积液前后一段时间的井筒压降与实际井筒压降的偏差随时间及产气量的变化关系,如图 10-3-9 所示。理论计算井筒压降采用了在携液井中准确性较好的 Gray 模型、Hagedorn-Brown 模型;此处也计算了无滑脱模型的理论压差与测试压差的偏差,以说明滑脱情况。从图 10-3-9 可知,随产气量下降,Gray 模型和 Hagedorn-Brown 模型计算的井筒压降与测试值越来越大,说明井筒中的流动越来越偏离连续携液的情况,Gray 模型、Hagedorn-Brown 模型的规律逐渐偏离。

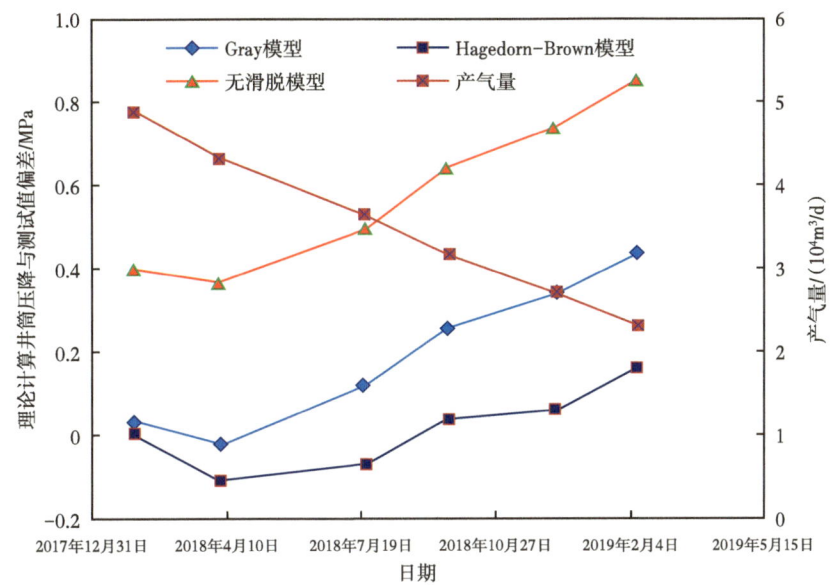

图 10-3-9 理论计算井筒消耗压降与实际井筒消耗压降的偏差随时间及产气量的关系

从图 10-3-8 可知,井筒开始积液的时间在 2018 年 6 月 4 日左右,即产气量 4.32×10^4 m³/d,油压 3.26 MPa,井底温度 60 ℃,产液量 12.44 m³/d,含水率 100%。首先利用 Hagedorn-Brown 模型和 Beggs-Brill 模型计算全井筒流压分布。毛细管压力计深度处的流压测试值为 4.36 MPa,测试的压力值为 4.45 MPa,偏差为 2.2%。再根据流压和产水量采用 Wang 模型和 Belfroid 模型计算携液临界气流量分布,流压、产气量及携液临界气流量分布如图 10-3-10 所示。携液临界气流量最大值分别为 4.42×10^4 m³/d、4.51×10^4 m³/d,两模型计算值与测试临界气流量基本一致,两模型的误差均小于 4.5%。

由于井筒积液只发生的局部管段,积液管段长度较小,而且是在造斜段,因此,对产量的影响并不是很大,所以气井仍可平稳生产。

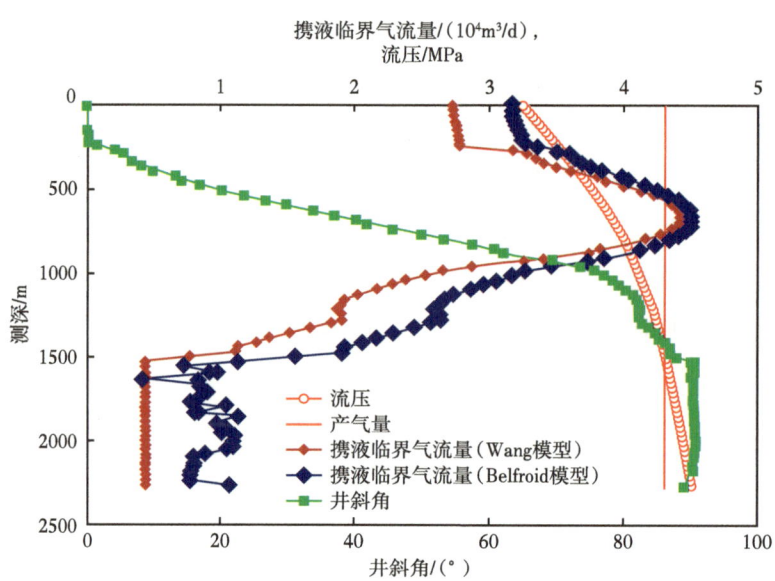

图 10-3-10　LD22-1-A20H 井携液临界气流量、产气量及流压沿井深的变化

元坝 273-1H 井是川东北元坝长兴组 1 口水平气井，垂深 6556.88 m、测深 7550 m、造斜点 6038 m、水平段长 596.5 m。于 2016 年 12 月投产，生产管柱带顶封，两级油管组合：$\phi76$ mm×5600 m+$\phi62$ mm×6543 m。积液前后生产数据如图 10-3-11 所示，该井实际情况是在 2021 年 10 月之后产气量和油压大幅波动，表现出明显的积液特征。

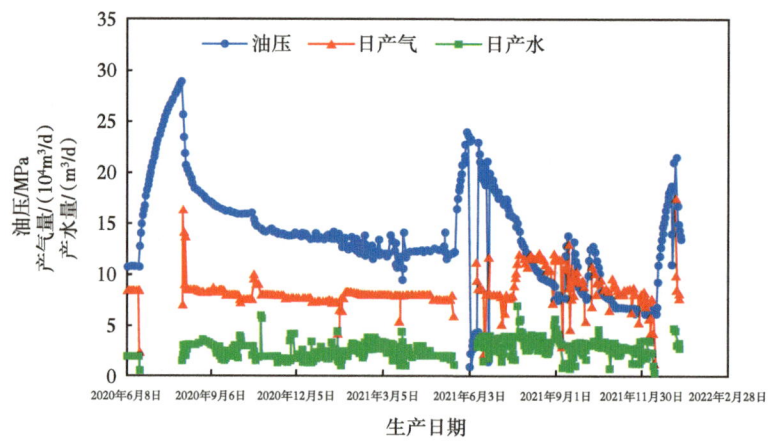

图 10-3-11　元坝 273-1H 井部分生产数据

以积液前的井口油压为边界，采用 Hagedorn-Brown 模型和 Mukhejee-Brill 模型计算了全井筒流压及携液临界流量沿井筒分布，基于计算的压力计算了全井筒携液流量，与产气量对比如图 10-3-12 所示。造斜段携液临界气流量为（7~10.5）×10⁴ m³/d，垂直段携

液临界气流量为 $(6.5\sim7)\times10^4$ m³/d，此时产气量为 10×10^4 m³/d，模型判断造斜段已开始积液，说明 Belfroid 模型和 Wang 模型判断与实际情况相一致。

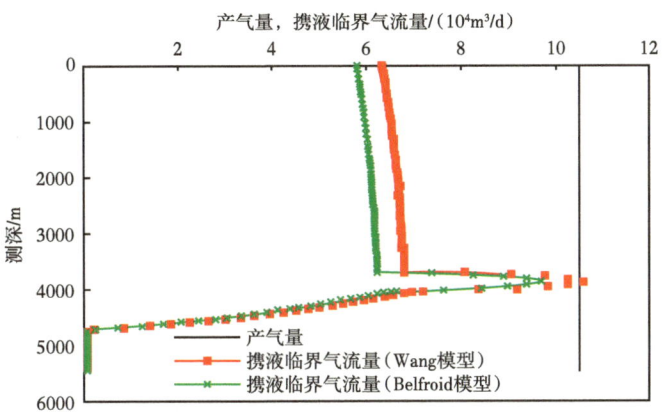

图 10-3-12　元坝 273-1H 井携液临界气流量分布

同时利用 OLGA 软件分析了气井积液前后的产气量、井底油压及井筒中积液量随时间的变化，如图 10-3-13 所示，气井开始积液的产气量为 10.73×10^4 m³/d。气井积液后，井底流压、井筒中积液量快速增加，产气量快速下降。OLGA 软件模拟的携液临界气流量与携液理论计算的携液临界气流量吻合。

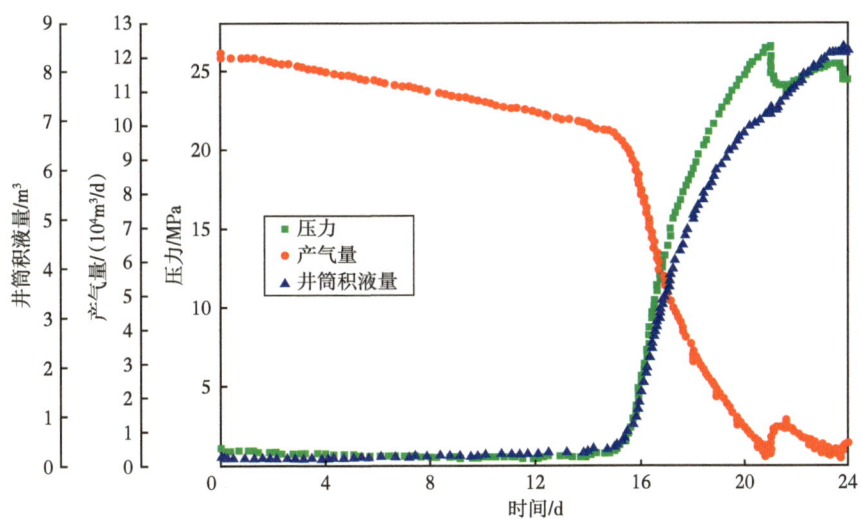

图 10-3-13　气井积液前后的产气量、井底油压及井筒中积液量随时间的变化

该元坝 273-1H 井与 LD22-1-A20H 井相比，显著特点是气井刚积液就表现出较大波动性，分析其原因如下：

（1）井口压力已接近外输压力，说明地层能量已不足。

（2）气井积液前，井筒以环状流带液生产，井筒举升压降最小，井底流压最低，生产压差最大。气井一旦不能连续携液，部分井段流型将过渡到搅动流，井筒持液率增加，井筒举升压降增加；不能再像LD22-1-A20H井那样牺牲油压以保持井底流压和产气量稳定。

（3）气井积液后，由于地层压力与井底流压之间的差值大幅降低，产气量进一步下降，加上地层能量不足，井深又大，井底流压满足不了段塞流形式生产所需压力条件，井底回压会进一步上升，产气量进一步下降，出现恶性循环，最终出现水淹停产。

因此，通过对比元坝273-1H井与LD22-1-A20H井可以发现，对于低液量气井，在生产后期井口压力接近外输压力的情况下，必须以连续携液的形式生产，否则会快速水淹停产。

第四节　水平井携液新经验模型

一、携液临界气流速影响因素

分析了油管内径、表观液体速度、流动压力和温度对临界气体速度的影响规律。

1. 管径的影响

压力为4 MPa，温度为373 K，气体相对密度为0.6，油管尺寸为25.6 mm、31.8 mm、41.9 mm、50.3 mm、62.0 mm、75.9 mm、86.7 mm和100.3 mm，机理模型计算的携液临界气流速如图10-4-1所示，从图10-4-1可知，携液临界气流速随管径增加而增加，其主要原因是液膜厚度随管径增加而增加，如图10-4-2所示。

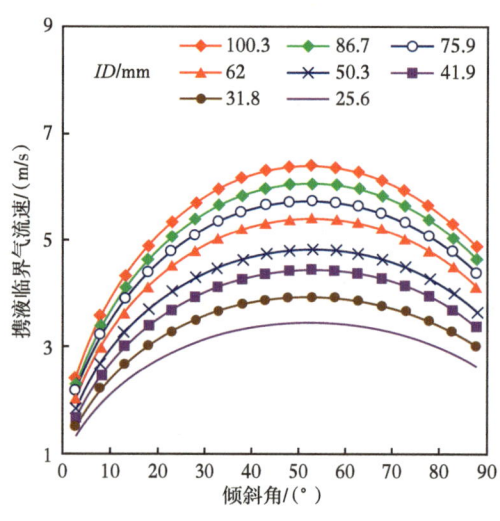

图10-4-1　不同管径下的携液临界气流速

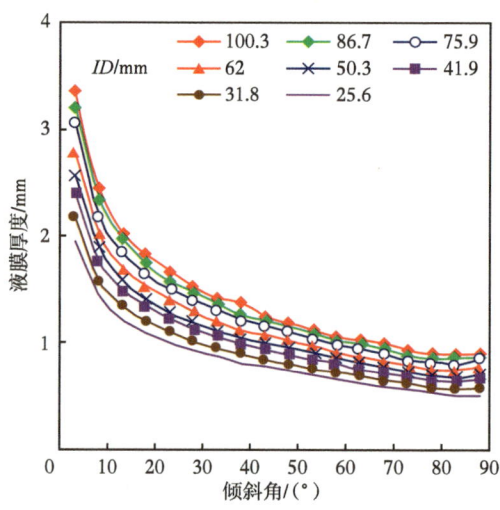

图10-4-2　不同管径下的液膜厚度

2. 液流速的影响

油管尺寸为 62.0 mm，压力为 4 MPa，温度为 373 K，气体相对密度为 0.6，表观液流速分别为 0.01 m/s、0.02 m/s、0.04 m/s、0.08 m/s、0.16 m/s 和 0.32 m/s 下的携液临界气流速如图 10-4-3 所示，携液临界气流速随液流速增加而增加，其主要原因是液膜厚度随液流速增加而增加。另一方面，液流速越大，气芯中液滴夹带量越大，气液界面摩擦系数越大，携液临界气流速增加速度随液流速一定程度上降低。

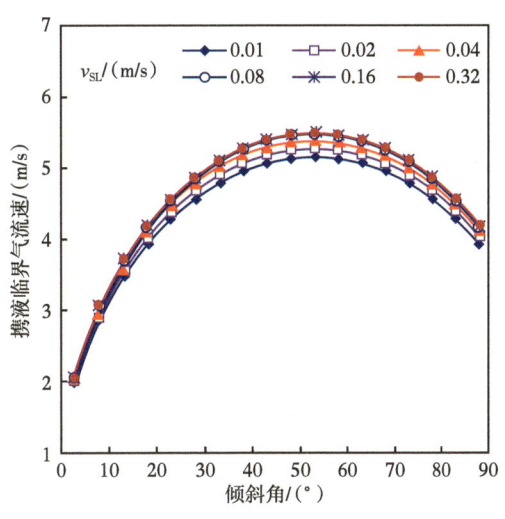

图 10-4-3　不同液流速下的携液临界气流速

3. 压力的影响

油管尺寸为 62.0 mm，温度为 373 K，气体相对密度为 0.6，表观液流速为 0.01 m/s，压力分别为 1 MPa、2 MPa、4 MPa、8 MPa、16 MPa、32 MPa 下的携液临界气流速如图 10-4-4 所示，携液临界气流速随压力增加而减小，其主要原因是气体密度随压力增加而增加，气体的动能增加。但是携液临界气流量随压力增加而增加，如图 10-4-5 所示，其主要原因是携液临界气流速对应的条件是井筒压力温度条件，而携液临界气流量是地面标况条件下的值。

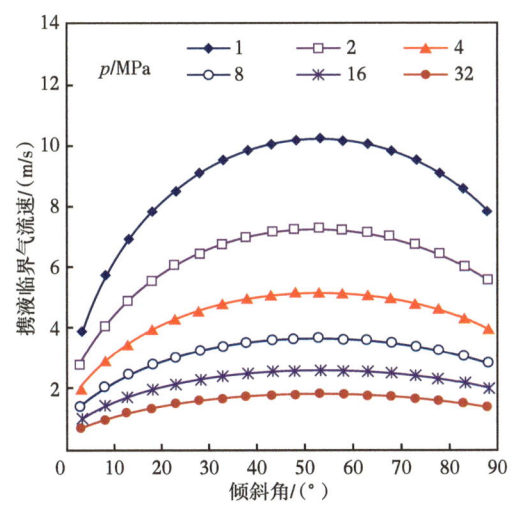

图 10-4-4　不同压力下的携液临界气流速

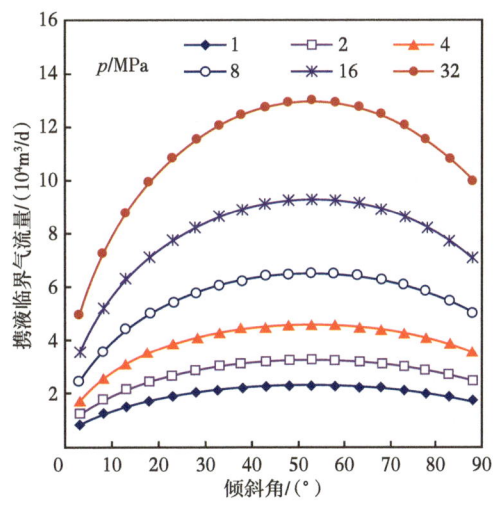

图 10-4-5　不同压力下的携液临界气流量

4. 温度的影响

油管尺寸为 62.0 mm，压力为 4 MPa，气体相对密度为 0.6，表观液流速为 0.01 m/s，温度分别为293 K、313 K、353 K和433 K下的携液临界气流速如图10-4-6所示，携液临界气流量如图10-4-7所示。携液临界气流速随温度增加而增加，其主要原因是气体密度随温度增加而减小，气体的动能减小。但是携液临界气流量随温度增加而减小，其主要原因是携液临界气流速对应的条件是井筒温度条件，而携液临界气流量是地面标况条件下的值。

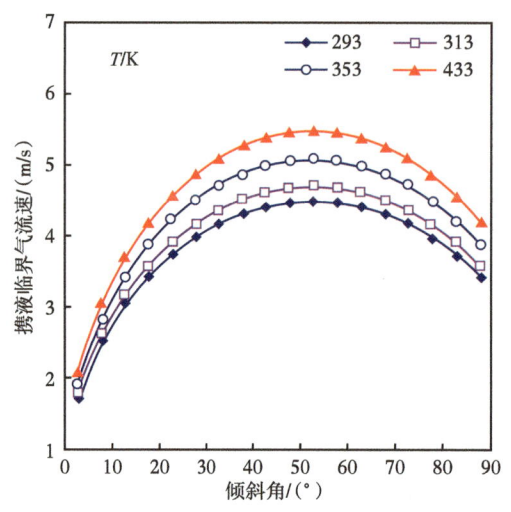

图10-4-6 不同温度下的携液临界气流速

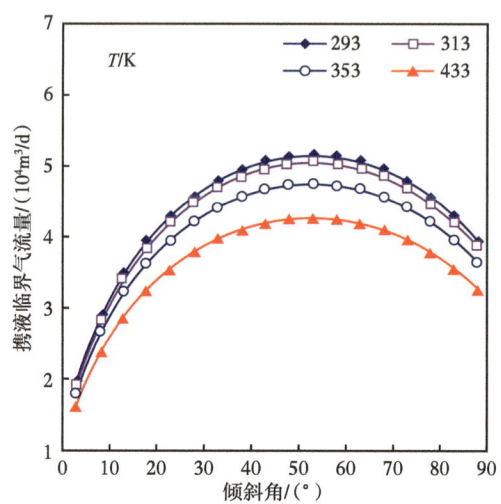

图10-4-7 不同温度下的携液临界气流量

二、新经验模型

1. 经验模型基本形式

机理模型能较准确预测气藏水平气井倾斜管携液临界气流速，但计算比较复杂，不适合现场应用，Belfroid经验关系式形式简单，受现场工程师欢迎，但没有考虑压力、温度、管径、液流速的影响，计算准确性不如机理模型。

从前面的模型评价和敏感性分析可知，机理模型计算的携液临界气流速与倾斜角的关系与Belfroid模型相似，因此基于Belfroid模型的角度修正方法，进一步考虑压力、温度、管径、液流速的影响，建立了新的经验关系式。

新模型的形式如式（10-4-1）所示：

$$v_{\text{crit}} = C_{d,p,v_{\text{SL}},T} \frac{(\sin 1.7\theta)^{0.38}}{0.74} \left[\frac{\sigma(\rho_L - \rho_G)}{\rho_G^2} \right]^{0.25} \quad (10\text{-}4\text{-}1)$$

式中 $C_{d,\,p,\,v_{\text{SL}},\,T}$——经验系数。

系数 $C_{d,\,p,\,v_{\text{SL}},\,T}$ 综合考虑了压力、温度、管径、液流速的影响。Belfroid模型中，该系数为常数6.5。

2. 经验模型系数推导

经验系数 $C_{d,p,v_{SL},T}$ 推导过程如下：

步骤 1：表观液流速 v_{SL} 取 0.01 m/s，温度取 373 K，压力取 1 MPa、2 MPa、4 MPa、8 MPa、16 MPa、32 MPa，油管内径取 0.0254 m、0.0318 m、0.0419 m、0.0503 m、0.062 m、0.0759 m、0.0867 m、0.1003 m，利用新建机理模型计算了以上各参数在不同倾斜角下的连续携液临界气流速 v_{crit}。根据计算的连续携液临界气流速 v_{crit}，采用式（10-4-1）计算不同倾斜角下的 $C_{d,p,v_{SL},T}$ 及其平均值。表 10-4-1 和图 10-4-8 给出了 $C_{d,p,v_{SL},T}$ 与压力的关系，$C_{d,p,v_{SL},T}$ 可表示成 $Ap+B$，系数 A 和系数 B 与油管尺寸有关，$Ap+B$ 可考虑为压力和油管尺寸对携液临界气流速的综合影响。

步骤 2：表观液流速 v_{SL} 取 0.02 m/s、0.04 m/s、0.08 m/s、0.16 m/s、0.32 m/s，其余参数同步骤 1，同样利用新建机理模型计算了以上各参数在不同倾斜角下的连续携液临界气流速 v_{crit} 及 $C_{d,p,v_{SL},T}$，将 5 个表观液流速条件下 $C_{d,p,v_{SL},T}$ 的平均值与表观液流速为 0.01 m/s 条件下 $C_{d,p,v_{SL},T}$ 的平均值进行相除，得到对应的商，它们的商与表观液流速的关系可表示为 $0.024\ln v_{SL}+1.12$，其中 0.024 为不同管径条件下的平均值。$0.024\ln v_{SL}+1.12$ 可考虑为液流速对携液临界气流速的影响。

步骤 3：表观液流速 v_{SL} 取 0.01 m/s，温度 T 取 293 K、313 K、353 K、433 K，其余参数同步骤 1，同样利用新建机理模型计算了以上各参数在不同倾斜角下的连续携液临界气流速 v_{crit} 及 $C_{d,p,v_{SL},T}$，将 4 个温度条件下 $C_{d,p,v_{SL},T}$ 的平均值与温度为 373 K 条件下 $C_{d,p,v_{SL},T}$ 的平均值进行相除，得到对应的商，它们商与温度的关系可表示为 $1-0.0006(T-373)$，其中 0.0006 为不同温度条件下的平均值。$1-0.0006(T-373)$ 可考虑为温度对携液临界气流速的影响。

表 10-4-1　新经验模型中系数 A 和 B 与管径的关系

管径 /m	A	B
0.100 3	0.069	8.220
0.086 7	0.066	7.750
0.075 9	0.063	7.320
0.062 0	0.058	11.720
0.050 3	0.053	11.130
0.041 9	0.054	5.560
0.031 8	0.051	4.870
0.025 4	0.046	4.330
关系式	$A=0.016\ln d+0.10$	$B=2.851\ln d+14.7$

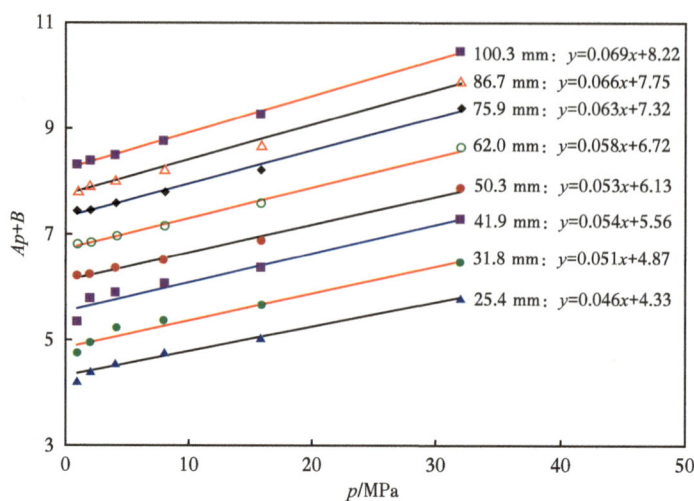

图 10-4-8 不同压力及管径条件下的系数（未考虑温度的影响）

经验系数 $C_{d,p,v_{SL},T}$ 可表示为压力、温度、管径、液流速的函数，如式（10-4-2）所示：

$$C_{d,p,v_{SL},T} = (Ap+B)(0.024\ln v_{SL}+1.12)[1-0.0006(T-373)] \quad (10\text{-}4\text{-}2)$$

其中，$A=0.016\ln d-0.10$，$B=2.85\ln d+14.7$。

关系式中的经验系数 $C_{d,p,v_{SL},T}$ 是通过机理模型大量计算拟合得到，有坚实的理论基础，适用范围较宽。从式（10-4-2）可知，经验系数 $C_{d,p,v_{SL},T}$ 随管径、液流速、压力的增加而增加，随温度的增加而减小。这是与 Belfroid 模型最显著的差异。

新模型考虑了气井流体压力、温度的影响，更适合气井井筒压力温度条件下携液临界气流速的预测。这是与现有模型 Pushkina & Sorokin 模型、Richter & Lovell 模型、Wallis 模型、Owen 模型、Belfroid 模型、修正 Belfroid 模型的不同之处。同时新的经验模型可看成是修正 Belfroid 模型的发展。

第十一章 基于节点系统分析原理的气井排液能力分析

本章介绍了基于节点系统分析原理判断气井积液的方法,建立产水气井流入动态预测模型,从节点系统分析了气井的积液规律。

第一节 节点系统方法判断气井积液的原理

一、气井携液流量与压力梯度最低点相关性分析

当气井井筒当地气流速小于搅动流向环状流转化的气流速时,井筒当地流型为搅动流或段塞流;对于搅动流或段塞流,气液间滑脱严重,重力压降占主导,井底流压随气流速降低而逐渐增加。当气井井筒当地气流速大于搅动流向环状流转化的气流速时,井筒当地流型为环状流,摩阻压降逐渐占主导,摩阻压降梯度随气流速增加而增加,井底流压增加。当气流速处于搅动流向环状流转化的临界气流速时,重力压降和摩阻压降均较小,总的压降梯度最小,井底流压最小。为此,国内外一些研究学者通过绘制油管特性曲线,并以曲线中的最低井底流压的气流量作为气井连续携液临界气流量,如图11-1-1所示。

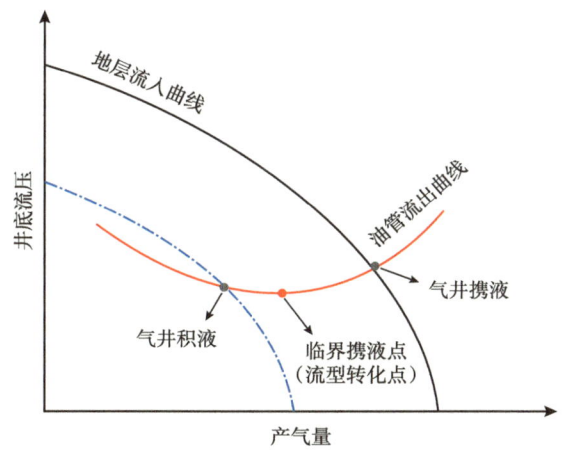

图 11-1-1 油管特性曲线压力最低点的气流量与气井携液临界流量的关系

前面章节介绍的液滴模型及液膜模型因形式简单便于分析，在气井积液中广泛使用。液滴模型和液膜模型的本质是计算液滴和模型连续向上携带的临界气流速，这与 Taitel 等提出的气井环状流向搅动流转化的机制是相一致的。

二、基本原理

在国内一些高产水气井，如四川元坝气田的河坝 1 井、河坝 2 井，其生产数据如图 11-1-2 所示，产气量低于连续携液临界气流量，但生产稳定，没有出现明显的积液特征。根据井口油压、产气量、产水量判断井筒为段塞流。对于这类井，若从连续携液临界气流量的角度判定，气井的携液状况将出现偏差。

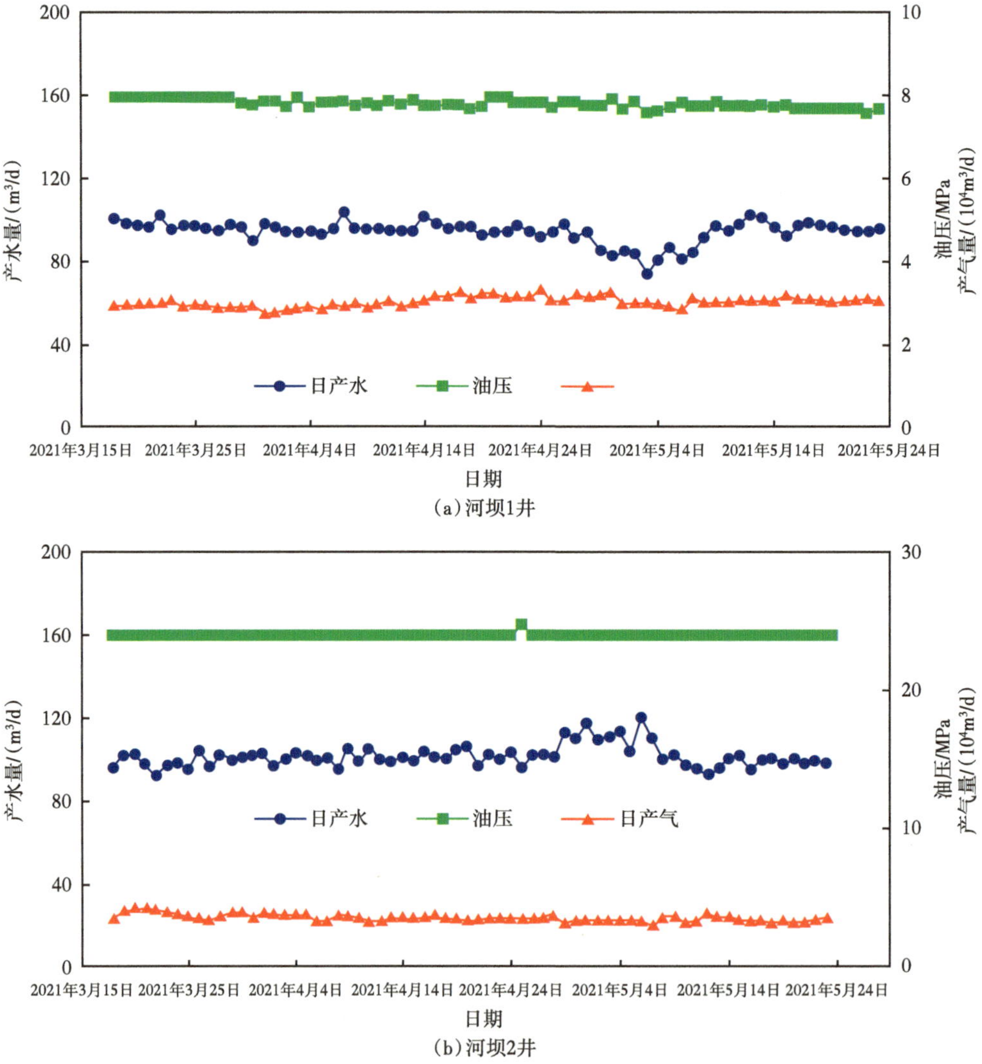

图 11-1-2　典型大液量段塞流气井生产数据

对于高产液气井，气流携液规律与高气液比油井类似，其生产稳定性可从节点系统分析的角度进行解释。根据油气井节点系统分析原理，以井底为节点分别计算节点的流入关系曲线和节点流出关系曲线，如图 11-1-3 所示。流入、流出关系曲线在较低产量和较高产量处存在两个交点，两个交点之间的流出曲线低于流入曲线。理论分析和实践证明，较低产量的交点 O 是不稳定流动，而较高产量的交点 F 是稳定流动的。

从油管特性曲线讲，搅动流向环状流转化的临界气流量对应于油管特性曲线的最小值。当产气量位于协调点并突然下降时，则流入曲线上显示节点流压（剩余压力）增加；而从流出曲线看，如果产量下降，流出曲线上显示节点流压（流出所需压力）下降，即流入提供更高的剩余压力，迫使流出产量增加，并回到原产量，故 F 点为稳定点。当产气量突然增加时，则流入曲线上显示节点流压（剩余压力）下降，而从流出曲线看，如果产量增加，则流出曲线上显示节点流压（流出所需压力）增加，即流入无法提供更高的剩余压力，因此流出部分产量无法增加，只能回到原产量。

气井积液前后生产系统协调情况如图 11-1-4 所示。气井积液后，井底流压上升，油管特性曲线的左侧将上翘；随积液量增加，协调点的产气量将下降。若配产量高于协调点的产气量，气井不能稳定生产。

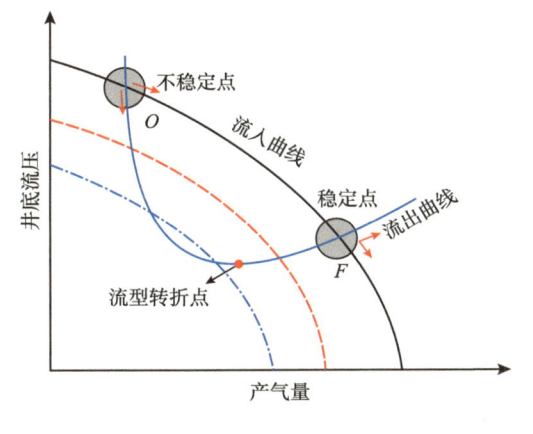

图 11-1-3 节点系统分析原理

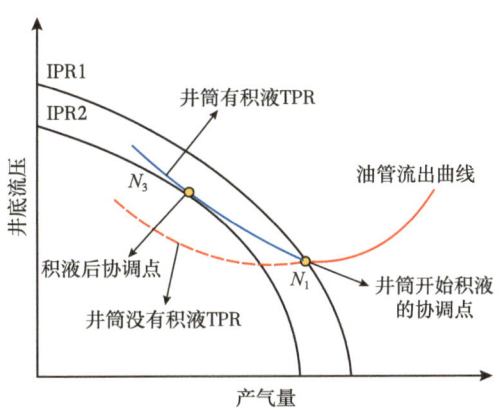

图 11-1-4 气井积液前后生产系统协调点对比

IPR—流入动态曲线；TPR—油管流出曲线

第二节 产水气井流入动态曲线计算

气井流入动态曲线是进行节点系统分析的基础。苏联学者 Merkulov 最先发表了水平井产能预测模型，之后国内外多位学者基于气井的渗流机理，先后推导了多种气井产能预测模型。多数假定供油边界为椭圆形，将三维渗流模型简化为两个相互联系的二维模型，典型代表有 Borisov[224]、Joshi[225]、Giger[226]、陈元千[227] 等提出的方法。气井产量与储层渗透率成正比，而当气井产液时，近井附近的液相对气体的流动造成较大的渗流阻力，气相渗透率随着含水饱和度的增加出现大幅度降低，当含水饱和度达到 80%，气相渗透率近似为 0，显著降低了气井产量[228-229]。针对高含水气藏而言，常规产能预测方法误差较大，导致排采工艺参数设计不准，给工艺的适应性分析带来难度。

一、水平气井产能方程

油藏水平井和气藏水平井具有相同的物理模型和相似的渗流机理（气体要考虑压缩性），以气相拟压力 $\psi(p) = \int \frac{2p}{\mu Z} \mathrm{d}p$ 代替液相压力 p，以 Tp_{sc}/T_{sc} 代替 $\mu_o B_o/2$，对油藏水平井产能方程进行推导，可以获得气藏水平井的解析式，采用二项式进行表示如下：

$$p_e^2 - p_{wf}^2 = AQ_{sc} + BQ_{sc}^2 \quad (11-2-1)$$

式中 A，B——二项式系数，分别为层流系数和紊流系数；

p_e——地层压力，MPa；

p_{wf}——井底流压，MPa；

Q_{sc}——流压为 p_{wf} 时的产气量，10^4 m³/d。

基于 Borisov、Joshi、Giger、陈元千分别提出的油藏公式的推导过程，可得系数 A、B 的解析形式。四种方法紊流系数的解析式相同，可表示为：

$$B = \frac{\mu_G Z T D_h}{784.5 K_h h} \quad (11-2-2)$$

式中 μ_G——气体黏度，Pa·s；

D_h——水平井的湍流系数，(m³/d)⁻¹；

T——气藏温度，K；

K_h——水平方向渗透率，mD；

h——储层厚度，m；

Z——气体偏差系数。

针对不同方法，层流系数 A 不同，分别表示如下。

（1）Borisov 公式的系数：

$$A = \frac{\mu_G Z T}{784.5 K_h h} \left(\ln \frac{4 r_{eh}}{L} + \frac{I_{ani} h}{L} \ln \frac{I_{ani} h}{2 \pi r_w} + S_h \right) \quad (11-2-3)$$

式中　r_{eh}——水平井泄油半径，m；

　　　L——水平井井段长度，m；

　　　r_w——井筒半径，m；

　　　I_{ani}——渗透率各向异性系数；

　　　S_h——表皮系数。

（2）Joshi 公式的系数：

$$A = \frac{\mu_G ZT}{784.5 K_h h} \left(\ln \frac{a + \sqrt{a^2 - L^2/4}}{L/2} + \frac{I_{ani} h}{L} \ln \frac{I_{ani} h}{2 r_w} + S_h \right) \qquad (11\text{-}2\text{-}4)$$

式中　a——水平井中椭球体长半轴，m。

（3）Giger 公式的系数：

$$A = \frac{\mu_G ZT}{784.5 K_h h} \left\{ \ln \frac{1 + \sqrt{1 - [L/(2 r_{eh})]^2}}{L/(2 r_{eh})} + \frac{I_{ani} h}{L} \ln \frac{I_{ani} h}{2 \pi r_w} + S_h \right\} \qquad (11\text{-}2\text{-}5)$$

（4）陈元千公式的系数：

$$A = \frac{\mu_G ZT}{784.5 K_h h} \left[\ln \sqrt{\left(\frac{4a}{L} - 1\right)^2 - 1} + \frac{I_{ani} h}{L} \ln \left(\frac{I_{ani} h}{2 r_w}\right) + S_h \right] \qquad (11\text{-}2\text{-}6)$$

二、产水情况下的修正

气井见水后，有效渗透率快速下降，常规产能方程预测误差较大，则需要对有效渗透率进行修正。由水气比可确定地层条件下的含水率：

$$f_w = \frac{WGR}{WGR + 10\,000 B_G} \qquad (11\text{-}2\text{-}7)$$

式中　f_w——地层条件下的含水率；

　　　WGR——地面生产水气比，$m^3/10^4 m^3$；

　　　B_G——地层条件下气体体积系数。

地层条件下的含水率反映了液相流速占气液两相混合流速的比例，可由岩心实验测得的相渗归一化曲线计算得到。根据渗流规律，由式（11-2-8）可得到地层条件下气、水相渗透率与含水率的关系：

$$f_w = \frac{v_w}{v_w + v_g} = \frac{1}{1 + \frac{K_{rg}}{K_{rw}} \frac{\mu_w}{\mu_g}} \qquad (11\text{-}2\text{-}8)$$

式中 K_{rg}，K_{rw}——气相、水相相对渗透率；

μ_g，μ_w——气相、水相黏度，Pa·s；

v_g，v_w——气相、水相渗流速度，m/s。

联合式（11-2-7）和式（11-2-8）与相渗曲线可得到不同水气比条件下的气相相对渗透率 K_{rg}，并计算气相有效渗透率为 $K \times K_{rg}$。

将得出的有效渗透率代入前述产能方程可得出产水气井的产能解析形式，但公式烦琐复杂，因此直接对简化后的二项式产能方程修正。

$$\overline{p}_r^2 - p_{wf}^2 = A_L q_{sc} + B_L q_{sc}^2 \qquad (11-2-9)$$

式中 p_r——平均地层压力，MPa；

p_{wf}——井底流压，MPa；

A，B——无水条件下水平井产能方程二项式系数；

A_L，B_L——气水同产时水平井产能方程二项式系数。

根据前述二项式产能方程、系数 A 和系数 B 与渗透率的关系，可知当气水同产情况下，气相系数 A_L 可用系数 A 与气相相对渗透率的比值表示，B_L 可用总系数 B 与气相相对渗透率的比值表示：

$$A_L = A / K_{rg} \qquad B_L = B / K_{rg}^{0.785} \qquad (11-2-10)$$

三、气相渗透率的确定

根据井区试气资料中的地层压力、井底流压、产气量、产水量、储层厚度、渗透率、水平段长度、井眼半径等数据，通过改变气相渗透率，得到不同气相渗透率条件下的产气量，通过插值得到单井的有效渗透率。同时根据气体状态方程计算地层条件下的气体体积系数，根据式（11-2-7）计算含水率 f_w。由此得到能代表锦 30 井区的气相渗透率 K_{rg} 与地层条件下含水率关系曲线，如图 11-2-1 所示。

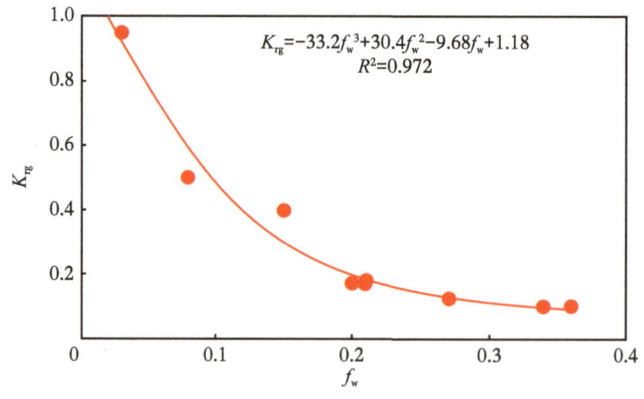

图 11-2-1　锦 30 井区水平井 K_{rg} 与 f_w 的关系

图 11-2-1 所示的水平井 K_{rg} 与 f_w 的关系趋势线，拟合出如下关系式：

$$K_{rg} = -33.2 f_w^3 + 30.4 f_w^2 - 9.68 f_w + 1.18 \qquad (11-2-11)$$

根据井的生产水气比，可由式（11-2-7）计算地层条件含水率 f_w，再代入式（11-2-11）便可计算出对应的气相相对渗透率。该渗透率曲线代表了某井区地层的平均水平，相对于单井岩心相渗曲线，更能真实反映地层的渗流能力，尤其是多层合采的情况。

以该井区的 X1 井作为对象，根据试气报告与生产数据，获得基础参数，见表 11-2-1。

表 11-2-1　X1 井基本参数

基本参数	数值	基本参数	数值
井筒半径 /m	0.153	渗透率 /mD	1.29
水平段长度 /m	1000	表皮系数	−0.9
含气层段长度 /m	363	储层温度 /℃	108
储层厚度 /m	12	天然气相对密度	0.654
地层压力 /MPa	31.158	含气饱和度 /%	54.60
井底流压 /MPa	26.6	产气量 /（10^4 m^3/d）	5.26
产水量 /（m^3/d）	40	水气比 /（m^3/10^4 m^3）	7.59

利用 Giger、Joshi、Borisov、陈元千公式计算了 X1 井的流入动态曲线，如图 11-2-2 所示，4 种水平井产能公式预测结果基本一致，测试产气量为 5.26×10^4 m^3/d，预测产气量为 5.32×10^4 m^3/d，百分误差为 1.14%。

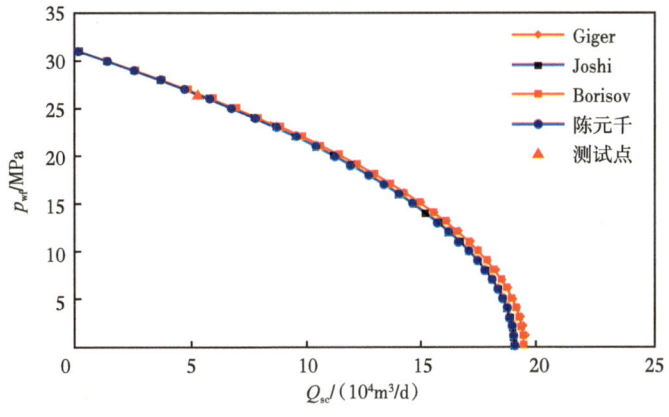

图 11-2-2　X1 井流入动态曲线

四、有水气藏一点法产能预测方法

1. 一点法产能方程

一点法求产只需一个稳定测试点即可求得气井的流入动态曲线；相较于修正等时试井求产具有工艺简单、测试时间短、成本低的特点，是低渗透气藏的主要试气求产方法。该方法的关键是确定特征参数 α 和无阻流量。

无量纲产能方程可表示为如下形式：

$$\frac{p_{wf}^2}{p_e^2} = 1 - \alpha \frac{Q_{sc}}{Q_{AOF}} - (1-\alpha)\left(\frac{Q_{sc}}{Q_{AOF}}\right)^2 \qquad (11-2-12)$$

式中　　α——特征参数；

　　　　p_e——地层压力，MPa；

　　　　p_{wf}——井底流压，MPa；

　　　　Q_{AOF}——无阻流量，$10^4 \, m^3/d$；

　　　　Q_{sc}——流压为 p_{wf} 时的产气量，$10^4 \, m^3/d$。

根据二项式产能方程和一点法产能方程，特征参数可表示为：

$$\alpha = \frac{A}{A + BQ_{AOF}} \qquad (11-2-13)$$

α 实质上是二项式产能中达西项层流系数 A 的无量纲形式，故称为无量纲层流系数，它表示与产量无关的表皮系数所占的份额。相应 $1-\alpha$ 为无量纲湍流系数，表示与产量相关的表皮系数占最大总表皮系数的份额。

2. 水气比对特征参数 α 的影响

以 X1 井的基础参数为例，采用 Joshi 方法分别计算了水气比为 $5 \, m^3/10^4 \, m^3$ 和 $50 \, m^3/10^4 \, m^3$ 在不同井底流压下的产量，再采用无量纲化处理，得到如图 11-2-3 所示的无量纲流入动态曲线：从图 11-2-3 可知，尽管水气比相差 10 倍，但无量纲流入动态曲线基本重合且为直线，说明水气比对无量纲流入动态的曲线无影响。结合何同均等的研究认识，无量纲流入动态曲线为直线时，说明特征参数 α 近似为 1。

$\alpha \approx 1$ 表示气井流入动态完全遵循达西（线性）规律，能量完全消耗于克服径向层流和表皮因子造成的黏滞阻力。

3. 水气比对气井无阻流量的影响

以 X1 井为对象分析气井见水后，水气比对流入动态曲线的影响，如图 11-2-4 所示。

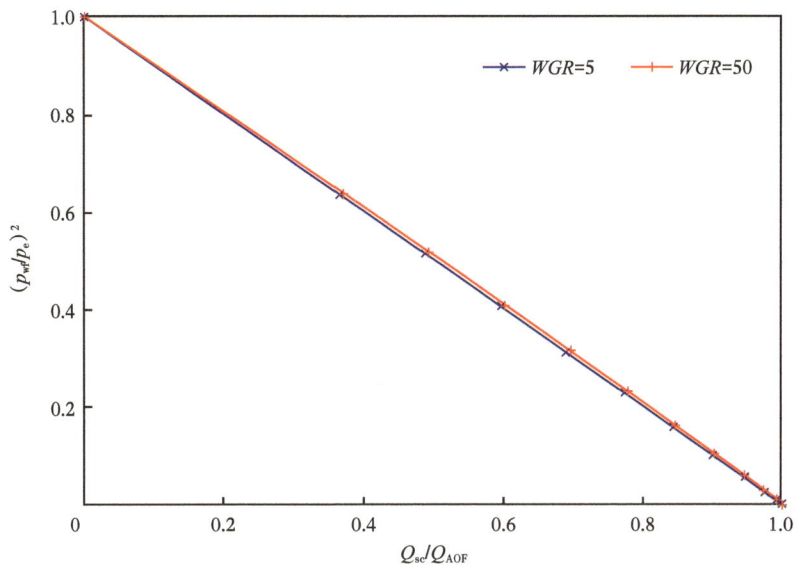

图 11-2-3　X1 井的无量纲 IPR 曲线

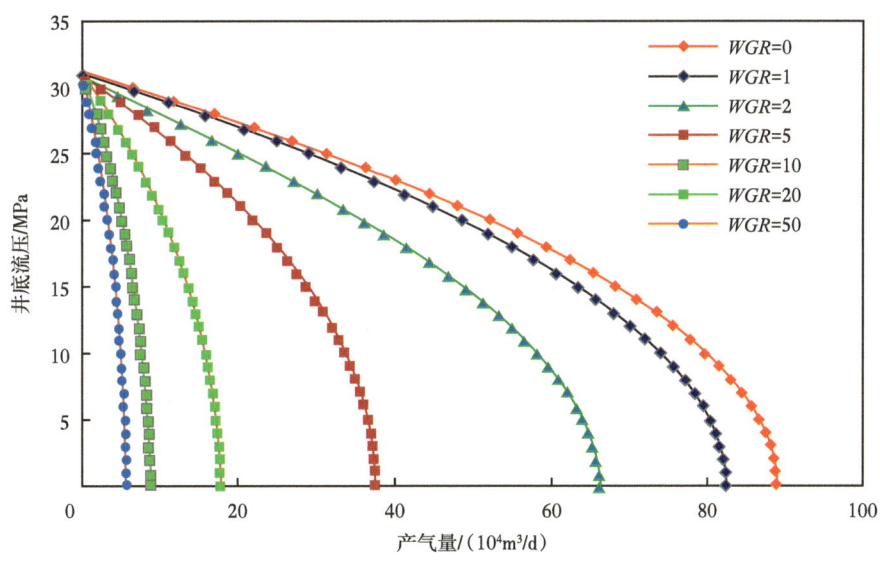

图 11-2-4　X1 井不同水气比下的流入动态曲线

由图 11-2-4 可知，无阻流量受水气比影响很大，为了能准确预测不同水气比下无阻流量的大小，建立了不同水气比条件下的无阻流量 Q_{AOF} 与不产水情况的无阻流量 $Q_{AOF(WGR=0)}$ 的比值（将该比值简称为无量纲无阻流量比）与水气比的关系曲线，如图 11-2-5 所示。

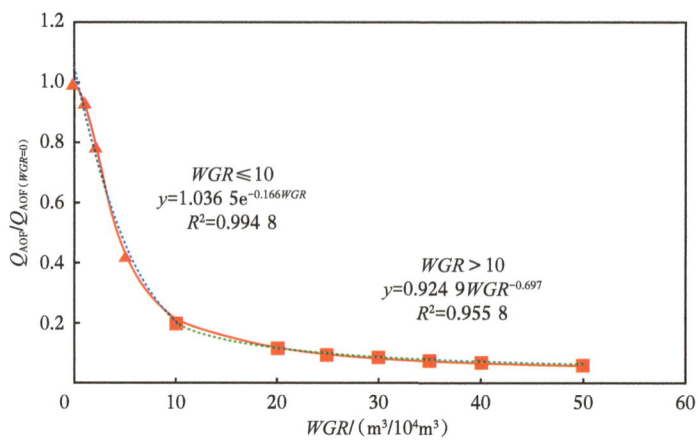

图 11-2-5　无量纲无阻流量比随水气比变化关系

从图 11-2-5 可看出，无量纲无阻流量比随水气比增加而降低，且在水气比较小时降低很快，随着水气比增大降低逐渐变缓慢。为了准确定量分析无量纲无阻流量比与水气比之间的关系，采用分段函数进行拟合。

$$\frac{Q_{AOF}}{Q_{AOF(WGR=0)}} = \begin{cases} 1.036\exp(-0.17WGR), & WGR \leqslant 10 \\ 0.924\,9WGR^{-0.697}, & WGR>10 \end{cases} \quad (11\text{-}2\text{-}14)$$

采用一点法进行产能预测的关键是确定无阻流量，而产水后无阻流量变化较大，因此确定不同水气比情况下的无阻流量成为产水气井一点法能否较准确地预测产量的关键。在建立了无量纲无阻流量比与水气比关系式后，可确定在不同水气比时的无阻流量比，结合一点法产能公式便可进行预测。预测方法分为两个步骤：

（1）根据稳定测试点（Q_{sc}，p_{wf}）由式（11-2-12）计算无阻流量 Q_{AOF}；

（2）若水气比发生变化，首先根据式（11-2-12）计算有水情况下的无阻流量 Q_{AOF}，再由式（11-2-13）计算无水情况下的无阻流量 $Q_{AOF(WGR=0)}$；最后由式（11-2-13）计算新的水气比条件下的 Q_{AOF}。

获得无阻流量后，可由式（11-2-14）计算不同流压下的产量，获得新的流入动态曲线。

第三节　产水气井流出曲线计算

准确计算气井井筒压力分布是节点系统分析的另一重要基础。本部分利用现场测试数据优选出适合携液井和积液井的气液两相压降模型。

一、携液井井筒压降模型评价

利用压力不分段的流压测试数据(代表携液生产井)对常用模型的准确性进行了评价。评价指标为井底流压的平均百分误差、绝对平均百分误差和标准差三个参数。模型计算井底流压与测试值对比如图 11-3-1 所示[230-233]。

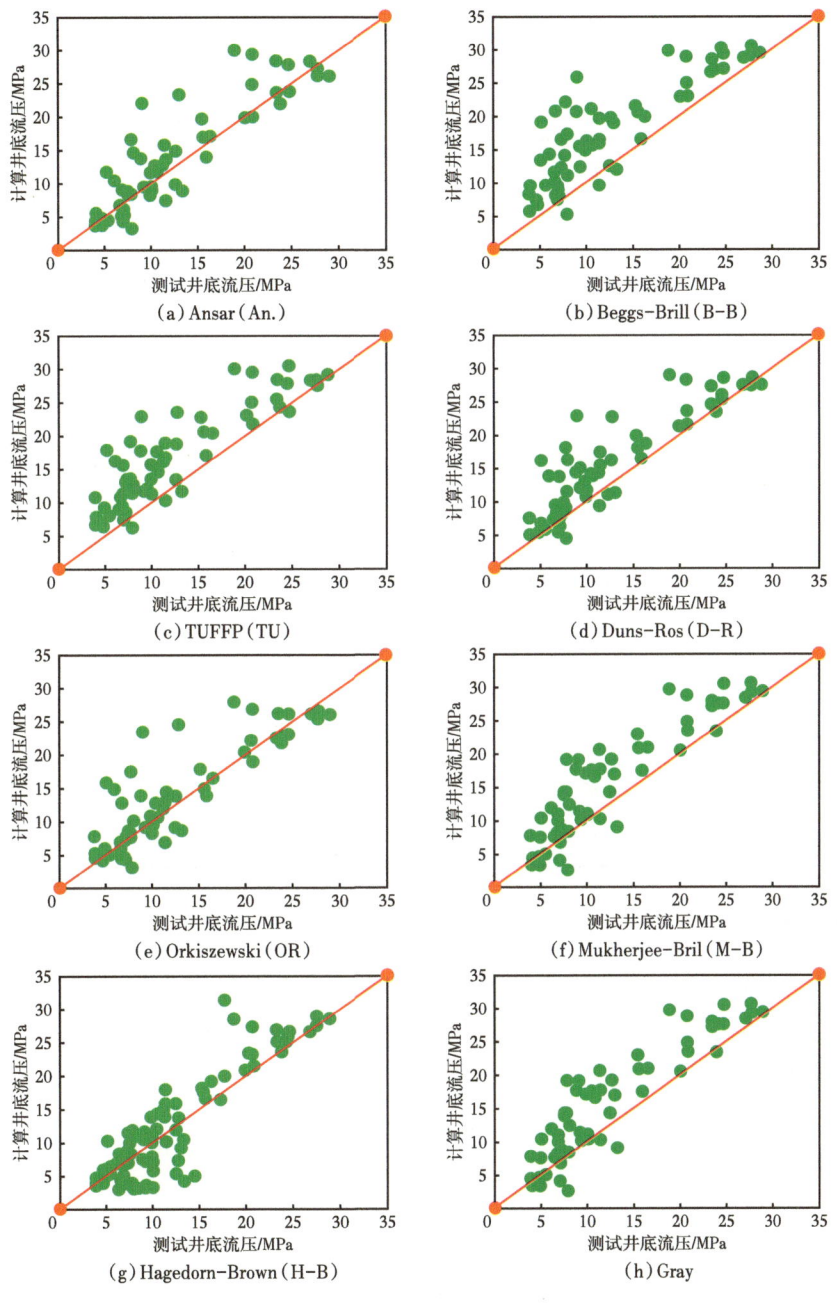

图 11-3-1　模型计算井底流压与测试值对比结果

模型误差统计见表 11-3-1，从结果可知，Gray 模型和 Hagedorn-Brown 模型准确性较高，优于其他模型。

表 11-3-1　模型计算井底流压与测试值误差统计

指标	An.	B-B	D-R	Gray	TU	H-B	M-B	OR
平均误差 /%	12.22	56.50	48.00	-6.81	30.40	8.44	30.15	14.01
平均绝对误差 /%	25.45	58.30	49.41	16.76	34.49	18.20	38.33	28.05
标准差 /%	8.06	7.32	7.14	7.98	7.48	7.89	8.29	7.47

二、积液井流压计算

采用大牛地气田 575 口井次的实际积液井测压数据，分别用 Hagedorn-Brown、无滑脱模型、单相修正模型、Gray[234] 模型和修正的 Hasan-Kabir[235] 计算井底流压。

在积液井液面上部管段各模型的误差统计指标见表 11-3-2。由表 11-3-2 可知，无滑脱模型表现出较高的准确性，这说明积液井液面上部管段气液间滑脱较小。同时，分析压力梯度发现，液面上部压力梯度较小，说明持液率较小，井筒中气流携带少量的液滴。

表 11-3-2　积液井液面上部管段各模型误差统计

管流模型	平均误差 /%	平均绝对误差 /%	标准差 /%	RPF
无滑脱模型	-0.22	4.33	6.17	0
Hagedorn-Brown 模型	1.36	5.13	6.88	0.22
拟单相模型	-4.87	5.03	11.50	1.03
Gray 模型	18.50	18.70	13.50	3.00

1. 流型判断

在积液井液面下部管段，可采用修正 Hasan-Kabir 模型计算该段井筒的压力分布。Hasan-Kabir 根据单个气泡的极限上升速度 $v_{0\infty}$ 和泰勒气泡的极限上升速度 v_T 的大小关系来判断气井井筒流态：

$$v_{0\infty} = 1.53 \left[\frac{g(\rho_L - \rho_G)\sigma}{\rho_L^2} \right]^{0.25} \quad (11\text{-}3\text{-}1)$$

$$v_T = 0.35 \sqrt{\frac{gD(\rho_L - \rho_G)}{\rho_L}} \quad (11\text{-}3\text{-}2)$$

Hasan-Kabir 通过理论分析，泡状流判别准则表示为：

$$\begin{cases} v_{SG} < 0.429 v_{SL} + 0.357 v_{0\infty} \\ v_{0\infty} < v_T \end{cases} \quad (11\text{-}3\text{-}3)$$

而对于低产低压气井，气井井筒内液体无法被携带出井口，井筒内各处液体表观速度趋近于零，即 $v_{SL}=0$，则低产低压气井井筒流动模型中泡状流的判别准则为：

$$v_{SG} < 0.357 v_{0\infty} \quad (11\text{-}3\text{-}4)$$

Hasan-Kabir 方法中段塞流的判别准则表示为：

$$v_{SG} > 0.429 v_{SL} + 0.357 v_{0\infty} \quad (11\text{-}3\text{-}5)$$

令 $v_{SL}=0$，则低产低压气井井筒流动模型中段塞流的判别准则为：

$$v_{SG} > 0.357 v_{0\infty} \quad (11\text{-}3\text{-}6)$$

2. 压降梯度计算

积液井井筒流体压力消耗主要是混合物自身重力消耗。重力压力梯度的计算关键是确定持液率或含气率。

对于泡状流，含气率可表示为：

$$\alpha = \frac{v_{SG}}{1.2 v_m + v_{0\infty}} \quad (11\text{-}3\text{-}7)$$

令 $v_{SL}=0$，低产低压气井井筒流动模型中泡状流的含气率表达式为：

$$\alpha = \frac{v_{SG}}{1.2 v_{SG} + v_{0\infty}} \quad (11\text{-}3\text{-}8)$$

对于段塞流，含气率可表示为：

$$\alpha = \frac{v_{SG}}{1.2 v_m + v_T} \quad (11\text{-}3\text{-}9)$$

令 $v_{SL}=0$，低产低压气井井筒流动模型中段塞流的含气率表达式为：

$$\alpha = \frac{v_{SG}}{1.2 v_{SG} + v_T} \quad (11\text{-}3\text{-}10)$$

利用某气田 575 井次的积液井流压测试数据对修正 Hasan-Kabir 模型[236]进行评价，利用修正 Hasan-Kabir 模型从井底计算至积液面处，与测试值进行比较，流压平均百分误差为 3.04%，流压平均绝对百分误差为 4.98%，说明修正 Hasan-Kabir 模型满足工程计算要求。

三、积液井全井筒流压预测

气井开始积液后，井筒内流体压力分布分为上下两段。上段为几乎没有携液能力的低速气流，夹带少量微液滴，流态为雾流，其流动特征接近纯气流；下段为少量气体穿过的混气液柱，流体流态为段塞流或泡状流。井筒内上下两段流体存在明显的气液分界面。

积液井井筒流压计算步骤如下（图 11-3-2）：

（1）输入气井基本生产参数（产气量、产水量、井口油压、井口套压等）及管柱结构数据（油管尺寸及下深）。

（2）根据井口油压 p_t 采用 Gray 修正模型计算井底无积液，即连续携液时的井底流压 p_{wf}。

（3）由计算的井底流压 p_{wf} 采用静气柱压力分布原理计算井底无积液时的理论套压 $p_{c理论}$。

（4）计算理论套压 $p_{c理论}$ 与油压之差，即井底无积液时的套压、油压差 $\Delta p_{c-t理论}$。计算实际套压 $p_{c实际}$ 与油压之差 $\Delta p_{c-t实际}$。

（5）比较无积液时的套压、油压差 $\Delta p_{c-t理论}$ 与实际套压、油压差 $\Delta p_{c-t实际}$。

（6）若 $|\Delta p_{c-t理论} - \Delta p_{c-t实际}| < \varepsilon$，表明井筒未积液，或积液量很少；若 $|\Delta p_{c-t理论} - \Delta p_{c-t实际}| > \varepsilon$，表明井筒积液量较多。

（7）若井筒未积液，根据 Gray 模型计算流压分布。

（8）若气井积液，假设油管液面和油管液位等高，均为 L_{ym}，用无滑脱模型计算井口至动液面深度处的流压分布，用 Hasan-Kabir 模型计算动液面至井底流压分布及井底流压 p_{wf}。

（9）按静液柱计算井底至环空液面的压力分布，按静气柱计算环空液面至井口的压力分布及套压 $p_{c理论}$。

（10）比较套压计算值 $p_{c理论}$ 与测试套压是否满足一定精度要求 ε。

（11）若满足则计算结束，若不满足精度要求，重新假设液面深度 L_{ym}，重复步骤（8）~步骤（10）。

（12）求取液膜深度后，计算全井筒压力分布，输出结果，计算结束。

环空液位和油管液位是动态变化的，准确计算需基于物质平衡原理，即地层流入的液量减去井口带出的液量，得到井筒中滞留的液量。为简化计算，上述过程假设环空无积液或者环空液位与油管液位高度相当，这与实际情况有一定的偏差。若要准确计算环空液面高度，需已知井底流压；可结合 IPR 曲线来计算井底流压，也可借助井底流压值。

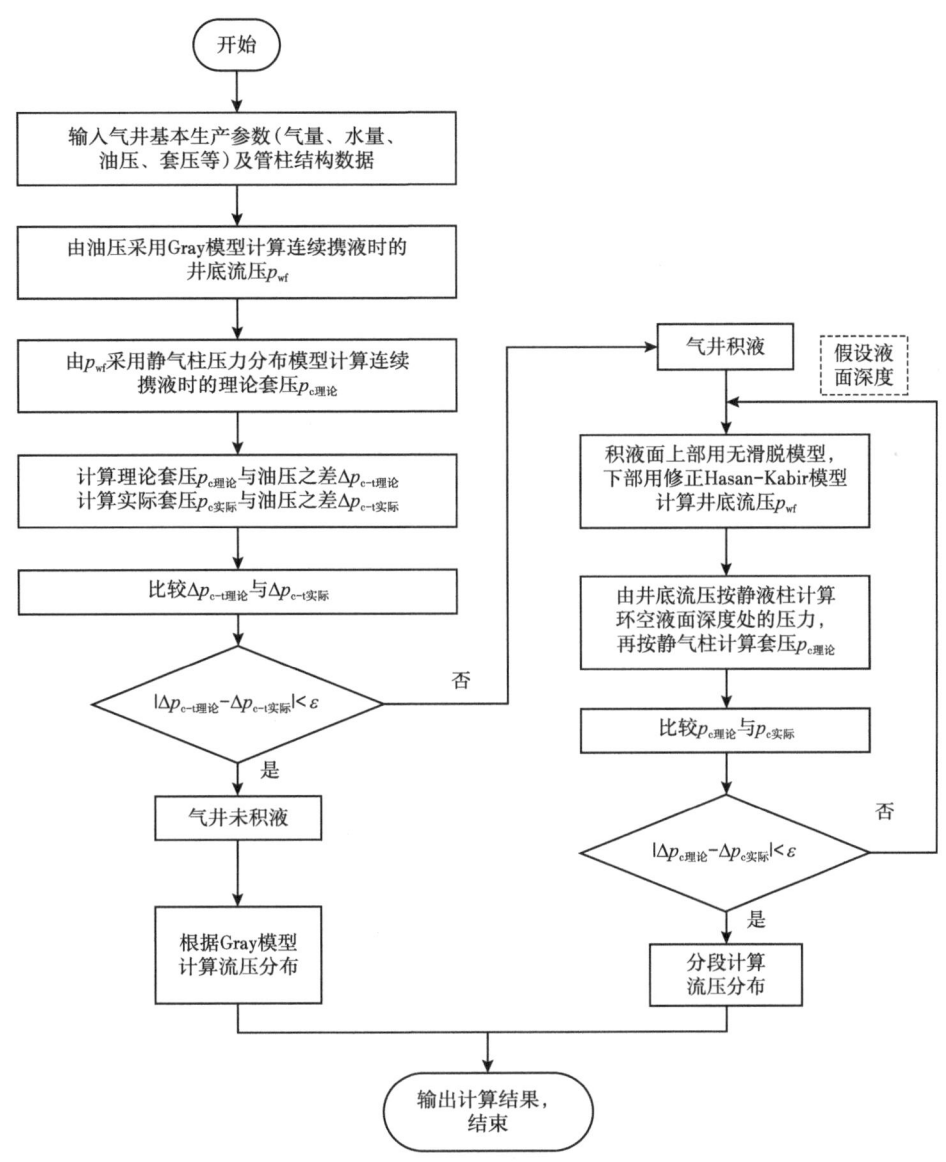

图 11-3-2 积液井全井筒流压计算步骤

四、实例分析

元坝 1 井地层压力 70.5 MPa，根据产能测试，拟合得到二项式产能方程的系数 A 为 15.4 $MPa^2 \cdot 10^4 m^3/d$，系数 B 为 0，即产能方程为：

$$\bar{p}_r^2 - p_{wf}^2 = 15.4 q_{sc} \qquad (11\text{-}3\text{-}11)$$

根据岩心室内不同含水饱和度下的渗透率测试，测得元坝气田归一化相渗曲线，如图 11-3-3 所示。

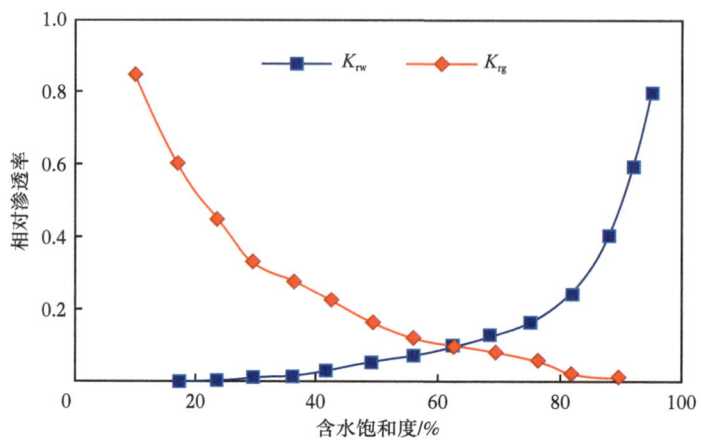

图 11-3-3　元坝气田归一化相渗曲线

该井当前生产水气比为 13.5 m³/10⁴m³，结合该井相渗曲线分析了原始地层压力在不同生产水气比条件下的流入动态曲线，如图 11-3-4 所示。随地层产液量增加，气井的产量下降。

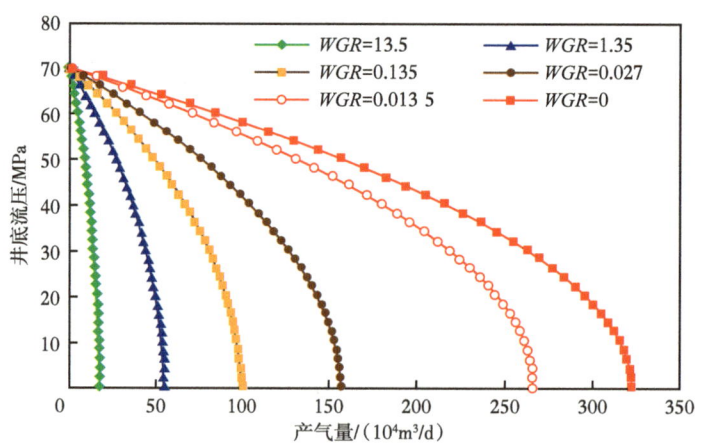

图 11-3-4　不同生产水气比条件下的流入动态曲线（原始地层压力 70.5MPa）

井口外输压力为 5.7 MPa，水气比取当前水气比 13.5 m³/10⁴ m³，计算了不同产气量下的井底流压，即油管特性曲线 TPR，表征油管排液需要的油管吸入口压力。同时计算了不同地层压力下的流入动态曲线，即 IPR 曲线，表征流体流入井底剩余的井底压力，如图 11-3-5 所示。从图 11-3-5 可知，当地层压力大于 25 MPa 时，节点的流入曲线与流出曲线相交，生产系统有协调点，气井能稳定生产。当地层压力小于 25 MPa 时，节点的流入曲线与流出曲线没有相交，表明生产系统没有协调点，气井不能稳定生产。因此，当地层压力下降到 25 MPa 时，气井将停喷。

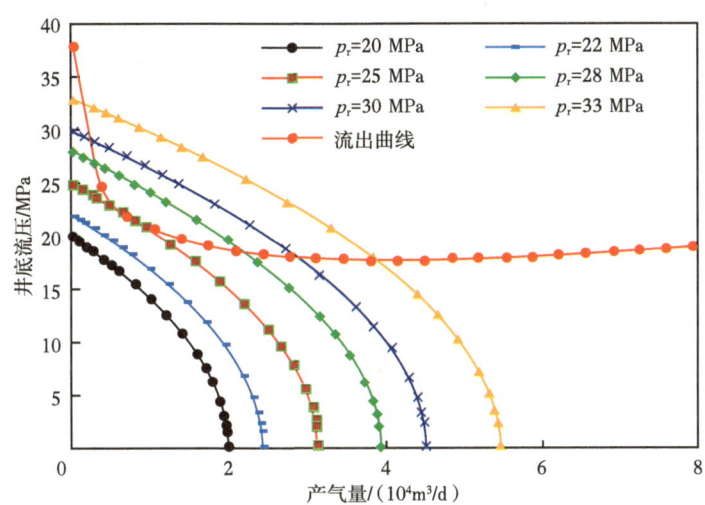

图 11-3-5　不同地层压力下气井生产系统协调情况

第四节　气井积液动态分析

一、水平井积液过程分析

以某实例井说明，产气量、井底流压、井口油压随时间动态变化如图 11-4-1 所示。

在 t_1（2018 年 7 月 22 日）时刻，产气量 Q_{G1} 等于井斜角 30° 井段的携液临界气流量，井斜角 30° 井段开始积液，井斜角 30° 管段因积液压力梯度开始缓慢上升，并引起井底流压开始上升；井底流压上升后，产气量缓慢下降。由于产气量下降程度不是很大，下降后的产气量可维持井斜角 30° 井段两端的井段稳定携液生产。因此，在产气量 Q_{G1} 条件下可稳定生产一段时间。随时间的推移，到 t_2 时刻，产气量降低到 Q_{G2}，Q_{G2} 等于井斜角 15° 和 60° 井段的携液临界气流量，因此积液井段长度延伸到井斜角 15° 和 60° 的井段处，井段积液长度增加，井底回压增加，并伴随产气量下降。依次类推，在时刻 t_3，产气量降低到 Q_{G3}，Q_{G3} 等于垂直井段即井斜角 0° 和井斜角 55° 井段的携液临界气流量，垂直井段开始积液；此时，由于积液井段很长且上部管段不能连续带液，上部管段的积液回落至水平段的可能性比较大。在时刻 t_4 或者 t_5，井口油压降低到海上平台分离器压力，气井将停喷。

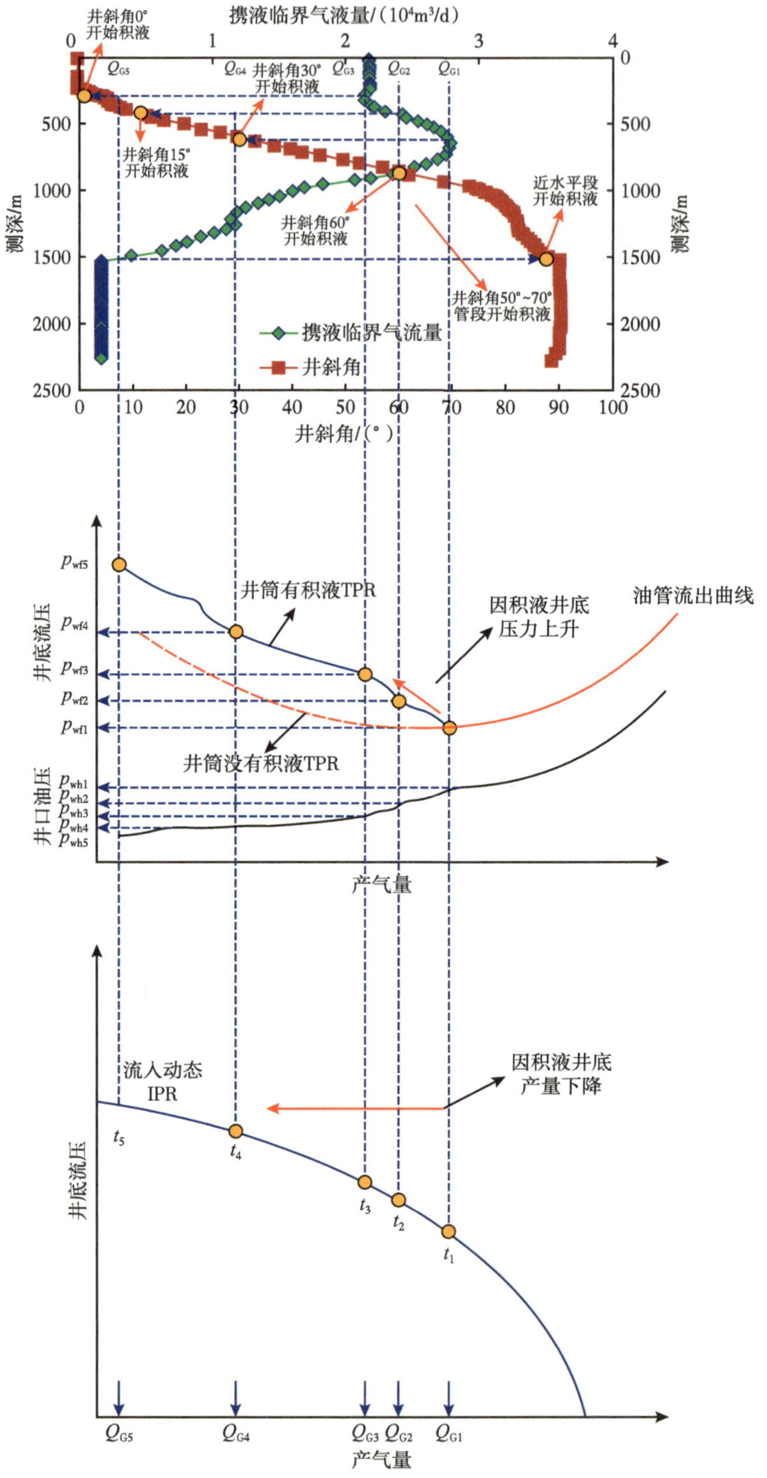

图 11-4-1 气井积液过程参数动态变化规律

二、预测方法研究

对于如何预测水平气井井底开始积液的临界气流速的方法研究,目前国内外为空白。从前文的分析可知,水平井井底开始积液的临界气流速由不同产气量条件下油管压力分布即油管动态特性和地层在不同井底流压下的产气量即气井的流入动态特性确定。

下面仍以上述实例井来说明方法,如图11-4-2所示。气井积液后井底流压上升,油管特性曲线上移,协调点由 N_1 滑移至 N_2,因为 N_2 对应的产气量大于近水平段的携液临界气流量,因此水平段不会积液。

在时刻 t_2,气井流入动态曲线变为IPR2,因井口压力下降,油管特性曲线也发生变化。由分离器压力或井口允许最低外输压力气井协调点变为 N_3,N_3 对应的产气量可保证近水平段的液体连续携带,但由于该协调点不稳定,气井生产系统将失去协调,气井将水淹停产,即 t_2 为水平井开始积液和水淹停产的时间。

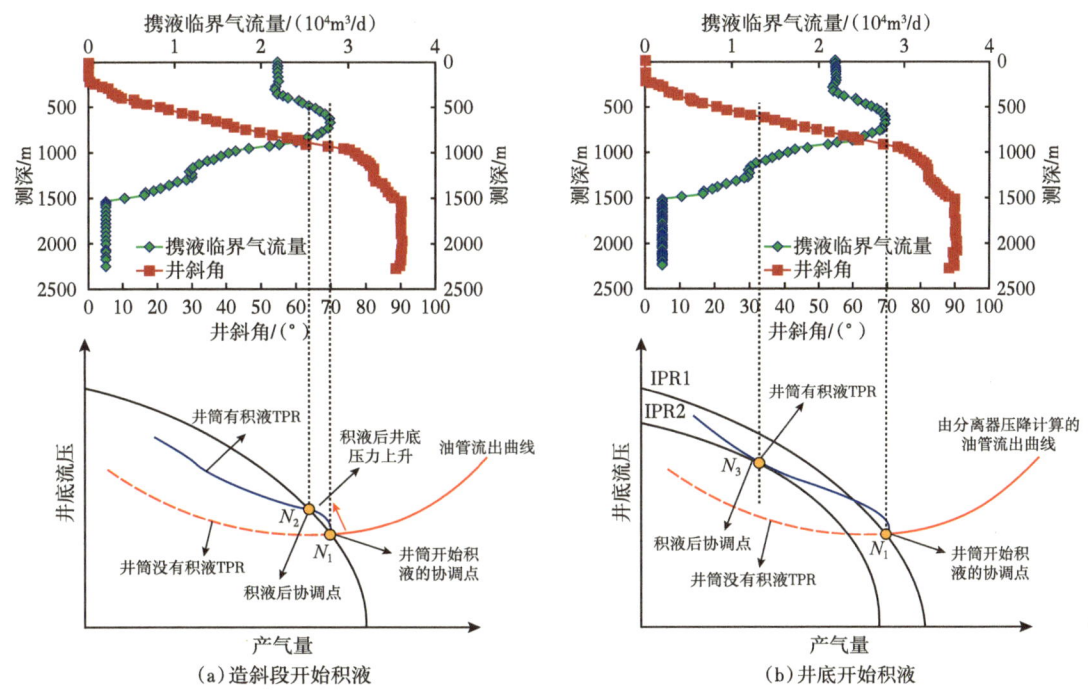

图11-4-2 水平井积液节点分析系统

通过以上分析,得到判断水平井水平段是否积液的方法,步骤总结如下:

(1)根据产能计算不同地层压力 IPR 曲线 IPR1($p=p_1$)、IPR2($p=p_2$)、IPR3($p=p_3$)、IPR4($p=p_4$)。

(2)由分离器压力或井口最低允许外输压力计算不同产气量下的井底流压曲线,即

TPR。可采用 M-B 方法或者 B-B 方法计算，或者垂直段用 H-B 方法、造斜段用 M-B 方法或者 B-B 方法计算。

（3）找协调点对应的产气量 Q_{G1}、Q_{G2}、Q_{G3}、Q_{G4}。

（4）根据不同井口压力和井口最低允许外输压力计算全井筒携液临界气流量，比较全井筒携液临界气流量与产气量的大小关系。

（5）若协调点对应的产气量大于近水平段的携液临界气流量，则水平段可携液生产。

（6）若协调点对应的产气量小于近水平段的携液临界气流量，则水平段将积液。

（7）该协调点对应的地层压力即为水平井积液时刻的地层压力。

（8）结合物质平衡方程可得到自喷的时间。

第十二章 展　望

本书从环状流液滴、液膜的动力学特征出发，对气井携液机理开展了系统的介绍，这其中包含了笔者及团队近年来在气井携液机理方面开展的研究工作的总结，笔者认为以下几方面工作还需要深入研究和探讨。

（1）液滴聚并过程动力学特征及携带规律。

液滴相互作用机制表明，串联液滴距离较小时，背风侧的液滴将受到迎风侧液滴的抽吸作用，背风侧的液滴将靠近迎风侧液滴并聚并为大液滴。若聚并的液滴满足破碎条件，破碎成小液滴后将气流继续向上携带。液滴聚并过程的动力学特征及携带规律研究是今后的研究方向。

（2）积液井液面上部管段液滴夹带率计算方法。

通过分析积液井液面上部管段压力梯度发现，其压力梯度较纯气流压力梯度大得多，与无滑脱模型计算的压力梯度接近，这说明气芯中夹带了一定量的液滴；若按照常规的液滴夹带率计算，结果偏差较大。说明环状流液滴夹带率计算方法不适合积液井，需进行研究。

（3）积液井全井筒流压瞬变规律研究。

积液井井筒压力梯度出现了两段式或三段式结构，压力梯度出现分段的条件还需进一步明确。积液井的动液面随时间是动态变化的，需耦合地层流入动态、井口气芯携带能力进行研究。

（4）气井井筒条件下液膜界面摩擦系数研究。

气井液膜携带机理模型的关键参数是液膜界面摩擦系数。现有气液界面摩擦系数计算方法都是基于低压实验建立的经验关系式，适用条件有限，不能准确预测气井井筒高压、高温条件的情况。为此，需建立气井高压、高湍流条件下环状流液膜界面摩擦系数计算方法，可根据环状流气井的产气量、产液量及流压测试数据计算环状流或分层流条件下液膜界面摩擦系数，并建立相应的计算关系式。

参考文献

[1] TURNER R G, HUBBARD M G, DUKLER A E. Analysis and prediction of minimum flow rate for the continuous removal of liquids from gas wells[J].JPT, 1969（21）: 75-82.

[2] COLEMAN S B, CLAY H B, MCCURDY D G. A new look at predicting gas-well load-up[J]. JPT, 1991（43）: 329-333.

[3] NOSSEIR M A, DARWICH T A, SAYYOUH M H. A new approach for accurate prediction of loading in gas wells under different flowing conditions[R].Presented at SPE Production Operation Symposium, Oklahoma, USA, 9-11 March 1997.

[4] LI M, LI S L, SUN L T. New view on continuous-removal liquids from gas wells[J]. SPE Production & Facilities, 2002, 17（1）: 42-46.

[5] 王毅忠, 刘庆文. 计算气井最小携液临界流量的新方法[J]. 大庆石油地质与开发, 2007, 26（6）: 82-85.

[6] BELFROID S P C, SCHIFERLI W, ALBERTS G J N, et al. Prediction onset and dynamic behaviour of liquid loading gas wells[R]. Presented at SPE Annual Technical Conference and Exhibition, Denver, Colorado, USA, 21-24 September, 2008. SPE115567.

[7] ZHOU D, YUAN H A. A new model for predicting gas-well liquid loading[J].SPE Production & Facilities, 2010, 25（2）: 172-181.

[8] ROBERT S, ATUART C, JAMES LEA. Guidlines for the proper application of critical velocity calculations[R].SPE 120625 presented at 2010 SPE Production and Operation Symposium held in Oklahoma City, Oklahoma, USA, Apr.4-8.

[9] VEEKEN K, HU B, SCHIFERLI W. Gas-well liquid-loading field-data analysis and multiphase- flow modeling[J]. SPE Production & Facilities, 2010, 25（3）: 275-284.

[10] 于继飞, 管虹翔, 顾纯巍, 等. 海上定向气井临界流量预测方法[J]. 特种油气藏, 2011, 18（6）: 117-119.

[11] 谭晓华, 李晓平. 考虑气体连续携液及液滴直径影响的气井新模型[J]. 水动力学研究与进展A辑, 2013（1）: 51-57.

[12] 李治平, 郭珍珍, 林娜. 考虑实际界面张力的凝析气井临界携液流量计算方法[J]. 科技导报, 2014, 32（23）: 23, 28-32.

[13] SHI J T, SUN Z, LI X F. Analytical models for liquid loading in multifractured horizontal gas wells[J]. SPE Journal, 2016, 21（2）: 471-487.

[14] FADILI Y E, SHAH S. A new model for predicting critical gas rate in horizontal and deviated wells[J]. Journal of Petroleum Science & Engineering, 2016, 150.

[15] 王志彬, 张亚飞, 孙天礼, 等. 气井井筒条件下单液滴动力学特征及其携带临界气流速[J]. 石油钻采工艺, 2021, 43（5）: 642-650.

[16] 王志彬, 李颖川. 气井连续携液机理[J]. 石油学报, 2012, 33（4）: 681-686.

[17] 潘杰, 王武杰, 王亮亮. 考虑液滴夹带的气井连续携液预测模型[J]. 石油学报, 2019, 40（3）: 332-336.

[18] PUSHKINA O L, SOROKIN Y L. Breakdown of liquid film motion in vertical tubes[J]. Heat Transfer Soviet Res, 1969（1）: 5.

[19] RICHTER H J. Flooding in tubes and annuli[J]. Int. J. Multiphase Flow, 1981（7）: 647-658.

[20] WALLIS G B. One dimensional two-phase flow[M]. New York: McGraw-Hill, 1969.

[21] OWEN D G. An experimental and theoretical analysis of equilibrium annular flows[D]. England: University of Birmingham, 1986.

[22] 杨文明, 王明, 陈亮. 定向气井连续携液临界产量预测模型[J]. 天然气工业, 2009, 29（5）: 82-84.

[23] 李元生, 李相方, 藤赛男. 气井携液临界流量计算方法研究, 工程热物理学报, 2014, 35（2）: 291-294.

[24] 肖高棉, 李颖川, 喻欣. 气藏水平井连续携液理论与实验[J]. 西南石油大学学报（自然科学版）, 2010, 32（3）: 122-126.

[25] 陈德春, 姚亚, 韩昊, 等. 定向气井临界携液流量预测新模型[J]. 天然气工业, 2016, 36（6）: 40-44.

[26] 雷登生, 杜志敏, 单高军. 气藏水平井携液临界流量计算[J]. 石油学报, 2010, 31（4）: 637-639.

[27] WANG Z B, GUO L J, WU W, et al. Experimental study on the critical gas velocity of liquid-loading onset in an inclined coiled tube[J]. Journal of Natural Gas Science and Engineering, 2016, 34: 22-33.

[28] WANG Z B, GUO L J, ZHU S Y, et al. Prediction of the critical gas velocity of liquid unloading in the horizontal gas well[J]. SPE Journal, 2015, 20（5）: 1338-1144.

[29] ROBERT P S, STUART A, COX E, et al. Gas well performance at subcritical rates[R]. Presented at the SPE Production and Operation Symposium, Oklahoma, USA, 22-25 March 2003, SPE 80887.

[30] FORE L B, DUKLER A E. Droplet deposition and momentum transfer in annular flow[J]. AIChE J, 1995, 41（9）: 2040-2047.

[31] VAN'T WESTENDE. Droplets in annular dispersed gas liquid pipe flows[D]. Delft: Delft Technical University, 2008.

[32] VEEKEN K, HU B, SCHIFERLI W. Gas-well liquid-loading field-data analysis and multiphase-flow modeling[J]. SPE Production & Facilities, 2010, 25（3）: 275-284. SPE123657.

[33] SHU L, MOHAN K, EDUARDO P C S. A new comprehensive model for predicting liquid loading in gas wells[J]. SPE Production & Facilities, 2014, 29（4）: 337-349. SPE172501-PA.

[34] PAZ R J, SHOHAM O. Film-Thickness Distribution for Annular Flow in Directional Wells Horizontal to Vertical[J]. SPE Journal, 1999, 4（2）: 83-91.

[35] OLIEMANS R V A, PORTS B F M, TROMPE N. Modeling of annular dispersed two-phase flow in vertical pipes[J]. Int. J. Multiphase Flow, 1986, 12（5）: 711-732.

[36] WHALLEY P B, HEWITT G F. The correlation of liquid entrainment fraction and entrainment rate in annular two-phase flow[R]. Report AERE-R 9187, UKAEA, 1987, Harwell, Oxon.

[37] FORE L B, BEUS S G, BAUER R C. Interfacial friction in gas-liquid annular flow: analogies to full and transition roughness[J]. Int. J. Multiphase Flow, 2000, 26(11): 1755-1769.

[38] GREENE, WILLIAM R. Analyzing the Performance of Gas Wells[J]. Journal of Petroleum Technology, 1983.

[39] LEA J F, NICKENS H V, WELLS M R. Gas well deliquification[M]. Amsterdam: Elsevier Press, 2003.

[40] XIAO G M, LI Y C, YU X. Theory and experiment research on the liquid continuous removal of horizontal gas well[J]. Journal of Southwest Petroleum University: Science & Technology Edition, 2010, 32（3）: 122-126.

[41] DOTSON B, Nune-Paclibon E. Gas well liquiding from the power perspective[C]. SPE 110357 presented at 2007 SPE Annual Technical Conference and Exhibition held in Anaheim, California, Nov: 11-14.

[42] 蒋曙光. 临界流量理论分析判断井筒积液存在的问题探讨——以川东北气田为例[J]. 计量与测试技术, 2022, 49（6）: 83-87.

[43] ERIKA V P, PAULO J W. Asimplified model to predict transient liquid loading in gas wells[J]. Journal of Natural Gas Science and Engineering, 2016, 35: 372-381.

[44] 郭烈锦. 两相与多相流动力学[M]. 西安: 西安交通大学出版社, 2002.

[45] 车德福, 李会雄. 多相流及其应用[M]. 西安: 西安交通大学出版社, 2007.

[46] 林宗虎. 气液两相流和沸腾传热[M]. 西安: 西安交通大学出版社, 2003.

[47] SHOHAM O. Mechanism modeling of gas-liquid two-phase flow in pipes[M]. The University of Tulsa, 2005.

[48] MANDHANE J M, GREGORY G A, AZIZ K. Flow pattern map for gas-liquid flow in horizontal pipes[J]. Int. J. Multiphase Flow, 1974（1）: 537-553.

[49] WISMAN R. Analytical pressure drop correlation for adiabatic vertical two-phase flow[J]. Applied Scientific Research, 1975, 30（5）: 367-380.

[50] AZIZ K, GOVIER G W, FOGARASI M. Pressure drop in wells producing oil and gas[J]. Journal of Canadian Petroleum Technology, 1972（11）: 38-47.

[51] DUNS H JR, ROS N C J. Vertical flow of gas and liquid mixtures in wells[C]. Sixth World Petroleum Congress, Frankfurt am Main, Germany, 19-26 June 1963. SPE 10132.

[52] BAKER O. Design of pipelines for simultaneous flow of oil and gas[J]. Oil & Gas J, 1954（53）: 185.

[53] GOULD T L, TEK M R, KATZ D L. Two-phase flow through vertical, inclined, or curved pipe[J]. Journal of Petroleum Technology, 1974, 25（8）: 915-926. SPE 4487.

[54] TAITEL Y, DUKLER A E. A model for predicting flow regime transition in horizontal and near horizontal gas-liquid flow[J]. AIChE J, 1976, 22（1）: 47-55.

[55] TAITEL Y, DUKLER A E. A Theoretical approach to the lockhart-martinelli correlation for stratified flow[J]. Int. J. Multiphase Flow, 1976（20）: 591-595.

[56] TAITEL Y, BARNEA D, DUKLER A E. Modeling flow pattern transition for steady upward gas-liquid flow in vertical tubes[J]. AIChE J, 1980, 26（3）: 345-354.

[57] RADOVICICH N A, MOISSIS R. The transition from two-phase bubble flow to slug flow[R]. MIT Report 7-7673-22, 1962.

[58] HARMATHY T Z. Velocity of large drops and bubbles in media of infinite or restricted extent[J]. AIChE J, 1960（6）: 281.

[59] 谢添舟, 陈炳德, 徐建军, 等. 竖直和倾斜条件下气-液两相流型转变研究[J]. 核动力工程, 2015, 36（4）: 4-7.

[60] BARNEA D, BRAUNER N. Holdup of the liquid slug in two-phase intermittent flow[J]. Int. J. Multiphase Flow, 1985, 11（1）: 43-49.

[61] BARNEA D. Transition from annular flow and from dispersed bubble flow-unified models for the whole range of pipe inclinations[J]. International Journal of Multiphase Flow, 1986, 12（5）: 733-744.

[62] BARNEA D, SHOHAM O, TAITEL Y. Flow pattern transition for downward inclined two-phase flow[J]. Horizontal to Vertical. Chem. Eng. Sci, 1982（37）: 735-740.

[63] BARNEA D, SHOHAM O, TAITEL Y. Flow pattern transition for vertical downward two-phase flow[J]. Chem. Eng. Sci, 1982（37）：741-746.

[64] TENGESDAL J Ø. Predictions of flow patterns, pressure drop, and liquid holdup in vertical upward two-phase flow[D]. University of Tulsa, USA, 1998.

[65] OWEN D G. An experimental and theoretical analysis of equilibrium annular flows[D]. England：University of Birmingham, 1986.

[66] BENDIKSEN K H. An experimental investigation of the motion of long bubbles in inclined tubes[J]. Int. J. Multiphase Flow, 1984（10）：467-483.

[67] TURNER R G, HUBBARD M G, DUKLER A E. Analysis and prediction of minimum flow rate for the continuous removal of liquid from gas wells[J]. Trans. AIME, 246; J. Petroleum Tech, 1969, 21：1475-1482.

[68] MILNE-THOMSON L M. Theoretical hydrodynamics[R].The MacMillan Co, NY , 1960.

[69] BARNEA D, SHOHAM O, TAITEL Y, et al. Flow pattern transition for gas-liquid flow in horizontal and inclined pipes, comparison of experimental data with theory[J]. Int. J. Multiphase Flow, 1980（6）：217-225.

[70] PALEEV I I, FILIPPOVICH B S. Phenomena of liquid transfer in two-phase dispersed annular flow[J]. International Journal of Heat & Mass Transfer, 1965, 9（10）：1089-1093.

[71] PAN L, HANRATTY T J. Correlation of entrainment for annular flow in vertical pipes[J]. International Journal of Multiphase Flow, 2002（28）：363-384.

[72] DALLMAN J C. Investigation of separated flow model in annular gas-liquid two-phase flow [D]. Illinois：The University of Illinois, 1979.

[73] LAURINAT J E. Studies of the effects of pipe size on horizontal annular two phase flows[D]. University of Illinois at Urbana-Champaign, 1982.

[74] WILLIAMS L R. Effect of pipe diameter on horizontal annular two-phase flow[D]. University of Illinois at Urbana-Champaign, 1990.

[75] PARAS S V, VLACHOS N A, KARABELAS A J. Liquid layer characteristics in stratified atomization flow [J]. Int. J. Multiphase Flow, 1994, 20（5）：939-956.

[76] WALLIS G B. One-dimensional two-phase flow[J]. New York：McGraw-Hill Book Co. Inc, 1969.

[77] OLIEMANS R V A, POTS B F M, TROMPÉ N. Modelling of annular dispersed two-phase flow in vertical pipes[J]. International Journal of Multiphase Flow, 1986, 12（5）：711-732.

[78] ISHII M, MISHIMA K. Droplet entrainment correlation in annular two-phase flow[J]. Int J Heat Mass Transf, 1989, 32（10）：1835-1846.

[79] SAWANT P, ISHII M, MORI M. Droplet entrainment correlation in vertical upward co-current annular two-phase flow[J]. Nuclear Engineering and Design, 2008, 238（6）：1342-1352.

[80] SAWANT P, ISHII M, MORI M. Prediction of amount of entrained droplets in vertical annular two-phase flow[J]. International Journal of Heat & Fluid Flow, 2009, 30（4）：715-728.

[81] ZHANG H, WANG Q, SARICA, et al. Unified model for gas-liquid pipe flow via slug dynamics：Part 1：Model development[J]. Journal of Energy Resources Technology, 2003, 125（4）：811-820.

[82] PETALAS N, AZIZ K. A mechanistic model for multiphase flow in pipes[J]. Stanford University, 2000, 39（6）：171-175.

[83] CIONCOLINI A, THOME J R. Prediction of the entrained liquid fraction in vertical annular gas-liquid two-phase flow[J]. International Journal of Multiphase Flow, 2010, 36(4): 293-302.

[84] CIONCOLINI A, THOME J R. Entrained liquid fraction prediction in adiabatic and evaporating annular two-phase flow[J]. Nuclear Engineering and Design, 2012(243): 200-213.

[85] BERNA C, ESCRIVÁ A, MUNOZ-COBO J L, et al. Review of droplet entrainment in annular flow: Interfacial waves and onset of entrainment[J]. Progress in Nuclear Energy, 2014(74): 14-43.

[86] ALIYU M A, ALMABROK A A B, YAHAYA D B. Prediction of entrained droplet fraction in co-current annular gas-liquid flow in vertical pipes[J]. Experimental Thermal and Fluid Science, 2017(85): 287-304.

[87] AL-SARKHI A, SARICA C, MAGRINI K L, et al. Liquid entrainment in annular gas/liquid flow in inclined pipes[J]. SPE journal, 2012, 17(2): 617-630.

[88] MASAO N, KOTOHIKO S. Effect of pressure on entrainment flow rate in vertical upward gas-liquid annular two-phase flow. Part I: Experimental results for system pressures from 0.3 MPa to 20 MPa[J]. Heat Transfer Japanese Research, 1996, 25(5): 281-292.

[89] LOPEZ DE BERTODANO M A, ASSAD A, BEUS S G. Experiments for entrainment rate of droplets in the annular regime[J]. International Journal of Multiphase Flow, 2001, 27(4): 685-699.

[90] FORE L B, DUKLER A E. Droplet deposition and momentum transfer in annular flow[J]. Aiche Journal, 1995, 41.

[91] ASALI J C, LEMAN G W, HANRATTY T J. Entrainment measurement and their use in design equations[J]. PCH Physicochem. Hydrodyn, 1985(6): 207-221.

[92] SCHADEL S A, LEMAN G W, BINDER J L. Rates of atomization and deposition in vertical annular flow[J]. International Journal of Multiphase Flow, 16(3): 363-374.

[93] AZZOPARDI B J, PIEARCEY A, JEPSON D M. Drop size measurements for annular two-phase flow in a 20 mm diameter vertical tube[J]. Experiments in Fluids, 1991, 11(2-3): 191-197.

[94] AZZOPARDI B J, ZAIDI S H. Determination of entrained fraction in vertical annular gas–liquid flow[J]. ASME J. Fluids Eng, 2000(122): 146-150.

[95] WOLF A, JAYANTI S, HEWITT G F. Flow development in vertical annular flow[J]. Chemical Engineering Science, 2001, 56(10): 3221-3235.

[96] JAGOTA A K, RHODES E, SCOTT D S. Tracer measurements in two phase annular flow to obtain interchange and entrainment[J]. The Canadian Journal of Chemical Engineering, 1973, 51(2): 139-148.

[97] ANDREUSSI P. Droplet transfer in two-phase annular flow[J]. International Journal of Multiphase Flow, 1983, 9(6): 697-713.

[98] ALAMU M B. Gas-well liquid loading probed with advanced instrumentation[J]. Spe Journal, 2012, 17(1): 251-270.

[99] JEPSON D M, AZZOPARDI B J, WHALLEY P B. The effect of gas properties on drops in annular flow[J]. International Journal of Multiphase Flow, 1989, 15(3): 327-339.

[100] OKAWA T, KOTANI A, KATAOKA I. Experiments for liquid phase mass transfer rate in annular regime for a small vertical tube[J]. International Journal of Heat & Mass Transfer, 2005, 48(3-4): 585-598.

[101] VAN DER MEULEN G P. Churn-annular gas-liquid flows in large diameter vertical pipes[D]. University of Notingham, 2012.

[102] ALMABROK A A. Gas-liquid two-phase flow in up and down vertical pipes[J]. Cranfield University,

2013.

[103] HUGHMARK G A. Film thickness, entrainment, and pressure drop in upward annular and dispersed flow[J]. AlChE Journal, 1973（2）: 1062-1065.

[104] HENSTOCK W H, HANRATTY T J. The interfacial drag and the height of the wall layer in annular flows[J]. AIChE Journal, 1976, 22（6）: 990-1000.

[105] ISHII M, GROLMES M A. Inception criteria for droplet entrainment in two-phase concurrent film flow[J]. Aiche Journal, 1975, 21（2）: 308-318.

[106] AMBROSINI W, ANDREUSSI P, AZZOPARDI B J. A physically based correlation for drop size in annular flow[J]. Int. J. Multiph. Flow, 1991, 17（4）: 497-507.

[107] OKAWA T, KITAHARA T, YOSHIDA K. New entrainment rate correlation in annular two-phase flow applicable to wide range of flow condition[J]. International Journal of Heat & Mass Transfer, 2002, 45（1）: 87-98.

[108] HORI K, NAKASAMOMI M, NISHIKAWA K, et al. Study of ripple region in annular two-phase flow（third report, effect of liquid viscosity on gas-liquid interfacial character and friction factor）[J]. Trans. Jpn. Soc. Mech. Eng, 1978, 44（387）: 3847-3856.

[109] HOLT A J, AZZOPARDI B J, BIDDULPH M W. Calculation of two-phase pressure drop for vertical upflow in narrow passages by means of a flow pattern specific model[J]. Chemical engineering research & design, 1999, 77（1）: 7-15.

[110] 王科. 气液搅拌流大振幅界面波与液滴夹带[D]. 西安: 西安交通大学, 2012.

[111] HEWITT G F, HALL-TAYLOR N. Annular two-phase flow [M]. Oxford: Pergamon, 1970.

[112] AZZOPARDI B. Drops in annular two-phase flow [J]. Int. J. Multiphase Flow, 1997, 23（7）: 1-53.

[113] 李广军. 管道内气液两相流界面波特性研究[D]. 西安: 西安交通大学, 1996.

[114] HEWITT G F, GOVAN A H. Phenomenological modelling of non-equilibrium flows with phase change [J]. Int. J. Heat Mass Transfer, 1990, 33（2）: 229-242.

[115] ASALI J, HANRATTY T. Ripples generated on a liquid film at high gas velocities [J]. Int. J. Multiphase Flow, 1993, 19（2）: 229-243.

[116] HANRATTY T J, HERSHMAN A. Initiation of roll waves [J]. AIChE J, 1961, 7（3）: 488-497.

[117] SAWANT P, ISHII M, HAZUKU T, et al. Properties of disturbance waves in vertical annular two-phase flow [J]. Nucl. Eng. Des, 2008, 238（12）: 3528-3541.

[118] AZZOPARDI B, WHALLEY P. Artificial waves in annular two-phase flow [J]. HDLTR, 1980, 129: 1-8.

[119] HANRATTY T J, ENGEN J M. Interaction between a turbulent air stream and a moving water surface [J]. AIChE J, 1957, 3（3）: 299-304.

[120] KULOV N, MAKSIMOV V, MALJUSOV V, et al. Pressure drop, mean film thickness and entrainment in downward two-phase flow [J]. Chem. Eng. J, 1979, 18（2）: 183-188.

[121] SCHADEL S, HANRATTY T. Interpretation of atomization rates of the liquid film in gas-liquid annular flow [J]. Int. J. Multiphase Flow, 1989, 15（6）: 893-900.

[122] JEPSON D, AZZOPARDI B, WHALLEY P. The effect of gas properties on drops in annular flow [J]. Int. J. Multiphase Flow, 1989, 15（3）: 327-339.

[123] YUN G, ISHIWATARI Y, IKEJIRI S, et al. Numerical analysis of the onset of droplet entrainment in annular two-phase flow by hybrid method [J]. Ann. Nucl. Energy, 2010, 37（2）: 230-240.

[124] ISHII M, GROLMES M. Inception criteria for droplet entrainment in two-phase concurrent film flow [J]. AIChE J, 1975, 21(2): 308-318.

[125] VAN ROSSUM J. Experimental investigation of horizontal liquid films: Wave formation, atomization, film thickness [J]. Chem. Eng. Sci, 1959, 11(1): 35-52.

[126] OWEN D G, HEWITT G F. An improved annular two-phase flow model [C]. In Proceedings of the 3rd International Conference on Multiphase Flow, 1987(7): 73-84.

[127] WILLETTS I. Non-aqueous annular two-phase flow[D]. Oxford: Oxford University, 1987.

[128] AZZOPARDI B, WREN E. What is entrainment in vertical two-phase churn flow? [J]. Int. J. Multiphase Flow, 2004, 30(1): 89-103.

[129] NEWITT D M, DOMBROWSKI N, KNELMAN F H. Liquid entrainment: I, the mechanism of drop formation from gas or vapor bubbles [J]. Trans. Inst. Chem. Eng, 1954(32): 244-261.

[130] LANE W R. Shatter of Drops in Streams of Air [J]. Ind. Eng. Chem, 1951, 43(6): 1312-1317.

[131] HALL TAYLOR N, HEWITT G F, LACEY P M C. The motion and frequency of large disturbance waves in annular two-phase flow of air-water mixtures [J]. Chem. Eng. Sci, 1963, 18(8): 537-552.

[132] WILKES N, AZZOPARDI B, THOMPSON C. Wave coalescence and entrainment in vertical annular two-phase flow [J]. Int. J. Multiphase Flow, 1983, 9(4): 383-398.

[133] GARNER F H, ELLIS S R M, LACEY J A. The size distribution and entrainment of droplets[J]. Trans. Inst. Chem. Eng, 1954(32): 222-235.

[134] HEWITT G F, JAYANTI S, HOPE C B. Structure of thin liquid films in gas-liquid horizontal flow [J]. Int.J. Multiphase Flow, 1990, 16(6): 951-957.

[135] HINZE J. Fundamentals of the hydrodynamic mechanism of splitting in dispersion processes [J]. AIChE J, 1955, 1(3): 289-295.

[136] SEVIK M, PARK S. The splitting of drops and bubbles by turbulent fluid flow [J]. J. Fluids Eng, 1973, 95(3): 53-60.

[137] SLEICHER JR C. Maximum stable drop size in turbulent flow [J]. AIChE J, 1962, 8(4): 471-477.

[138] BARBOSA J, HEWITT G, KÖNIG G, et al. Liquid entrainment, droplet concentration and pressure gradient at the onset of annular flow in a vertical pipe [J]. Int. J. Multiphase Flow, 2002, 28(6): 943-961.

[139] AHMAD M, PENG D J, HALE C P, et al. Droplet entrainment in churn flow [C]. 7th International Conference on Multiphase Flow, Tampa, F.L, USA, 2010.

[140] RIBEIRO A M, BOTT T R, JEPSON D M. Dropsize and entrainment measurements in horizontal flow [C]. International Conference on two-phase flow modelling and experimentation, Rome, Pisa, 1995(11): 665-674.

[141] ZHANG G, ISHII M. Isokinetic sampling probe and image processing system for droplet size measurement in two-phase flow [J]. Int. J. Heat Mass Transfer, 1995, 38(11): 2019-2027.

[142] AZZOPARDI B. Measurement of drop sizes [J]. Int. J. Heat Mass Transfer, 1979, 22(9): 1245-1279.

[143] SIMMONS M J H, HANRATTY T J. Droplet size measurements in horizontal annular gas-liquid flow [J]. Int. J. Multiphase Flow, 2001, 27(5): 861-883.

[144] AL-SARKHI A, HANRATTY T. Effect of pipe diameter on the drop size in a horizontal annular gas-liquid flow [J]. Int. J. Multiphase Flow, 2002, 28(10): 1617-1629.

[145] LEE E H, NO H C, YOO S H, et al. Freezing technique for measuring and predicting the size of droplets in a horizontal annular flow [J]. Nucl. Eng. Des, 2010, 240(7): 1795-1802.

[146] FORE L B, DUKLER A E. Droplet deposition and momentum transfer in annular flow[J]. AIChE J.1995, 41(9): 2040-2047.

[147] FORE L B, DUKLER A E. The distribution of drop size and velocity in gas-liquid annular flow[J]. Int. J. Multiphase Flow, 1995, 21(2): 137-149.

[148] HINZE J O. Critical speeds and sizes of liquid globules[J]. Appl. Sei. Res, 1948(1): 273-288.

[149] IBRAHIM E A, YANG H Q, PRZEKWAS A J. Modeling of spray droplets deformation and breakup[J]. AIAA J. Propulsion and Power, 1993(9): 651-654.

[150] WIERZBA A. Deformation and breakup of liquid drops in at nearly critical Weber numbers[J]. Experiments in Fluids, 1990(9): 59-64.

[151] VOLYNSKII M S. On the breakup of droplets in air stream[J]. Doklady Akad. Nauk SSSR, 1948(62): 301-304(in Russian).

[152] BUHMAN S V. Experimental investigation of the breakup of droplets[J]. Viest.Akad. Nauk Kazakh. SSR, 1954(12): 80-87(in Russian).

[153] ISSHIKI N. Theoretical and experimental study on atomization of liquid drop in high speed gas stream [J]. Rep. Transportation Tech. Res. Inst. Jpn, 1959.

[154] HAAS F C. Stability of droplets suddenly exposed to a high velocity gas stream[J]. AIChE J. 1964(10): 920-924.

[155] NAIDA Y I, NICHIPORENKO O S, MEDVEDOVSKY A B, et al. Experimental investigation of the criterion of metal melt grinding[J]. Poroshkovaia Mietallurgia, 1973(1): 1-6(in Russian).

[156] YOSHIDA T. The effect of air streams for the breakup of a liquid droplet[R]. Res.Rep. Ichinoseki Teehn. College, 1985.

[157] HANSON A R, DOMICH E G, ADAMS H S. Shock tube investigation of the breakup of drops by air blasts[J]. Phys. Fluids, 1963(6): 1070-1080.

[158] SIMPKINS P G. On the distortion and breakup of suddenly accelerated droplets[R]. AIAA.1971, paper No.325.

[159] GELFAND B E, GUBIN S A, KOGARKO S M, et al. Special characteristics of the breakup of drops of viscous liquids behind the shock wave[J].Inzh.-Phiz. Zhurnal, 1973(25): 467-470(inRussian).

[160] SIMPKINS P G, BALES E L.Water-drop response to sudden accelerations[J]. J.Fluid Mech., 1972(55): 629-639.

[161] GELFAND B E, GUBIN S A, KOGARKO S M. The varieties of droplet breakup behind the shock waves and their characteristics[J].Inzh.-Phiz. Zhurnal, 1974(27): 119-126(in Russian).

[162] REIEHMAN J M, TEMKIN S. A study of the deformation and breakup of accelerating water droplets[J]. Proe. Int. Coll. on Drops and Bubbles, Pasadena, 1974.

[163] LOPARIEV V P. Experimental investigation of the liquid droplets breakup under conditions of gradually increasing external forces[J]. Izv.Akad. Nauk SSSR.1975(3): 174-178 (in Russian).

[164] BORISOV A A, GELFAND B E, POLENOV A N, et al. Breakup of liquid drops in expansion waves[J]. Izv.Akad.Nauk SSSR, Mekh.Zhidk. Gaza, 1986(1): 165-168(in Russian)

[165] LIU Z, REITZ R D. An analysis of the distortion and breakup mechanisms of high speed

[166] COUSINS L B, HEWITT G F. Liquid phase mass transfer in annular two-phase flow[J]. Droplet Deposition and Liquid Entrainment, 1968, UKAEA Report AERER5057.

[167] LOPES J C B, DUKLER A E. Droplet entrainment in vertical annular flow and its contribution to momentum transfer[J]. AIChE J, 1986(32): 1500-1515.

[168] AZZOPARDI B J, PIEARCEY A, JEPSON D M. Drop size measurements for annular two-phase flow in a 20 mm diameter verticle tube[J]. Exp.Fluids, 1991(11): 191-197.

[169] JEPSON D M, AZZOPARDI B J, WHALLEY P B. The effect of gas properties on drops in annular flow[J]. Int.J.Multiphase Flow, 1989(15): 327-339.

[170] JEPSON D M, AZZOPARDI B, WHALLEY P B. The effect of physical properties on drop size in annular flow[R]. Heat Transfer Proc.9th. Int. Heat Transfer Conf.19-24, Jerusalem Israel, 1988(6): 95-100.

[171] JEPSON D M. Vertical annular flow. The effects of physical properties[D]. Oxford University, 1989.

[172] AZZOPARDI B J. Mechanisms of entrainment in annular two-phase flow[R]. UKAEA Report AERE-R11068, 1983.

[173] AZZOPARDI B J, FREEMAN G, KING D J. Drop sizes and deposition in annular two-phase flow[R]. European Two-Phase Flow Group Meeting Glasgow, 1980.

[174] TEIXEIRA J C F. Turbulence in annular two-phase flow[D]. University of Birmingham, 2001.

[175] AZZOPARDI B J. Measurement of drop sizes[J]. Int.J.Heat and Mass Transfer, 1991(22): 1245-1279.

[176] HEWITT G F. Unpublished data for drop size in annular flow [R]. Photography of Two-phase Flow, 1962, UKAEA Reprot AERE-4301.

[177] TATTERSON D F, DALLMAN J C, HANRATTY Z J. Drop size in annular gas-liquid flows[J]. AIChE J, 1977(23): 68-75.

[178] AZZOPARDI B J. Drops in annular two-phase flow[J]. Int. J. Multiphase Flow, 1997, 23(S): 1-53.

[179] 王志彬. 有水气井井下节流携液机理 [D]. 成都: 西南石油大学, 2012.

[180] WIERZBA A. Deformation and breakup of liquid drops in at nearly critical Weber numbers[J]. Experiments in Fluids, 1990(9): 59-64.

[181] HINZE J O. Fundamentals of the hydrodynamic mechanism of splitting in dispersion processes[J]. A.1.Ch.E. Journal, 1955, 1(3): 289-295.

[182] HELENBROOK B T, EDWARDS C F. Quasi-steady deformation and drag of uncontaminated liquid drops[J]. Int.J.of Muhiphase Flow, 2002(28): 1631-1657.

[183] TAYLOR G I. The shape and acceleration of a drop in a high speed air stream[D].Batchelor, Vol, Ⅲ, Univ.Press, Cambridge, UK, 1963.

[184] GONOR A L, ZOLOTOVA N V. Spreading and breakup of a drop in a gas stream[J]. Acta Astronautica, 1984, 2(2): 137-142.

[185] O'ROURKE P J, AMSDEN A A. The TAB method for numerical calculation of spray droplet breakup[J]. SAE paper 872089, 1987.

[186] CLARK M M. Drop breakup in a turbulent flow: conceptual and modeling consideration[J]. Chemical Engineering Science, 1988, 43(3): 671-679.

[187] HSLANG L P, FAETH G M. Near-limit drop deformation and secondary breakup[J]. Int.J.Multiphase Flow, 1992, 18(5): 635-652.

[188] 王志彬. 气井环状流场中液滴动力学特征及液滴—液膜携带机理研究[D]. 西安：西安交通大学，2018.

[189] WANG Z B, BAI H F, XIA J X, et al. Theoretical estimation of maximum ellipsoidal magnitude of a low-viscosity droplet in a parallel gas stream[J]. Journal of Mechanics, 2015.

[190] LI M, LI S L, SUN L T. New view on continuous-removal liquids from gas wells[J]. SPE Production & Facilities, 2002, 17（1）：42-46.

[191] FLACHSBART O. Der Widerstand von kugeln in der umgebung der kritischen reynoldschen zahl[J]. Elementary mechanics of fluids. London, 1946.

[192] KRZECZKOWSKI S A. Measurement of liquid droplet disintegration mechanisms[J]. Int.J.Multiphase Flow, 1980, 6（1）：227-239.

[193] CHOU W H, FAETH G M. Temporal properties of secondary drop breakup in the bag breakup regime[J]. Int.J.Multiphase Flow, 1998（24）：889-912.

[194] QUAN S P, DAVID P S. Direct numerical study of a liquid droplet impulsively accelerated by gaseous flow[J]. Physics of Fluid, 2006（18）：102103-102112.

[195] WELLER H G. A new approach to VOF-based interface capturing methods for incompressible and compressible flow[M]. OpenCFD Ltd, United Kingdom, 2008.

[196] CHEN S L, GUO L J. Viscosity effect on regular bubble entrapment during drop impact in to a deep pool[J]. Chemical Engineering Science, 2014, 109（16）：1-16.

[197] PRAHL L, REVSTEDT J, FUCHS L. Interaction among droplets in a uniform flow at intermediate Reynolds numbers[C]. In: 44th AIAA Aerospace Sciences Meeting and Exhibit, Reno, Nevada, USA, Jan. 9-12, 2006.

[198] VAN LEER B. Towards the ultimate conservative difference scheme. II. Monotonicity and conservation combined in a second-order scheme[J]. Journal Computational Physics, 1973（14）：361-370.

[199] JASAK H. Error analysis and estimation for the finite volume method with applications to fluid flows[M]. Medicine, London, 1996.

[200] WATERSON N P, DECONINCK H. Design principles for bounded higher-order convection schemes - a unified approach[J]. Journal Computational Physics, 2007（224）：182-207.

[201] REINHART A. Das verhalten fallender topfen[J]. Chemie Ingenieur Technik, 1964, 36（7）：740-746.

[202] LOTH E. Quasi-steady shape and drag of deformable bubbles and drops[J]. International Journal of Multiphase Flow, 2008（34）：523-546.

[203] HELENBROOK B T, EDWARDS C T. Quasi-steady deformation and drag of uncontaminated liquid drops[J]. International Journal of Multiphase Flow, 2002, 28（10）：1631-1657.

[204] RUDINGER G. Fundamentals of gas-particle flow[M]. Handbook of Powder Technology, 2, Elsevier Sci. Pub. Co, 1980.

[205] RODI W, FUEYO N. Engineering turbulence modeling and experiments[C]. Proc.of 5th Int. Symp. on Engineering Turbulence Modelling and Measurements, Mallorca, Spain, 2002.

[206] WANG Z B, YANG Z W, Guo L J, et al. A volume of fluid simulation of the steady deformation and the drag of a single droplet in a flowing gas[J]. Journal of Hydrodynamics, 2021, 33（2）：334-346.

[207] WANG Z B, SUN T L, YANG Z W, et al. Interactions between two deformable droplets in tandem fixed in a gas flow field of a gas well[J]. Appl. Sci, 2021（11）：11220-11229.

[208] PATRUNO L E, YSTAD P A M, JENSSEN C B, et al. Liquid entrainment-droplet size distribution for a low surface tension mixture[J]. Chemical Engineering Science, 2010, 65（18）: 5272-5284.

[209] KOCAMUSTAFAOGULLARI G, SMITS S R, RAZI J. Maximum and mean droplet sizes in annular two-phase flow[J]. International journal of heat and mass transfer, 1994, 37（6）: 955-965.

[210] 周德胜, 张伟鹏, 李建勋, 等. 气井携液多液滴模型研究[J]. 水动力学研究与进展, 2014, 29（5）: 572-579.

[211] 刘捷. 不同产能气井携液能力的定量分析[J]. 天然气工业, 2011, 31（1）: 62-64.

[212] LEI D S, DU Z M, SHAN G J, et al. Calculation method for critical flow rate of carrying liquid in horizontal gas well[J]. Acta Petrolei Sinca, 2010, 31（4）: 637-639.

[213] SHI J, HE X, SUN F, et al. Analytical model for liquid loading in multifractured horizontal gas well[J]. SPE1922861, 2010.

[214] LUO S. Inception of liquid loading in gas wells and possible solutions[D]. The University of Tulsa, 2013.

[215] BARNEA, D. Transition from annular flow and from dispersed bubble flow-unified models for the whole range of pipe inclinations[J]. Int. J. Multiphase Flow, 1986, 12（5）: 733-744.

[216] LI J, ALMUDAIRIS F, ZHANG H. Prediction of critical gas velocity of liquid unloading for entire well deviation[M]. Presented at International Petroleum Technology Conference, Kuala Lumpur, Malaysia, 2014.

[217] 张烈辉, 罗程程, 刘永辉, 等. 气井积液预测研究进展[J]. 天然气工业, 2019, 39（1）: 57-63.

[218] 李金潮, 邓道明, 沈伟伟, 等. 倾斜气井积液临界气相流速预测新模型[J]. 石油学报, 2022, 43（5）: 708-718.

[219] 李金潮, 邓道明, 沈伟伟, 等. 气井积液机理和临界气速预测新模型[J]. 石油学报, 2020, 41（10）: 1266-1277.

[220] RICHTER H J, LOVELL Z W. The effect of scale on two-phase countercurrent flow flooding in vertical tubes[R]. Final Report, NRC-02-79-102, 1977.

[221] FUKANO T, OUSAKA A. Prediction of the circumferential distribution of film thickness in horizontal and near-horizontal gas-liquid annular flows[J]. Int. J. Multiphase Flow, 1989, 15（3）: 403-419.

[222] GERACIA G, AZZOPARDIA B J, VAN MAANENB H R E. Effect of inclination on circumferential film thickness variation in annular gas/liquid flow[J]. Chemical Engineering Science, 2007, 62（11）: 3032-3042.

[223] ALVES I N, CAETANO E F, KAZULOSHIL M, et al. Modeling annular flow behavior for Gas Wells[J]. SPE Production Engineering, 1991, 6（4）: 435-440.

[224] BORISOV JU P. Oil production using horizontal and multiple deviation wells[D]. Nedra: The R&D Library Translation Bart, 1984.

[225] JOSHI S D. Augmentation of well productivity with slant and horizontal wells[J]. Journal of Petroleum Technology, 1988, 40（6）: 729-739.

[226] GIGER F M, REISS L H, Jourdan A P. The reservoir engineering aspects of horizontal drilling[C]. SPE Annual Technical Conference and Exhibition. OnePetro, 1984.

[227] 陈元千. 水平井产量公式的推导与对比[J]. 新疆石油地质, 2008（1）: 4.

[228] 何同均, 李颖川. 特低渗气藏水平井一点法产能测试理论分析[J]. 钻采工艺, 2010, 33（1）: 40-42.

[229] HAGEDORN A R, BROWN K E. Experimental study of pressure gradients occurring during continuous two-phase flow in small diameter vertical conduits[J]. Journal of Petroleum Technology, 1965, 17（4）: 475-484.

[230] ORKISZEWSKI J. Predicting Two-phase pressure drops in vertical pipe[J]. Journal of Petroleum Technology, 1967, 19（6）: 829-838.

[231] BEGGS H D, BRILL J P. A study of two phase flow in inclined pipes[J]. Journal of Petroleum Technology, 1973, 25（5）: 607-617.

[232] MUKHERJEE H, BRILL J P. Liquid holdup correlations for inclined two-phase flow[J]. Journal of Petroleum Technology, 1983, 35（5）: 1003-1008.

[233] ANSARI A M, SYLVESTER N D, SARICA C, et al. A comprehensive mechanistic model for upward two-phase flow in wellbores[J]. SPE Production & Facilities, 1994, 9（2）: 143-151.

[234] GRAY H E. Vertical flow correlation in gas wells[S]. User's Manual for API 14B, SSCSV Sizing Computer Program, second edition, API Appendix B, 1978（3）: 38-41.

[235] HASAN A R, KABIR C S. A simple model for annular two-phase flow in wellbores[J]. SPE Production & Operations, 2007, 22（2）: 168-175.

[236] HASAN A R, KABIR C S. Predicting multiphase flow behavior in a deviated well[C]. SPE 15449, presented at SPE Annual Meeting, New Orleans, LA, 1986.